厦门大学校长基金专项项目成果
中央高校基本科研业务费专项资金资助
(Supported by the Fundamental Research Funds for the Central Universities)
项目编号：20720151102

中国海洋文明专题研究

ZHONGGUO HAIYANG WENMING ZHUANTI YANJIU

第六卷
清代郊商与海洋文化

杨国桢 主编　史　伟 著

人民出版社

《中国海洋文明专题研究》
总　序

改革开放以来,中国的海洋发展取得令人瞩目的进步,有力地推动中国现代化进程。进入21世纪,随着中国海洋权益的凸显,海洋意识的提升,中国海洋发展战略上升为国家战略,这是现代化建设的本质要求,也是中国历史发展的必然选择。

现代化是现代文明的体现。西方推动的现代化依赖海洋而兴起,海洋文明成了现代文明的象征,随着大航海时代崛起的西方大国不断对海外武力征服、殖民扩张,海洋文明成了西方资本主义文明、工业文明的历史符号。20世纪,海洋文明又进一步被发达海洋国家意识形态化,他们夸大"海洋—陆地"二元对立,宣扬海洋代表西方、现代、民主、开放,而大陆代表东方、传统、专制、保守。在这种语境下,海洋文明的多样性模式被否定,中国的、非西方的海洋文明史被遗忘,以至在相当长的时期内,人们相信:中国只有黄色文明(农业文明),没有蓝色文明(海洋文明)。直到今天,还严重制约我们对海洋重要性的认识。

文明是人类生活的模式。文明模式的类型,一般可以按生产方式,或按经济生活方式,或按精神形态或心理因素,或按社会形态来划分。我们按经济生活方式的不同,把人类文明划分为农业文明、游牧文明、海洋文明三种基本类型。现代研究成果证明,海洋文明不是西方独有的文化现象,西方海洋文明在近现代与资本主义相联系,并不等同资本主义社会才有海洋文明。海洋文明也不是天生就是先进文明,有自身的文化变迁历程。濒海国家和民族的海洋文明表现形式不同,都有存在的价值。海洋文明是人类海洋物质与精神实践活动历史发展的成果,又是对人类历史发展产生重大影响的因素,既有积极作用,又有消极影响。树立这样的海洋文明观念,是理解、复原人类海洋文明史,提出中国特色海洋叙事的基础。

不以西方的论述为标准,中国有自己的海洋文明史。中国海洋文明存在于海陆一体的结构中。中国既是一个大陆国家,又是一个海洋国家,中华文明具有陆地与海洋双重性格。中华文明以农业文明为主体,同时包容游牧文明和海洋文明,形成多元一体的文明共同体。海洋文明是中华文明的源头之一和有机组成部分,弘扬海洋文明,不是诋毁大陆文明,鼓吹全盘西化,而是发掘自己的海洋文明资源和传统,吸收其有利于现代化的因素,为推动中国文明的现代转型提供内在的文化动力。在这个意义上,中国海洋文明史研究是中国现代化进程提出的历史研究大题目。只要中华民族复兴事业尚未完成,中国海洋文明史研究就一直在路上,不能停止。

中国海洋文明博大精深,留存下来的海洋文献估计有近亿字,缺乏全面的搜集和整理;20 世纪 90 年代兴起的海洋史学,还在发展的初级阶段,而中国海洋文明的多学科交叉和综合研究还在起步,缺乏深厚的文化累积,中国的海洋叙事显得力不从心,甚至矛盾、错乱。在这种状况下,基础性的理论研究和专题研究任重道远,不能松懈。面对这个现实,我从 20 世纪 90 年代开始呼吁开展中国海洋社会经济史和海洋人文社会科学研究,主编出版了《海洋与中国丛书》("九五"国家重点图书出版规划项目,获第十二届中国图书奖)、《海洋中国与世界丛书》("十五"国家重点图书出版规划项目),做了奠基的工作,但距离研究的目标还相当遥远。

2010 年 1 月,在我主持的教育部哲学社会科学研究重大课题攻关项目《中国海洋文明史研究》开题报告期间,教育部社科司领导和评审专家希望我做长远设计、宏大设计,出一个精华本,一个多卷本,一个普及本。于是我设想五年内主编一本 40 万字的精华本,即该项目的最终成果《中国海洋文明史研究》;一个多卷本,即《中国海洋文明专题研究》(1—10 卷),250 万字,已经申请获批为"十二五"国家重点图书出版规划项目,并列入创办海洋文明与战略发展研究中心的规划,得到厦门大学校长基金的资助;一本20 万字的普及本,后来取名为《中国海洋空间简史》,将由海洋出版社出版。

精华本由该项目的子课题负责人编写,他们都是教授、研究员、博士生导师;多卷本和普及本则由年轻博士和博士研究生撰写。目前这项工作进入尾声,三个本子都有了初稿,虽说修改定稿的任务还很繁重,总算看到胜利的曙光。

最先定稿的是这套10卷本。策划之初,考虑到编写中国海洋通史的条件尚未成熟,如果执意为之,最多是整合已有的研究成果,不具学术创新的意义,故决定采取专题研究的方式,在《海洋与中国丛书》和《海洋中国与世界丛书》的基础上,扩大研究领域,继续进行深入探讨。由于中国海洋文明的议题广泛,涉及众多领域,不可能毕其功于一役,我们的团队实际上是"铁打的营盘流水的兵",有进有出,人力有限,一次5年10册的规模便达到了极限。因此,研究必须细水长流,以后有机会还会延续下去。

由于专题研究需要新的思路、新的理论、新的方法、新的资料,投入与产出性价比低,许多人望而却步。而在那些善用行政资源和学术资源,追求"短平快、高大全"扬名立万的大咖眼里,这只是个"小儿科",摆不上台面。改变这种局面,需要有志者付出更大的努力。所幸入选的9位博士年富力强,所领的专题以博士学位论文为基础,驾轻就熟,且先后所花时间长则8年,最短也有4年,尽心尽力,克服了种种困难,不断充实、修改,终于交出了一份比较满意的答卷。至于各个专题是否都能体现学术研究"小题大作"的精神,达到这样的高度,有待读者的评判。

杨国桢

2015年9月23日于厦门市会展南二里52号9楼寓所

目　　录

绪　　论

一、研究缘起

海洋贸易是西方进入资本主义的主要途径之一,但为何海洋贸易传统悠久的传统中国却没有进入资本主义? 或者换句话问:传统中国海洋贸易背后有何独特的结构,而正是这独特的结构阻碍了海洋贸易可能对传统中国带来的经济社会巨变? 这是很多学者都曾关注和讨论过的“大”问题,也曾让笔者“心向往之”却不敢涉及,只能在师生学友间杂谈时偶发议论。但这疑问萦绕心头从不曾散去,最终迫使笔者不自量力、不揣愚陋,决意寻找一具体而微的历史片段来探索海洋贸易与传统中国发展道路的关系。但这“具体而微的历史片段”从何寻起呢?

厦门地处闽南,是明清时期以海洋贸易而负盛名的港口城市,且当时即因其繁荣富庶而被时人称为“东南一都会”。历史上厦门的兴盛并非无中生有,也非一蹴而就,闽南沿海地区悠久的海洋发展传统和明中叶以降海洋社会经济的发展为其提供了肥沃的土壤。海洋经济活动自古便是闽南沿海地区主要的生计模式。五代以降,海洋贸易渐成闽南海洋经济发展的主要动力。宋元时期,地处闽南的泉州代替广州成为东方第一大海洋贸易港口,闽南沿海地区也成为中国海洋发展的中心。明代实施海洋退缩政策,这对宋元时期蓬勃发展的以海洋贸易为主的海洋经济是一次沉重打击。但在15世纪西方海洋商业势力东来及明中叶以后南方商品经济迅速发展的内外推拉力下,以东南沿海地区为主的民间海洋社会经济力量不断壮大,迅速恢复了中国海商在东南亚、东亚海洋贸易网络中的主导地位,强力推动中国海洋发展进入"漳州发展周期"①。这时期,东来的荷、葡、西等西方海洋商业力量虽在东南亚海域建立殖民地,但他们必须借助中国海商才能进入东南亚、东亚海洋贸易网。更重要的史实是,康熙元年(1662)在台湾出现了郑氏海洋性地方政权,这是东南中国民间海洋社会经济力量发展的最高潮。割据台厦的郑氏海洋性地方政权在与满清王朝政权的对抗中诞生,"通洋裕国"国策下丰裕的海洋贸易收益成为其生存与发展的重要财政收入。与之同时,郑氏海洋性地方政权独扼台湾海峡、掌控整个东南中国,有力阻止了荷、西为首的西方海洋力量的侵入,延缓了早期西方海洋国家对东亚的殖民,因而除在中国历史上具有重要的政治军事意义外,从比较世界海洋发展史的视野审视,其还是具有世界史意义的事件。

从上述史实可知,从16世纪中叶漳州月港突破"海禁"的私人海商直至17世纪的郑氏海商集团,文献记载下来的闽南海商追波逐利,数量众多,执中国海洋贸易之牛耳。透视海洋贸易与传统中国发展道路的关联,海商研究是十分重要的途径。但相关研究,"前人之述备矣",且这些海商大都是与中原王朝政权冲突甚至对抗的历史面貌,合法海商的记述寥寥无几,而实际上明隆武元年(1567)泉州设口通商后,合法海商出现应该很多。这些合法海商在中原王朝政权掌控的体制内和平生存,他们的生计与生活或对透视海洋贸易与传统中国发展道路之关系而言更有典型性。可惜的是,这些明末海商在中国历史上的记载少而又少。杨国桢先生曾在荷兰人的记载中发现了一位闽南合法海商,他被称为 Hambuan,事迹经杨国桢先生整理,较为清晰,其余则事迹多湮没无闻。于是,笔者再将目光投向清代闽南沿海地区的合法海商,因应清代闽台贸易而兴起的郊商由此进入视野。

清初台湾被收复后,迅速进入大开发时期,闽台关系变得更为紧密,特别是经济逐渐连为一体,"奠定了互相依赖、互为补偿的格局"②。彼时,清朝统治者对海外贸易的钳制虽时有松懈,但压制海外贸易的态度却从未改

---

① 杨国桢:《十六世纪东南中国与东亚贸易网络》,《江海学刊》2004 年第 12 期。

② 杨国桢:《闽在海中》,江西高校出版社 1998 年版,第 20 页。

变。如清康熙五十六年（1717），"其南洋吕宋、噶罗吧等处，不许商船前往贸易，于南澳等地方截住"①，后于雍正五年（1727）再开洋禁，准许闽船由厦门出口贩洋，但稽查甚严。台湾开发带来的贸易机遇，以及进行海外贸易的重重阻力，这导致愈来愈多海外逐利的闽南海商寻机而来，转向国内的台海贸易，往来海峡两岸，懋迁有无。如笔者曾在翻阅《泉州海关志》时发现这样的记述："但清雍正朝后期以降，由于出入船只均应到厦门挂验，泉州商人将贸易转向台湾，番船及出洋贸易的民船数几乎为零。"②那么，闽南海商到底是如何组织和运作台海贸易的，形成了怎样的贸易制度，这些问题进一步引起笔者探讨台海贸易组织的兴趣。此后，笔者开始注意收集和翻阅这方面的史料和前人著作。总体而言，清代台海贸易主要存在两种组织形式：一种是官府组织，给予商船运费补贴的计划贸易，即"台运"；一种是民间组织，受两岸市场价格规律调节的自发贸易。后者是台海贸易的主要组织形式。那些往来海峡两岸、沟通陆岛物资交流的民间海商就是这种贸易的经营者，他们被称为郊商，也成为笔者研究的对象。

　　郊商以闽南海商为主，曾广泛存在于清代闽台两地，是清代闽台海峡两岸著名的地域海商群体。而清代郊商的兴起，有根植闽南海洋发展传统的历史传承，有因应台湾开发的现实动因，而当时有利的国际环境也是不容忽视的因素。

　　国际上，17至18世纪，荷、英、法等西方海洋国家为竞争海上霸权而海战不已，延缓了海洋东进的步伐。这使收复台湾的满清政权并没有直接受到西方海洋力量的挑战，但它仍然严禁西方海洋贸易商船直接与沿海民间社会贸易，严防沿海人民"交通外国"，同时又允许沿海民众在严格的行政审查和牙行中介控制下进行国内外贸易。这为沿海地区海洋社会经济力量的重兴提供了有限的政策前提。再加上前述所言，随着台湾进入移民社会，闽台之间经济互补性日益突出，这为闽台两地郊商的兴起提供了社会政治条件。因此，各种因素因缘际会，齐聚闽南，掌控闽台贸易的清代郊商应运

---

① 《清实录·圣祖仁皇帝实录》卷271，"康熙五十六年正月条"，中华书局1985年版。

② 泉州海关编：《泉州海关志》，厦门大学出版社2005年版，第148页。

而生。

从历史的渊源和传承看，清代郊商是闽南海洋社会经济在新的社会政治环境下重兴与发展的一种历史表现，但他的贸易运作遵循清朝的贸易管理政策，他的组织也是官府承认的海商社会组织，可以说，郊商为我们探讨社会正常秩序下的海商发展模式提供了历史实例。时至今日，作为清代闽台的一种海商社会组织，一种特有的海商文化现象，清代郊商亦已成为闽南海洋发展传统的一个重要组成部分。法国著名历史学家布罗代尔曾言：“对一名历史学家来说，理解昨天和理解今天是同一个过程。人们怎么能够设想，历史学的兴趣应与现时保持一定距离，不得越雷池一步，否则将有损体面，甚至招惹危险？”①杨国桢先生也曾说“传统与变革的连续性”是“经济与社会协调发展的活力所在”②，因此，现在我们从海洋的视角全面研究清代郊商，也是为了从一个侧面深入探讨当今海峡两岸携手发展海洋社会经济的历史性前提，总结本区海洋社会经济发展的特征和规律，以利于增强政府决策者和社会大众的海洋发展意识，为促进海峡两岸政治、社会、经济、文化自觉地合力走向海洋，开创两岸社会经济发展的新局面，作出自己应有的贡献。

二、学术史回顾

作为清代闽台沿海地方社会特有的海商和海商组织，清代郊商及“郊”于乙未割台后即受到台湾的日本殖民当局关注。彼时，日本殖民当局为了将“沿袭自传统中国法的台湾原有习惯内容”吸纳入日本殖民地法制体系之中，于1901年设立了由冈松参太郎主持的“临时台湾旧惯调查会”，广泛调查和搜集台湾固有的民事习惯，并在此基础上加以整理，即“以西方的权

---

① ［法］布罗代尔：《十五至十八世纪的物质文明、经济和资本主义》第二卷，三联书店2002年版，第234页。
② 杨国桢：《关于中国海洋社会经济史的思考》，《中国社会经济史》1996年第2期，第1页。

利概念加以表述,使其得以在整个日本近代法体制中运作"。其具体做法是:"首先确定台湾人对于那些惯行,具有'法之确信',认为其应该普遍地被遵守。事实上某些大清律例上的规定在台湾并未普遍地被遵行,这部分因此被排除于'旧惯'之外;相对的某些清治时期的台湾习惯规范,虽违反大清律例之规定,但只要在台湾确系被普遍遵行,仍在日治时期被认为属于'旧惯'之内容。"①1909 年至 1911 年,临时台湾旧惯调查会陆续编印了《台湾私法》第三卷暨附录参考书②,其中收录了众多记述台湾各地郊商活动及其组织发展情况的口述史料、原始文献,如晚清举人蔡国琳对郊行的回忆、郊行规约以及贸易过程中产生的各种单据等。但这些文献主要是晚清台湾郊商活动的记载,早期闽南郊商在台湾的活动,以及随着台湾定居社会形成而出现的本地郊商的发生情况,则并未涉及。此后一些学者也提及台湾地区郊商活动,但多为概括性论述。如 1919 年,连横撰著的《台湾通史》出版,其中对台湾郊商活动的记述散见各章③。1928 年出版的《台湾文化志》④为日人伊能嘉矩所著,其中对清代台湾郊商辟有专章论述。日人东嘉生著《台湾经济史概说》⑤于 1944 年出版,其中关于郊商较有特色的论述为提出"内郊"与"外郊"两种组织类型。

---

① 王泰升:《台湾财产法在日治时期的西方化》,载《固有法制与当代民事法学——戴东雄教授六秩华诞祝寿论文集》,三民书局 1997 年版,第 10—11 页;载苏亦工:《港英时代的中国习惯法》,"中国法学网",http://www.iolaw.org.cn/showarticle.asp? id=1267。

② 临时台湾旧惯调查会编:《临时台湾旧惯调查会第一部调查第三回报告书》,《台湾私法》第三卷,临时台湾旧惯调查会,日本明治四十二年(1909)至四十四年(1911)陆续发行。以下简称《台湾私法》第三卷。

③ 参见《台湾通史》卷九《度支志》,第 114 页;卷十一《教育志》,第 151 页;卷十三《军备志》,第 203 页;卷十六《城池志》,第 248 页;卷十八《榷卖志》,第 274 页,卷二十五《商务志》,第 335 页,等等,不一一列举。连横:《台湾通史》,华东师范大学出版社 2006 年版。

④ [日]伊能嘉矩:《台湾文化志》,台湾省文献委员会编译,台湾省文献委员会 1985—1991 年。

⑤ 初版于 1944 年,后由台湾银行经济研究室收入《台湾经济史二集》;参见[日]东嘉生:《台湾经济史概说》,台湾银行经济研究室编印:《台湾经济史二集》,台湾研究丛刊第三二种,台湾银行 1955 年版,第 19—20 页。

　　与学者对晚清台湾郊商的关注相比,清代闽南郊商引起学人的注意则要晚许多。较早探讨清代闽南郊商活动的学者是傅衣凌先生。他在1949年撰写的《清代前期厦门洋行》一文中论及厦门的"郊",认为它是继洋行而起的"同业组合",延续着清代洋行具有的半官半民的贸易中介职能①。此后,由于缺乏史料,对闽南郊商的研究陷入停滞。但闽南地方文史工作者已开始注意收集有关本地郊商活动的史料。如厦门文史工作者在1963年出版了《厦门文史资料》第一辑,其中列出欲征集的文史资料的参考题目,里面就有"厦门的北郊、南郊"②。

　　与之同时,学者对清代台湾地区闽台郊商及"郊"的相关研究取得较大进展,一批研究论文陆续发表。1954年,颜兴在《台湾商业的由来与三郊》③中探讨了清代台南三郊对台湾商业发展的作用。1957年,王一刚的《台北三郊与台湾的郊行》④一文关注了清代台北三郊与台湾郊行发展之间的关系。1960年,吴逸生的《艋舺古行号概述》⑤则对晚清台北艋舺郊商行号进行了概述。1968年,张炳楠撰写的长文《鹿港开港史》⑥对清代彰化县鹿港郊商发展历史进行了综合研究。1969年,陈梦痕就台北著名郊商林右藻与台北三郊的关系撰写了《台北三郊与大稻埕开创者林右藻》⑦。与前述个别研究相比,方豪先生成为首位系统研究清代闽台郊商的学者。他在占有多样而丰富的史料基础上,于1966年发表了《清代文献中的郊》的讲演。自1971年始,他又利用清代地方志、碑志、档案、私人著述等史料对台湾各地郊商进行了研究,于1972年开始相继发表了《台湾行郊研究导言与台北之郊》、《台南之郊》、《鹿港之郊》、《新竹之郊》、《澎湖、北港、新港、宜兰之

　　①　傅衣凌:《清代前期厦门洋行》,后收入《明清时期商人及商业资本》。见傅衣凌著:《明清时期商人及商业资本》,人民出版社1956年版,第211—214页。

　　②　《厦门文史资料》(第一辑),编者印行,1963年,第150页。

　　③　颜兴:《台湾商业的由来与三郊》,《台南文化》1954年第3卷第4期,第9—15页。

　　④　王一刚:《台北三郊与台湾的郊行》,《台北文物》1957年第6卷第1期,第11—27页。

　　⑤　吴逸生:《艋舺古行号概述》,《台北文物》1960年第九卷一期,第1—11页。

　　⑥　张炳楠:《鹿港开港史》,《台湾文献》第十九卷第一期,1968年,第1—44页。

　　⑦　陈梦痕:《台北三郊与大稻埕开创者林右藻》,《台北文献》1969年直字第九、十期合刊,第116—123页。

郊》《光绪甲午等年仗轮局信稿所见之台湾行郊》等系列论文,后均收进《方豪六十至六十四自选待定稿》①。从郊商的渊源、名称由来,至台湾南、中、北各地郊行的组织功能、发展演变、衰落原因,再至郊商商业往来书信的解读等诸多方面,方豪先生的研究均有涉及,其研究方法以考证辨析为主,其研究成果为后人继续深入探讨郊商问题奠定了坚实基础。

厦门石氏郊商是台南较早出现的郊商之一,实力雄厚且经营持续很久,其在厦门家乡兴建的住宅群规模宏大,至今犹存②。石万寿是石氏郊商在台湾的后人。1980 年,他撰写了《台南府城的行郊特产点心》③一文,其中除分"铺"、"行"、"郊"论述外,他还根据长辈口述,以及家藏文稿书契等史料,对台南郊行的历史发展及组织形态等进行了探讨。口述史料、家藏文献,以及亲身经历,这些使石万寿的研究具有较高的价值。但因台湾地区郊商及郊的活动年代相当久远,石万寿关于早期郊商及郊活动的某些结论还有进一步探讨的空间。自 1978 年始,卓克华运用新发掘的郊商史料,陆续发表了多篇关于郊商及郊的研究论文④,并于 1990 年根据其硕士学位论文修改出版了研究清代台湾地区"行郊"的专著《商战集团——清代台湾行郊之研究》⑤。卓克华的研究主要从"行郊"的渊源、名称来源、结构功能、贸易运营、式微原因等方面对清代"行郊"活动进行了论述。卓克华的研究引用资料较为丰富,但有些与郊商活动并无密切关联的论述则使其整体结构显得较为松散。此外,卓克华的研究对郊商及郊的活动及组织的一般特征

---

① 方豪:《方豪六十至六十四自选待定稿》,台湾学生书局 1974 年版,第 258—365 页。

② 《厦门古厝》。

③ 石万寿:《台南府城的行郊特产点心》,《台湾文献》1980 年第 31 卷第 4 期,第 70—98 页。

④ 卓克华:《行郊考》,《台北文献》直字第四五、四六期合刊,1978 年;《艋舺行郊初探》,《台湾文献》第 29 卷 1 期,1978 年,第 188—192 页;《新竹行郊初探》,《台北文献》直字第 63、64 期合刊,1983 年,第 213—242 页;《新竹堑郊金长和劄记三则》,《台北文献》1985 年直字 74 期,第 29—40 页;《试释全台首次发现艋舺〈北郊新订抽分条约〉》,《台北文献》1985 年直字第 73 期,第 151—166 页;《清代澎湖台厦郊考》,《台湾文献》季刊,1986 年第 37 卷第 2 期,第 1—34 页。

⑤ 卓克华:《商战集团——清代台湾行郊之研究》,台原出版社 1990 年版。

着墨较多,但相关论述缺乏时空线索。1989 年,黄福才先生出版了《台湾商业史》①。他在书中对清代台湾郊行的兴衰、结构、职责等方面内容进行了一般概述。

进入 20 世纪 80 年代,对清代闽南地区郊商活动的研究工作结束了此前的停滞状态,首先在发现整理有关郊商活动的文献史料方面取得了一定的进展。其中较具代表性的是泉州各地区文史资料工作组搜集整理的一些口述回忆、碑刻、日记等文献史料,如 1983 年的《近代泉州南北土产批发商史略》②,《1908 年泉州社会调查资料辑录》③,1984 年的《蔡光华日记》④,1992 年的《蚶江郊商之兴衰》⑤等。这些闽南郊商史料的发现让我们初步了解了晚清泉州地区郊商发展的繁荣景象及其与台湾地区郊商的密切关系。

与此同时,由于一批新史料的发现,学者得以揭示晚清台湾郊商的贸易运作、社会活动及文化建设等方面的详细情况,并尝试对其性质、特征及规律进行探讨。如 1996 年,林玉茹出版了专著《清代台湾港口的空间结构》,其中探讨了台湾郊商在不同级别港口中的分布和规模⑥。1999 年,吕淑梅出版了《陆岛网络——台湾海港的兴起》⑦一书,其中对台湾各港口郊商的商贸功能和商业活动进行了探讨。2000 年,林玉茹又出版了清代台湾竹堑地区商人研究的专著,即《清代竹堑地区的在地商人及其活动网络》。在本书中,林玉茹利用新发现整理的《淡新档案》及其他相关史料,对以郊商为主的竹堑地区的商人及商业活动展开实证研究,这样,商业资本、商人的组

---

① 黄福才:《台湾商业史》,江西人民出版社 1989 年版,第 114—144 页。

② 泉州市工商联工商史整理组:《近代泉州南北土产批发商史略》,《泉州文史资料》1983 年第十四辑,第 25—48 页。

③ 王连茂、庄景辉编译:《1908 年泉州社会调查资料辑录》,《泉州文史资料》1983 年第十五辑,第 169—197 页。

④ 蔡光华:《蔡光华日记》,《泉州文史资料》1984 年第十七辑,第 25—47 页。

⑤ 黄杏川:《蚶江郊商之兴衰》,《石狮文史资料》1992 年第一辑,第 56—60 页。

⑥ 林玉茹:《清代台湾港口的空间结构》,知书房出版社 1996 年版,第 84 页。

⑦ 吕淑梅:《陆岛网络——台湾海港的兴起》,江西高校出版社 1999 年版,第 250—265 页。

织活动,以及商人的社会经济文化活动,成为著者研究的主要内容。与前人研究的相比,林玉茹力图改变以往郊商研究理论薄弱的缺憾,尝试用"地域社会"、"网络"这两个核心概念作为清代台湾竹堑地区商人及商业组织研究的理论基础。在林玉茹的研究中,商人的活动"网络"成为地域社会的实质内容,而通过这些网络的构建,商人可以在各项商业活动中"强化他们的竞争优势"①。

2001 年,杨彦杰教授在搜集整理闽台两地族谱、碑志、方志,以及官方档案等文献史料的基础上,撰写发表了《"林日茂"家族及其文化》②的研究论文,对创建于清朝乾隆中叶的台湾著名郊商"林日茂"家族的经济社会活动及其文化进行了全面的探讨。2004 年,刘正刚所著《东渡西进——清代闽粤移民台湾与四川的比较》③一书出版,书中部分内容涉及了清代台湾郊商的商贸功能与商业活动。从 2002 年至 2006 年,林玉茹、刘序枫领导的解读小组对新发现的清光绪时期鹿港郊商许志湖家与大陆的九十封以贸易内容为主的往来书信进行了"解读、打字、校注以及出版工作"。在此基础上,林玉茹于 2006 年、2007 年相继发表了两篇有关鹿港郊商许志湖的研究论文④,主要对清末鹿港郊商"对交"贸易运作机制进行了探讨。

进入 21 世纪,闽南郊商研究在史料搜集与专题研究方面也取得了一定进展。2004 年,吴金鹏发表的《晋江清代蚶江鹿港对渡史迹调查》⑤一文

---

① 　林玉茹:《清代竹堑地区在地商人及其活动网络》,第 227 页。

② 　杨彦杰:《"林日茂"家族及其文化》,《台湾研究集刊》2001 年第 4 期,第 23—33 页。

③ 　刘正刚:《东渡西进——清代闽粤移民台湾与四川的比较》,江西高校出版社 2004 年版,第 181—185 页。

④ 　林玉茹:《略论十九世纪末变局下鹿港郊商的肆应与贸易:以许志湖家贸易文书为中心》,林玉茹、刘序枫编:《鹿港郊商许志湖家与大陆的贸易文书(一八九一——八九七)》,"中央研究院"台湾史研究所,2006 年,第 32—56 页;林玉茹:《商业网络与委托贸易制度的形成——十九世纪末鹿港泉郊商人与中国内地的帆船贸易》,《新史学》2007 年 18 卷 2 期,第 61—102 页。

⑤ 　吴金鹏:《晋江清代蚶江鹿港对渡史迹调查》,《泉州文史研究》第二集,中国社会科学出版社 2006 年版,第 224—242 页。

中，收录了记载有泉州郊商活动的碑刻钟铭；翁志生撰写的《泉、鹿行郊与航运贸易》①也对清代泉州、鹿港郊商活动进行了探讨。同年，何丙仲编纂的《厦门碑志汇编》②出版，书中收录的碑文记录了曾在清代厦门活动的众多郊行、郊商的名称，这不但使在方志、文集、调查报告中少有记载的清代厦门郊商得到了有力的佐证，而且填补了一些厦门地区郊商活动的历史空白。家乘谱牒也是获取清代闽南郊商活动信息的重要史料来源。2005 年，粘良图根据从泉州东石港搜集到的族谱，撰写了《清代泉州东石港航运业考析——以族谱资料为中心》③一文，其中探讨了清代泉州东石港郊商行号在国内沿海及闽台之间的航运贸易状况。2004 年至 2007 年，陈支平教授以清代泉州黄时芳家族谱为主撰写了系列论文，对清代泉州黄氏郊商的乡族特征、文化意识、社会关系等进行了个案研究④；2008 年，他在《清代泉州晋江沿海商人的乡族特征》⑤一文中，再根据族谱资料对包括郊商在内的晋江沿海商人的乡族特征进行了探讨。2009 年，陈支平教授所著《民间文书与明清东南族商研究》⑥出版，其中整合了他历年来对闽南及台湾郊商的研究成果。

　　总体而言，闽南郊商在台湾活动的文献史料保存较多，包括方志、文集、笔记、碑刻、口述史料、官方档案等不断被发现整理，这为清代台湾郊商研究能够持续深入开展提供了前提。与之相较，清代郊商在闽南地区活动的记载，因多种原因，发现得不是很多，研究学者往往只能从碑刻、族谱、文集、地方志等文献史料中存留的只言片语窥得闽南郊商的一鳞半爪，这是闽南郊商研究成果有限的主要原因。尽管存在上述局限，在两岸

---

① 翁志生：《泉、鹿行郊与航运贸易》，《泉州文史研究》第二集，中国社会科学出版社 2004 年版，第 164—167 页。

② 何丙仲编纂：《厦门碑志汇编》，中国广播电视出版社 2004 年版。

③ 粘良图：《清代泉州东石港航运业考析——以族谱资料为中心》，《海交史研究》2005 年第 2 期。

④ 陈支平：《从〈约亭公自记年谱〉看清代泉州郊商的文化意识》，"多元视野中的中国历史"国际会议未刊论文，北京，2004 年；《清代泉州黄氏郊商与乡族特征》，《中国经济史研究》2004 年第 2 期。

⑤ 陈支平：《清代泉州晋江沿海商人的乡族特征》，《清史研究》2008 年第 1 期。

⑥ 陈支平：《民间文书与明清东南族商研究》，中华书局 2009 年版。

学者的共同努力下,清代闽台郊商研究在史料搜集、理论运用、综合研究与实证研究等方面,仍取得了相当的成绩。这是进一步深化清代郊商研究必然仰赖的基础。

目前清代郊商研究主要有研究内容和研究方法两方面的问题。研究内容上,清代郊商的转型与郊商组织"郊"的性质是研究相对不足及薄弱的两个问题。早期研究多以闽籍郊商为主,后随近代台湾郊商文献的大量发掘,近代台籍郊商发展逐渐得到梳理。清代郊商从以"闽南郊商"为主到"闽台郊商"携手发展本是一个自然演变的过程,较易厘清,但前人对上述过程却探讨不足,这使相关研究,或无法还原郊商发展清晰的历史图景,或刻意强调台籍郊商发展而忽略闽台郊商的渊源与联系,更进而导致难以对清代郊商在闽台的经济互动发展中的作用和意义进行恰当的诠释。本书结合台湾社会从移民到定居的历史变迁,将清代郊商发展分为前后相继的两个周期:"闽南郊商周期"与"闽台郊商周期"。前者延续时间较长,从台湾归附清朝到 19 世纪五六十年代,台湾此期间大体处于移民社会时期;此后台湾进入定居社会,台湾本土郊商逐渐发展,与闽南郊商遥相呼应,清代郊商进入"闽台郊商周期"。以此划分清代郊商二百余年的历史进程,或能有助厘清清代郊商的发展脉络。

郊商组织"郊"的性质一直是学界探讨的焦点,但前人研究一直存在将组织缘起与组织性质混淆,以及忽略组织性质变迁的问题。事实上,"郊"成立的原因可能是贸易、同乡、信仰等,但这并无碍于大多数"郊"主要作为商业组织而存在,而某些规模庞大、实力雄厚的"郊",则可能发展成社会组织,如"泉郊会馆"。

目前制约清代郊商深入研究的难点,除上述问题外,还在于研究范式的因陈。当前相关研究的基本范式源自中国农业社会历史的研究传统,体现了农业社会稳定性的根本特征。这种研究范式运用到清代郊商的研究实践中时,未能全面反映清代郊商活动的特性。清代郊商的商贸活动以海洋为主要舞台,他们进行社会文化活动的陆地空间也主要集中在海峡两岸的港口城市。海洋与郊商有着较为密切的联系,海洋社会经济运作机制的流动性本质影响着郊商生产生活、组织形态、思想意识。与此同时,"沿海地区是面向海洋的陆地,既是向海洋发展的前进基地,又是农业社会经济中心区外延、辐射的边缘,具有陆地与海洋的两重性格"①,从事海洋贸易的郊商因之始终与沿海农业社会经济保持着千丝万缕的关系,虽然两者时有碰撞、冲突、矛盾(如卢允霞联合郊商请罢商运),但中国传统社会的弹性结构促使两者仍以合作、交流、融合为关系基调。因此,清代郊商身上的这种陆海特性应在研究实践中得到完整的展现。但在传统研究范式的关照下,郊商只是当地农业社会"士农工商"社会结构的组成部分,是农业社会结构在海洋的自然延伸,以懋迁有无的商贸功能服务于农业经济。而以海洋为本位,从中国海洋社会经济的视角审视,郊商则显示了闽南海洋社会经济在闽台区域社会经济离合重组过程中发挥的重要历史作用,它促进了以海洋为舞台的市场经济发展——这对沿海社会经济,特别是海峡两岸沿海社会经济的"传统内变迁"起了推动作用。笔者认为,后者所展现的新的研究范式,将为清代郊商,乃至中国商人商业史的研究开辟一条新路。

三、本书结构

清代郊商主要是来自民间的海商,他们根据市场价格的变动来组织经营台海贸易,展现了相当成熟的经营技巧。有清一代近两百年的发展历程证明了闽台郊商这样的台海贸易组织形式所具有的顽强生命力,这或许是日据台湾后,郊商在海峡两岸不同的政治体内仍然延续相当长时间的重要原因。针对清代闽台这一延续两百多年的海洋经济与海洋文化现象,本书各章主要从历史、经济、社会、文化等方面探讨郊商的渊源、活动、组织及其文化。与以往研究者不同的是,笔者尝试以郊商的贸易生产方式为研究郊商的基点,由此出发探讨郊商在贸易过程中产生的经济、社会、政治、文化等方面的各种需求及其实现。笔者希望这样能够加强对郊商体现的海洋流动性的研究,实现"以海洋为本位"的研究立场的转换。"文化就是模式地反

---

① 杨国桢:《瀛海方程》,海洋出版社 2008 年版,第 89 页。

复地出现在历史的因素。"①因应这种转换,本书也重点讨论了郊商贸易过程中形成的海洋文化。综论本书,共分为七章。

第一章主要追溯闽南海商发展的历史传统,并探讨"郊"的来源。从历史上看,郊商的繁衍兴盛不是偶然的。闽南沿海地区悠久的海上商业和航运传统是郊商产生的历史前提,闽南海洋发展的悠久传统和丰厚积淀是其成长的沃壤,因之郊商本身也体现了中国海洋社会经济发展的历史延续性。同时,作为郊商社会组织,郊行也与传统中国社会中的行会、会馆等有着一定的渊源。

第二章主要将闽台郊商的发展历程放在台海贸易的历史背景中进行审视。清代台湾进入移民社会后,优越的自然条件与闽南沿海地区的资金、技术、劳动力相结合,成为福建地区社会经济发展最为迅速的地区,其与闽南社会经济的关系也日益密切,逐渐成为闽南区域经济的一部分。在这一过程中,郊商作为沟通大陆与台湾经贸往来的海商群体,是将闽台社会经济结成一体的重要的社会经济力量;在这一过程中,郊商也随着台海贸易的起伏而经历了兴衰隆替的发展过程。

第三章将对郊商的海洋贸易及其运营管理进行探讨。在长达两百多年的台海贸易过程中,随着社会经济环境的变化,郊商的海洋贸易在区域、航线、商品结构等方面也发生了相应改变。在从事海洋贸易的活动中,郊商也形成了具有自身特色的运营管理形式。

第四章主要探讨郊商的社会组织及其社会功能。郊商的社会组织被称为郊行。一般而言,根据不同的组织原则,郊商组成众多名称各异的郊行:根据贸易区域的不同,有宁福郊、北郊、泉郊、厦郊、鹿港郊等郊行;根据贸易商品,有糖郊、米郊、敢郊、干果郊等;根据贸易对外联系的程度,则由外郊、内郊的区分;根据郊商所在港口城市的不同,则有堑郊、笨郊等的区分。郊行主要因应郊商的社会需求而形成,它在郊商群体与地方社会中都具有一定的"整合"功能,是维持社会秩序的重要社会力量。

---

① [美]菲利普·巴格比著,夏克译:《文化:历史的投影》,上海人民出版社1987年版,第149页。

　　第五章主要探讨郊商与沿海地方社会的互动。多数郊商并非直接海上经济活动群体，而是生活在陆地的间接海上活动群体。作为郊商社会生活的主要舞台，海岸带是陆海生产生活方式交汇的地区，传统社会经济结构和海洋社会经济结构在这里交错耦合，共同塑造着清代郊商的行为方式与思想意识。

　　第六章主要论述郊商文化的活动及形态与海洋文化间的密切关系。郊商在从事海洋贸易过程中也创造了具有海洋特色的文化形态与文化活动，这体现在从空间形态、运输帆船、贸易制度与习惯，到海神崇拜、海洋发展意识等诸多方面。

　　第七章结语，总结有清一代闽台郊商的基本特点及其演变的趋势特征。

　　总体而言，本书力图以海洋为本位，运用中国海洋社会经济史的理论方法，通过论述清代闽台郊商的渊源、发展演变、组织形态及其演变，以及郊商的各种活动及其互动关系，探讨清代郊商在闽南海洋社会经济与闽台社会经济互动发展中的作用和意义，尝试从一个侧面阐明清代中国海洋社会经济发展的历史轨迹与沧桑面貌。

第一章 郊商的渊源及"郊"的来源

清代郊商主要来自福建省漳州府、泉州府(今漳州市、厦门市、泉州市)与台湾府(今台湾省),他们多从事海峡两岸的贸易活动。清代郊商与历史上的闽南海商有着深厚的渊源,可以说是闽南海商发展传统在新的历史条件下的延续。他们结成的社会组织"郊行"也与传统中国社会的各种组织有着千丝万缕的联系。"郊"的称呼基本只用于从事台海贸易的海商,其已成为清代闽台区域此类海商独特的文化标志。

第一节 闽南海商的发展传统

郊商具有鲜明的地域性,他们多为来自闽南沿海地区的漳泉人(或为后裔)。这一现象的出现并非偶然。闽南沿海地区海商的发展具有悠久传统和丰厚积淀。清代郊商即可看作闽南海商传统在新的历史条件下的发展与表现。因此,追溯闽南沿海地区海商的历史兴衰及闽南海商贸易经营的形态特征,对于探讨清代郊商崛起的历史渊源而言,就是十分必要的。

一、清康熙前闽南海商的历史兴衰

闽南地处古百越海洋文明区域内,汉平百越后,北方汉人南迁,逐渐成为闽南海岸带陆域的民族主体。适应陆地和海洋兼备的生态环境,稻作区的垦辟与舟楫之便的谋利,同为闽南沿海地区汉人的生计模式,这使本区逐渐形成陆海兼备的经济结构。隋唐五代,闽南泉州的海外贸易(五代时又名"刺桐")在闽国"交好邻国,奖励通商"的推动下,初具规模。

北宋时期,"福建一路多以海商为业"①,而泉州海商尤多,社会各阶层都涌现出大批海商。出现这种现象的原因,主要是宋以降,中国经济重心南移的趋势加强,南方商品经济比较活跃,以及闽南沿海地区的地狭人稠,这导致海洋贸易在泉州建立市舶司前已相当活跃。南宋至元,泉州成为中国与亚洲海洋经济世界互动的一个国际性港口城市,海上交通(造船、航海)与海洋贸易的兴盛也使泉州成为帆樯林立,中外海商云集的大都市,如泉南的海商猬集。

有番商曰施那帏,大食人也,侨寓泉南。②

雍熙间有僧(王车)护哪海而至,自言天竺国人……买建佛刹于泉之城南。③

南毗国在大海之西南,由三佛齐风飘月余可至。……其国最远,番舶罕到。时罗巴智力干父子,其种类也,居泉之城南,自是,舶舟多至其国矣。④

方元者,世居上海,谨徒也。因事至官,陈遂槌折方手足,弃之于沙岸,后医治复全。革世后隶张万,下为头目,因部粮船往泉南⑤

胡贾航海踵至,其富者资巨万列居城南。⑥

---

① (宋)苏东坡:《苏东坡全集》卷30,"论高丽进奉状",珠海出版社1996年版,第627页。

② (宋)赵汝适著,杨博文校释:《诸蕃志校释》卷上,"大食国",中华书局2000年版,第91页。

③ (宋)赵汝适著,杨博文校释:《诸蕃志校释》卷上,"天竺国",第86页。

④ (元)脱脱等:《宋史》卷489,《列传》第二四八,中华书局1977年版,第14093页。

⑤ (宋)周密:《癸辛杂识续集》卷下,"蔡陈市舶",(清)永瑢、纪昀等总纂:《文渊阁四库全书》(影印本)第1040册,台湾商务印书馆1986年版,第93页。

⑥ (清)怀荫布修,黄任等纂:《(乾隆)泉州府志》卷75,清同治九年章倬标刻本。

一城要地,莫盛于南关,四海蕃舶,诸番琛贡,皆于是乎集。①

元孚乃泉南之大贾,挥金不啻于沙泥。②

在从事海外贸易的海商中,除了朝贡贸易、权贵官僚借海外贸易谋私利外,兴贩谋利于海外的合法民间商人也大有人在,其规模亦不小,如:

泉州杨客为海贾十余年,致赀二万万。③

泉州纲首朱纺,舟往三佛齐国,斋请神之香火而虔奉之。舟行迅速,无有险阻,往返曾不期年,获利百倍。④

师讳昭庆,字显之,俗姓林氏。泉州晋江人也,少 驰,以气自任,尝与乡里数人,相结为贾,自闽粤航海道,直抵山东,往来海中者数十年,资用甚饶。⑤

泉州人王元懋,少时祗役僧寺。其师教以南番诸国书,尽能晓习。尝随海舶诣占城。国王嘉其兼通番汉书,延为馆客,仍嫁以女。留十年而归,所蓄奁具百万缗,而贪利之心愈炽,遂主舶船贸易,其富不赀。⑥

海外贸易的兴盛还推动了福建沿海,尤其是泉州造船业的发达:北起长溪(今霞浦),南迄漳州沿海各县,其间包括福州、泉州、兴化军在内,造船业都很发达,而以泉州最为著名。《舆地纪胜》引谢履的《泉南歌》称:

---

① (清)怀荫布修,黄任等纂:《(乾隆)泉州府志》卷75,清同治九年章倬标刻本。

② (元)陶宗仪:《南村辍耕录》卷28,中华书局1959年版,第346页。

③ (宋)洪迈:《夷坚丁志》卷六,"泉州杨客",中华书局1981年版,第588页。

④ 《福建莆田祥应庙碑记》,《文物参考资料》1959年第9期。

⑤ (宋)秦观:《淮海集笺注》卷33,"庆禅师塔铭",上海古籍出版社1994年版,第1081页。

⑥ (宋)洪迈:《夷坚三志》卷6,"王元懋巨恶",第1345页。

州南有海浩无穷,每岁造舟通异域。①

由此可见当时泉州造船业繁盛的情景。

明初郑和七下西洋的船队规模庞大,技术先进,不仅具有宣威海外的政治使命,还展现了当时中国海洋发展在世界的领先地位,"或者可以说,郑和下西洋时中国海洋发展(以造船、航海技术演进为主)、中国沿海社会经济发展和政治价值取向的综合产物"。② 但随后明朝实行严厉的海洋退缩政策,"片板不许下海"对海商是沉重的打击,这造成了泉州湾地区海商的中落。明中叶以降,世界海洋社会经济迅速发展,而中国经济南移东倾趋势日趋明显,苏、浙、闽、粤沿海商品经济十分活跃。在中外经济的"推拉"作用下,加上政策的松动、人口游离等因素,闽南私人海上贸易力量迅速崛起,以海盗、走私商人、合法海商等各种形式兴贩重洋,贸易网络囊括传统东西洋海洋贸易圈及台湾。这也标志着闽南海洋社会经济开始崭露头角。

明末清初,郑芝龙、郑成功父子先后以大厦门湾北岸的安海、湾中厦门岛及台湾为基地,掌控东南中国海洋经济圈,"通洋裕国",建立了经营和管理海洋贸易的社会组织和行政系统,具备了海洋社会的雏形③。这些都显示了闽南海洋社会经济发展的必然性,即"组织从民间提升到地方政权的层次,是海洋经济自发成长为地方社会普遍追求时的必然产物"。④ 需要说明的是,郑芝龙为泉州南安石井人,但郑氏海商集团的组织原则是以海域而非籍贯为主,因而不能根据郑芝龙的籍贯认定泉州湾海商再次崛起。郑氏海商集团仍属大厦门湾海商⑤。

---

① （宋）谢履：《泉南歌》,（宋）祝穆撰、祝洙增订：《方舆胜览》卷一二《福建路》,"泉州",中华书局 2003 年版,第 214 页。

② 杨国桢：《瀛海方程》,海洋出版社 2008 年版,第 130 页。

③ 《明清海洋社会经济发展的基本趋势》,载杨国桢、郑甫弘、孙谦：《明清中国沿海社会与海外移民》,高等教育出版社 1997 年版,第 23 页。

④ 《明清海洋社会经济发展的基本趋势》,载杨国桢、郑甫弘、孙谦：《明清中国沿海社会与海外移民》,高等教育出版社 1997 年版。

⑤ 杨国桢：《籍贯分群还是海域分群——虚构的明末泉州三邑帮海商》,载杨国桢：《瀛海方程》,第 278—279 页。

在大厦门湾海商兴盛之际，泉州湾地区的私人海上贸易也有发展。如惠安崇武镇，都有不少泛海谋利的人，有的甚至是全村经商①。至清初，南明与清兵征战之际，泉州私人海上贸易仍未中辍。如泉州海商苏肇标（开叟公）。

> 父讳肇标，字君榜，开叟，其别号也……乃傲居通津门服贾……外王父贾舍隣父，亦器父，以母许配娶焉。居数年，积中产出，营温台漳潮间，货屡蹶，仍服贾。……戊子（1648），海氛泊城，赵提督郡关戒严，石米十金，人股栗，家菜色。父率孤等集上庵治生，颇无悬罄忧。父偶棉货在郊，被满兵，促提督南门治兵，捉者迟报，父求情甚哀，满兵亦恻然，释回。②

> （开叟公）复出营，北走温、台南，南走漳潮，率移月始归，归则洗脒上。③

通津门，据乾隆朝《泉州府志》载："罗城相传为南唐保大中节度使留从效筑也。门凡七：东曰仁风，西曰义成，南曰镇南，北曰朝天，东南曰通淮，西南曰临漳（俗呼新门），曰通□（由后可知为通津）"④，此可见其亦在泉南。从上可知，苏肇标迁居泉南通津门后，主要是从事国内的海上贸易，而其贸易范围也相当广泛，从浙江温州、台南、漳州，直至广东潮州，都囊括在内。棉布是苏君榜进行海洋贸易的主要商品，清兵进攻泉州城时，他和棉货在城郊被清兵擒获，所幸捉到他的清兵因忙于和明将赵提督打仗而没有上报，经他苦苦相求，清兵最终把他放回。此外，苏肇标的岳父也从事商业活动。

除苏肇标外，其诸弟也有从事商业活动的。

---

① 庄为玑、庄景辉、王连茂编：《泉州港史简编》，厦门大学历史系考古教研室，第120页。

② 《燕支苏氏族谱》，陈支平主编：《闽台族谱汇刊》第27册，广西师范大学出版社2009年版，第463页。

③ 《燕支苏氏族谱》，陈支平主编：《闽台族谱汇刊》第27册，广西师范大学出版社2009年版，第490页。

④ （乾隆）《泉州府志》卷十一《城池》。

开叟公捐馆，孀人哀痛之余，称未亡人，而以家务殷繁，诸弟服贾、敦儒，各事于外，不得不强操家柄，出入惟谨。①

清初开海后，郊商崛起闽台两地，拥有海上商业与航运传统的地区成为他们成长的肥沃土壤。以泉州为例，泉南外便利的航运条件再次成为实力雄厚的郊商开行设栈、进行海上贸易的主要地点。如乾隆年间，泉州郊商黄时芳家族在泉州开办有"新桥行"，其位置便位于泉州南门外。道光中叶，宁波郊商将泉南天后宫作为自己的会馆。道光十七年，经营鹿港贸易的泉州郊商铸造一口大钟，上面镌刻有"泉郡南关外浯江铺塔堂鹿港郊公署"，此可知他们的经营地点也在泉南。至清末，日本"三五"公司在福建进行的社会调查也注意到，"泉州府城频临笋江……城内最繁华的街市是南街的泮宫口一直到出南门的新桥头，大商巨贾大多集中于此。其次是府口街。城外最殷富的是南门外，东门外及新门外次之，西门外人家不过数十户，北门外则最为寂寥，只有数户人家"。② 其中所录"南门"外的殷富人家，多为郊商。

泉州地区其他具有海洋贸易传统的港口也都有郊商出现。泉州湾除泉州城南外，蚶江作为渡台总口也有郊行出现；深沪湾的永宁、梅林、围头湾的安海、东石等地，也有郊商经营进出口贸易。③

此外，闽南造船航海业的传统优势也为清代郊商经营闽台贸易提供了必要条件，这将在下面论述。

二、闽南海商贸易经营的发展演变

两宋时期，闽南海商经营贸易的形式主要分为两种：一是"独资"，一是"合资"。独资即为采用自己的资本，打造船只，购置货物，招聘纲首（类似船长）和船员进行海外贸易。如崇宁四年(1105)，泉州商客李充"将自己的船壹

① 《燕支苏氏族谱》，载陈支平主编：《闽台族谱汇刊》第27册，第492页。
② 《1908年泉州社会调查资料辑录》，《泉州文史资料》第15辑，第170页。
③ 吴金鹏：《晋江清代蚶江鹿港对渡史迹调查》，"莲埭七星桥碑记"、"龙山寺重兴碑记"，《泉州文史研究》第二辑，第230—235页。

只,请集水手,欲往日本国,转买回货"。再如泉州人王元懋于淳熙五年(1178)"使行钱吴大作纲首,凡火长之属一图帐者三十八人,同舟泛洋。"能够自己出资经营海外贸易者,多为地方上的豪富之家。"合资"就是共同出资,合股经营。如晋江人林昭庆,即"尝以乡里数人相结为贾","往来海中者数十年"。此外,还有租船贸易的散商,他们的数量当远多于前两者。这时期,泉州海商的商贸活动都在市舶司的控制下,他们大都是合法的商人。

两宋时期,与泉州有贸易关系的海外地区已不下六十处,以今天的世界地理知识来看,包括东亚、东南亚、南亚、西南亚以及非洲的广大地区。泉州民间海商的贸易地区小于这个范围,但应也相当可观。

明中叶后,闽南沿海地区的海洋贸易以非法走私形式发展起来。隆庆元年(1567)开海,此后闽南沿海地区始有合法海商。这些民间海洋商业力量,借助闽南海洋社会经济发展的既有基础,往贩东西洋及荷兰人占据的台湾,开创了中国海洋发展的新气象。荷兰史料《热兰遮城日志》等留下许多中国海商的记载,杨国桢先生利用荷兰史料撰写了《17世纪海峡两岸贸易的大商人——商人Hambuan文书试探》一文,揭示了闽南海商Hambuan的贸易形态及其运作、文化意识等方面的特征。

Hambuan是明末大厦门湾漳州港区的大海商,常年奔波海上,掌握着东西洋贸易网络和货源。1632年,他与荷兰东印度公司签订贸易协定,此后主要经营海峡两岸的海上贸易,并成功地在郑芝龙、福建官府、荷兰三方之间复杂的政治及商业利害关系中进行斡旋,尽最大可能保护自己及其他海商的商业利益。1640年,Hambuan从大员赴安海途中遭遇海难溺水而亡。从Hambuan的海上商业与航运经营中,杨国桢先生归纳总结出其贸易运作形态的若干特征,这适可作为我们进一步探讨清代郊商渊源的依据。

Hambuan经营海上贸易所需资金巨大,除了盈利的积累外,有一部分来自合股,一部分来自信用借贷,郑芝龙和荷兰人都曾是他的贷主。这体现了Hambuan融资渠道的多元化。在海上航运方面,Hambuan自置大小船多只,用于东西洋航路与海峡两岸的航运;但他的货物除自运外,还雇其他船主运输。这样,海商与航商的功能即在他身上呈现既结合又分离的状态。与海上商业航运相配套,他在厦门有收购丝、瓷、糖等出口商品的业务,当缺货时还能派船赴外省产地收购,如到广州附近购糖,到福州购木料、海货;他还指导厂家按照荷兰人提供的样品和规格安排丝货、布料和瓷器的生产,预付订金,成为包买主,使内地的手工业作坊生产和国际市场接轨。他在台湾和吕宋有收购鹿皮的业务,如崇祯五年(1632)、崇祯六年(1633)11月都和荷兰大员商馆签订买卖鹿皮的契约,崇祯十年(1637)派船去吕宋收购鹿皮;还和 Bemcon(苏鸣岗)等在赤崁及附近投资农业,各自购进 20morgaen(1morgaen 为 85106 平方米,约 11 亩)的土地。投资农业计划是否实现,没有资料证实,但他的目的显然是为了插足台湾对东印度和波斯的米糖贸易,反映了海商涉足生产领域的新动向。

此外,根据国内外市场行情组织货源、调整生产及运输,是 Hambuan 进行两岸贸易活动的显著特征。如大员方面提供巴达维亚和日本的需求信息,在上一个贸易季度预定,由漳州港区海商负责采购,或者按买方的要求组织生产。而闽南丝织业、陶瓷业、制糖业等手工业的发达,就是海外市场拉动的。海商背后有一个稳定的商业网络,与产区相联系,确保货源的充沛。生丝的主要产区江浙,蔗糖产区广东,都是它的腹地。①

作为清代民间的一种合法的海商,郊商与这些明末闽南的海商似应当具有更为直接,也更为深厚的渊源。

第二节　郊行的渊源

郊行是郊商结成的民间自愿组织。探讨台湾郊商组织渊源的学者主要为方豪、卓克华、林玉茹。方豪将追溯的重点放在"郊"与中国传统"行会"的传承关系上,卓克华力图从台湾社会发展的特殊性中寻找原因,林玉茹则从台湾竹堑竹南三保吞霄街金合安郊的形成过程提出了一种台湾郊成立的可能性。另有学者石万寿也在文中论及台南郊行的起源。

---

①　杨国桢:《17世纪海峡两岸贸易的大商人——商人 Hambuan 文书试探》,《中国史研究》2003 年第 2 期。

方豪认为,台湾的"郊"又叫"郊行",也称为"行郊",类似中国传统社会的工商业行会,或同业公会,或低级劳力者的帮会,并兼有会馆及公所性质,而且具有浓厚的宗教色彩。对于行会的起源,方豪依据史料,提出了几种看法:据同业商店所在街区组成,同业商人组成,为反对政府重税等压迫而组成的同业团体,为垄断某一营业、以维护其共同利益而设立,同乡互助,对行业始祖之崇拜,为保护既得利益。方豪已经注意到郊行所具有的经济功能、社会功能和宗教功能,而郊商的流动性也使方豪提出郊行具有会馆及公所的性质。①

对于前人的研究,卓克华认为,郊行起源虽与大陆行会有渊源,"亦可视之为大陆行会之流衍",但郊行起源还应从台湾社会发展的特殊性上来探讨。他在论述台湾的地理环境、经济发展、社会形成、人口变动等因素基础上,提出了几种台湾郊行起源的推测:宗教崇拜,同乡互助,市场竞争,运输秩序的规范。②

在对清代竹堑地区竹南三保吞霄街金和安郊的形成过程进行探讨后,林玉茹提出,"过去对于台湾郊之起源的讨论,都是从宗教信仰、血缘关系以及地缘关系(同乡关系)来解释,金和安郊的成立却提出了另一种可能性,亦即金和安是为了与街庄总理竞争抽分权,而进行基于在地业缘关系的结社"。③

此外,石万寿也谈道:"乾隆六年(1741)进出口商人又于水仙宫边建三益堂,作为彼此联络会商的处所。此后商号间的联络日益密切,贸易商为求降低运输费用,维护航行安全,多委托殷实商号,统筹购买、运输、销售,逐渐形成以大商号为中心,专事聚货而分售的贸易集团。"④从中可见,石万寿认为商业利益是台南郊行成立的主要动因。

上述学者从不同角度的探讨给了笔者以莫大的启发,若再参考闽南郊行活动,则探讨将更为全面。在闽南地区,郊行活动史料相当稀少。前引⑤

---

① 方豪:《方豪六十至六十四年自选待定稿》,第258—259页。
② 卓克华:《清代台湾行郊研究》,福建人民出版社2005年版,第8—12页。
③ 林玉茹:《清代竹堑地区的在地商人及其活动网络》,第183页。
④ 石万寿:《台南府城的行郊特产点心》,《台湾文献》第31卷4期,第76页。
⑤ 见第一章第二节,宁福郊。

宁福郊（宁波郊）修建天后宫,鹿港郊铸造铁钟,可知泉州郊行的宗教性色彩。而在清末日人的眼中,则对泉州郊行有如是评价:"郊是一种同业行会,但它没有固定的规章作为明确的协定。行会所经营的事业是特定的,而它的团结力却极为脆弱。总之,郊是一种松散的组织,唯同途之间发生纠纷时,负责召集郊员协力调停,努力使争端得以和解。在对外事务方面,一旦郊员遭到地方官吏的暴虐,即运用集体的力量进行反抗活动,以维护同途者的利益。郊作为商人的团体,还通过对商品货物的评定,制定共同买卖方针的协议等,以取得一致的做法。"①

综上所述,早期台湾移民社会的特殊性,如社会结构简单,社会机构缺乏,官府统治力弱,及闽台海上贸易环境的不稳等因素,都是促使台湾郊行出现的原因。至于台湾郊行出现的直接原因,则有较多可能,不仅不同时期成立郊行的原因可能不同,即使同时期成立郊行的原因也有可能不同。然而,无论何种原因,上述研究似乎都没有注意到郊行出现的制度因素,即郊行之产生亦是对官府制定的社会管理政策的反应。

明清时期,牙行作为官府进行社会管理的补充而存在,是官府与社会之间的中介机构,代理官府税收,以及代理客商购销等业务,并收取一定的佣金。如《明会典》规定:

> 凡城市乡村诸色牙行及船埠头,并选有抵业人户充应,官给印信文簿,附写客商舡户住贯、姓名、路引字号、物货数目,每月赴官查照。私充者杖六十,所得牙钱入官;官牙埠头容隐者,笞五十,革去。②

从中可见,牙行的半官方性质赋予其一定的管理权限,也同时为其以权谋私提供了可能。所以,《明会典》中对牙行操纵市场的行为规定了相应的惩罚措施。

---

① 《1908 年泉州社会调查资料辑录》,《泉州文史资料》第 15 辑,第 173—174 页。
② 《明会典》卷 135。

> 凡买卖诸物,两不和同而把持行市,专取其利,及贩鬻之徒,通同牙
> 行,共为奸计,卖物以贱为贵,买物以贵为贱者,杖八十;若见人有所买
> 卖,在傍高下比价,以相惑乱而取利者,笞四十;若已得利物计赃重者,
> 准窃盗论,免刺。①

从中可见,如果牙行和当地商贩勾通,欺骗客商,可以说是利用官府赋
予的管理客商的权力,以权谋私。这种行为蔓延开来,将会打击客商前来贸
易的积极性,长期下来,必将影响当地贸易情况,进而影响官府税收。这是
官府不愿看到的情况,所以要行禁止。

清承明制,《大清律例》中规定:牙商必须是殷实良民,有联保甘结,
一个牙行只许一人经营。而《大清会典则例》中则对牙行管理有更为详
细的规定。

> 一清察牙行。
> 康熙二十五年,议准各处牙行领帖开张,照五年编审例,清察换照。
> 若有光棍顶冒朋充,巧立名色,霸开总行,逼勒商人,不许别投,拖欠客
> 本,久占累商者,该地方官不时严行察拿,照律治罪。如地方官有意徇
> 纵者,降二级调用,如有受财故纵者,计赃以枉法论。
> 又议准牙行经纪,除税课内应立牙行者准设立外,其奸究之辈,捏
> 称牙行于良民买卖滥行索诈者,在外责成州县官,在京责成顺天府尹通
> 判,大宛二县五城兵马司,不时严行察挐,照例治罪。如该管地方官不
> 行严拿,仍留积年奸匪以致累民,将失于觉察之人罚俸一年,有意徇纵
> 者,降二级调用;受财故纵者,计赃以枉法论。

从上可知,康熙时期,官府正式认可的牙商外,还出现了很多冒充的牙
商。他们利用身为本地人的优势,往往给客商贸易制造各种障碍,以从中牟
利,因此招致清廷的严厉惩罚。除了私牙滥开外,官牙数量的恶性膨胀也引

---

① 《明会典》卷135。

起了清廷的关注。

雍正十二年,议准各省牙帖,悉由藩司钤盖印信颁发,不许州县滥给滋弊;倘各省州县仍有私行滥给牙帖者,该督抚题参照地方官妄用印信例,降一级调用。

十三年……惟估衣行给有牙帖,每年纳有牙税,应听其安分营生,仍照五年编审例清察换帖,毋许无籍之徒往来市上,借名影射,左右观望,觊觎分肥。至于铺行一切什物,皆系本商自置,倘本身无力开设而所置什物复不许售与承顶之人,则本钱不免亏折,似属未便,除地界之外,此项不在禁内。又如无籍之徒违禁把持,仍犯前项情弊者,即将该犯照例治罪。仍令地方该管各官严饬捕役人等,不时稽察,如番役人等不行察拿者,按律治罪,该管地方官奉行不力者,照失于察参例,罚俸一年;有意徇纵者,照徇情例,降二级调用。受财故纵者,计赃从重以枉法论。

从中可见,官府也清楚牙行的数量过多对贸易流通的不利影响。而且,地方官府额外征税,往往依仗牙行完成。如

一严禁苛索税羡。

雍正十三年十月,谕朕闻各省地方于关税杂税外,更有落地税之名。凡耰锄箕帚薪炭鱼虾蔬果之属,其价无□,必察明上税方许交易。且贩自东市既已纳课,货于西市又复重征,至于乡村僻远之地,有司耳目所不及,或差胥役征收,或令牙行总缴其交官者甚微,不过饱奸民滑吏之私橐,而细民已重受其扰矣。着通行内外各省,凡市集落地税,其在府州县城内人烟凑集贸易众多且官员易于稽察者照旧征收,但不许额外苛索,亦不许重复征收。若在乡镇村落则全行禁革,不许贪官污吏假借名色巧取一文,着该督抚将裁革禁约之处详造细册报部察核。倘奉□之后,仍有不实心奉行,暗藏弊窦者,朕必将有司从重治罪。该督抚并加严谴。此□可令各省刊刻颁布,务令远

乡僻壤之民共知之。钦此。①

　　传统中国市场规模普遍不大,市场化程度亦不深,市场经济对传统中国经济发展的促进作用非常有限。即使如此,各地官府对市场中商品流通的重复征税及额外征税,比比皆是,甚至连乡村"墟"、"集"一类的初级市场也在所难免,而牙行亦因代理税收而被朝廷斥责。此外,牙行还因伙同官府扰乱市场秩序遭到朝廷申斥。如

　　　　乾隆二年,覆准大小衙门,凡公私所需货物,务照市价公平交易,不得充用牙行,纵役私取,即办官差,必须秉公提取,毋许借端需索作践良民,如有不肖官役阳奉阴违,或被地方告发,或被上司察出参劾该管官,如系纵役私取,将该管官照纵役犯赃例革职,如系失于觉察,照失察衙役犯赃例分别议处。

　　　　九年,覆准地方官滥给牙帖,该管上司失于觉察者,将知府照失于觉察例罚俸一年。②

　　这些惩戒政策也显示出,在缺乏有力监督的情况下,牙行亦容易成为官员贪污的帮凶,其自身也易借官府之名把持行市,勒索商民。这也是清廷力图管理规范牙行的主要原因。但上述惩戒政策也显示了牙行的基本功能,主要是代理税收,减少官府收税的行政成本;也可以接受委托,办理官差杂役、官府采购。

　　牙行性质的贸易组织对官府进行经济社会管理的重要性不言而喻,这应是郊行出现的重要的制度原因。清廷收复台湾后,在台湾设府县,派驻官员,进行政治统治与社会建设。但开发时期的台湾,官府力量薄弱,不得不依靠实力雄厚的社会力量。经营闽台贸易的郊商即为其中重要一员。因此,官府鼓励郊商成立符合朝廷政策的行业组织,以此进行经济社会管理,

---

①　《大清会典则例》卷18。
②　《大清会典则例》卷18。

这亦应为郊行出现的制度原因，也是更为根本的原因。当然，郊行并不仅是牙行性质的社会组织，其本身也从事贸易经营，甚至海上运输，从而可以获取佣金、贸易利润、运输费用等多项收入。这或许是台湾沿海地区郊行最早出现，并且普遍存在的重要原因。

与之相比，清代闽南沿海的郊行出现较晚的原因也可从制度层面来解释。以厦门为例，海禁解除后，厦门出现了两种类型牙行性质的中介组织：洋行与商行。前者主要经营海外贸易，后者主要经营国内沿海贸易。在这种情况下，厦门闽台贸易的中介活动长时间来一直被洋行、商行把持。此后，海外贸易商人大量进行走私活动，逃避洋税，这导致洋行衰落。最后一家洋行"和合成"在广郊"把持勒索"的控告下，被闽省总督批准查禁，从此洋行在厦门消失，商行、郊行开始主导厦门海上贸易。至道咸时期，商行也被郊行所取代，厦门国内外贸易均被郊行垄断，所谓"十途行郊"，一直延续到民国初年，都是厦门的巨商。由此，郊行最早在台湾沿海地区出现，制度环境应是根本原因。

第三节　"郊"的来源

从目前发现的史料记载看，清代郊商主要出现在闽台沿海地区[①]，而此前出现的闽南海商中，也未有用"郊"字指称的记载[②]。"郊"之来源应与郊商贸易活动的地域性有密切关系，但历史上拥有悠久海上商业与航运传统的闽南沿海地区却没有出现以"郊"命名的海商群体。因而，清代郊商之以

[①]　方豪先生以为华南沿海各省都有郊商出现，如浙、闽、粤、台，而以闽南及台湾为最盛。笔者在翻检史料的过程中，尚未发现闽南及台湾之外的地区出现以"郊"称呼海商的记载，不知方豪先生所论何据。参见方豪：《方豪先生六十至六十四年自选待定稿》，第 259 页。

[②]　清代大陆来台宦游、任满回里者，述及贸易时，或避免用"郊"字，或专辟一节解释。方豪先生认为，这表明"郊"字"在商贾口语中固有用者，而以台湾为独盛，似不登大雅之堂也。""郊"字是否曾在"郊商"之前出现在商贾口语中，只能留待后考。参见方豪：《方豪先生六十至六十四年自选待定稿》，第 260 页。

"郊"命名的独特性就是本节要探讨的核心问题。

一、"郊"之来源的研究回顾

较早探讨"郊"字来源的学者为方豪先生。他在《台湾行郊研究导言与台北之"郊"》一文中专就"华南用'郊'字之特殊意义"进行了讨论①。在方豪先生研究的基础上,卓克华在《清代台湾行郊研究》中也专辟一节"郊名之取用及衍变"探讨"郊"之特殊性。归纳起来,"郊"之来源有三种推测:

一为位置说。在中国传统文化中,郊及与其组合的词语,如"郊野"、"南郊"、"北郊"等,多为一种标识地理位置的语言,其特指紧邻城邑的四周空地。如《尔雅》云:"邑外谓之郊。郊外谓之牧。牧外谓之野。野外谓之林。林外谓之坰"②,而清代郊商行栈也多处城外的海口或江滨,靠近港口,以便于进出卸货运输,往来贸易,这样的地理位置易让人认为"郊商"的称谓与标识方位的"郊"相联系,于是就以"郊"指称从事两岸贸易的商人,如清人唐赞衮就认为:"郊者,言在郊野,兼取交往意"③;

一为转音说,主要为方豪先生所持。方豪先生根据《厦门志》中南艚船、北艚船的记述认为,南、北艚船贸易范围与台湾南郊、北郊完全相同,而台湾移民又多为闽南各县经厦门渡海而往,语言相同,则"郊"字很可能由"艚"字演变而来;

一为交关说,主要为卓克华所持。卓克华认为,"交关"为台湾俚语,意为作生理买卖之往来,"郊"与"交"两者谐音,因此得以转借用为"郊商"之指称。此外,卓克华由"交关"一词的追溯又提出一种"郊"名来源的推测。他根据"交关"与明代钞关收缴船税的联系,认为清承明制,也设关征收船税,而台湾郊商在进出口贸易过程中,需至各关口纳税"交关"才能发卖,久而久之,遂以"郊"称呼这样的进出口贸易商人。

---

① 方豪:《方豪先生六十至六十四年自选待定稿》,第259—261页。
② 徐朝华注:《尔雅今注》卷九《释地》,南开大学出版社1987年版,第224页。
③ (清)唐赞衮:《台阳见闻录》卷下《风俗》,"郊",《台湾文献丛刊》第三〇种,第146页。

位置说受到方豪先生的质疑。方豪先生主要从郊的两方面含义进行分析。一是贸易的地理位置。虽然郊行集中的地理位置往往在郊外，如台南之在大西门外，台北之在西门外与北门外，但这并非必然条件。一是作为"郊"的宗教含义。古时多在郊外进行祭天的宗教活动，如《中庸》所谓："郊社之礼，所以事上帝也"①，但郊行崇祀的妈祖、水仙王并非天地间最高的神灵，郊行的目的也主要是为了"谋同业之团结，以确保其信用与利益"，因而不会因"郊"这一地理位置具有的宗教意义而命名"郊"。

卓克华则对转音说提出了商榷：一是时序不符，《厦门志》成书于道光十二年(1832)，台湾郊商则至迟在乾隆初期已出现；一是厦门在嘉庆时期已有"十途郊"②；一是由厦门出洋的贩艚船主要经营国内南北沿海贸易，横洋船、糖船才是进行闽台贸易的商船。位置说和交关说，卓克华认为两者都有可能是"郊"名的来源："或因港口初成市集于'郊野'为埠，或因行栈设于港口之口岸，因'行口'而转音；或因其是大笔批发买卖之'交关'，遂泛称此一商业集团为'行郊'。"③

作为只在清代闽台地区出现的海商群体，郊商从历时性看，应当具有不同于其他历史时期闽南海商的特征；从共时性看，应当具有不同于其他海商（包括其他沿海地区和闽台区域内）的特征。前人在探讨"郊"之来源时，除转音说因证据确凿可排除外，无论是位置说还是交关说，都存在一个共同的问题，就是仅从台湾地区一方来考察"郊"之来源。事实上，作为因应台海贸易发展而兴起的海商群体，郊商在资金、技术、人员、市场信息、流通渠道的组织、贸易商品的筹备等诸多方面都仰赖闽南传统海洋经济圈的支撑，他们可视为闽南海洋经济在台湾的延伸，因而探究"郊"的起源，在闽台贸易的运作机制中探寻，应更能贴近历史的真实。下面本文将在两岸郊商进行闽台贸易的经营形式中辨析前人对"郊"之来源的假说，同时提出自己的观点。

---

① （宋）朱熹：《四书章句集注》，中华书局 1983 年版，第 27 页。
② 卓克华此说据傅衣凌先生所写《清前期厦门洋行》。载傅衣凌：《明清时代商人及商业资本》，第 202 页。
③ 卓克华：《清代台湾行郊研究》，第 29 页。

二、"郊"之来源与闽台贸易

从事海洋贸易的商人都要面对装卸货物的问题。为便于船只到岸后货物的装卸,他们常常将商行货栈建筑在靠近码头的位置。这些地方通常位于地方治所的城墙之外,即所谓"郊外"之地。这种利于贸易的行栈选址在台湾郊商中十分普遍,前已略述,兹再试举几例以证之。

嘉庆时,蔡牵事起,进攻台湾府城,"城内外咸罢市。一日中数传贼入城,守城门官有私易服散去者。守西关木城陈鸿禧,镇稿房鸿猷之弟也。鸿猷有异志,欲召禧以乱军心,诡言于总镇,急召入,天色已晚;禧出不意,与众争赴城门,军装尽失。迨郊民男妇扶老携幼至,已闭不得入,相与哭拥街衢"。① 从中可知,郊商及其家属平时多聚居在城外。

台南著名郊商行号石鼎美的后人石万寿也如是记述台南郊商的聚居地点。"这些贸易集团,以行址和仓库多在大西门外的西郊五条港区,所作的买卖,又是大笔的'交关',故多取名为'郊'。于是'郊'一词,遂成为台湾各地贸易商集团的专有名词。"②

道光二十七年(1847),丁绍仪也这样记录台湾郊商的经营地点:"来往福州、江、浙者曰北郊,泉州者曰泉郊,厦门者曰厦郊:统称三郊。郊者,言在郊野,兼取交往意。"③

从《彰化县志》的记述中,我们可了解到鹿港郊商的聚居地点也在彰化县城外,"港中街名甚多,总以鹿港街概之,距邑治二十里"。④

清代郊铺设置地点上的分布特征是郊商因海洋贸易活动而产生的一种经营空间的安排。这种安排应是从事海洋贸易商人共同的经营特征。我们在前文对泉州海商的历史兴衰进行回顾时,也看到了历史上泉州从事海洋

---

① (清)郑兼才:《六亭文选》之《愈瘄集》卷一,《台湾文献丛刊》第一四三种,第59页。
② 石万寿:《台南府城的行郊特产点心》,《台湾文献》1980年第31卷4期,第76页。
③ (清)丁绍仪:《东瀛识略》卷3《学校·习尚》,"习尚",《台湾文献丛刊》第二种,第33页。
④ (清)周玺编:《彰化县志》卷2《规制志》,"街市",《台湾文献丛刊》第一五六种,第40页。

贸易的商人多聚集在泉州南门外。再如陈泗东先生在《泉州湾宋船沉没原因及带有文字的出土物考证》一文中，对泉州湾出土宋代沉船上发现刻有"南家"、"南家记号"的木签进行了解读。他认为"家"指手工业作坊或商店，而"南"则表示方位，再结合历史上泉州南城南郊素为海贾云集之地，则"南"即有城南、泉南之意，又或有经营南番贸易之意，此犹如泉州近代经营上海、宁波贸易的海商被称为"南郊"相类。① 延至清代，如前文所述，泉州南门外也仍是从事台海贸易商人主要聚集的地方。

虽然闽台两地从事台海贸易的商人都有类似的行栈选址，但在目前发现的文献史料中，闽南沿海地区直至清代闽台贸易兴起后很久，也没有出现明确以"郊"为称呼的海商。考虑到清前期闽台同属闽南文化语言的大环境，位置说似乎并不能成为"郊"名来源的有力根据。

交关说主要从台海贸易的管理制度和交易行为来立论。台湾郊商需要至各关纳税"交关"才能发卖的事实同样存在于闽南沿海地区从事闽台贸易的商人，而且"交关"亦非自明代钞关设立后才出现的专有名词，其早在宋代便已经常出现。如

往时高丽人往反皆自登州，七年，遣其臣金良鉴来言。欲远契丹。乞改途由明州诣阙，从之。郡县供顿无旧准，颇扰民，诏立式颁下，费悉官给。又以其不迹华言，恐规利者私与交关，令所至禁止。徽问遗二府甚厚，诏以付市易务售缣帛答之。又表求医药、画塑之工以教国人，诏罗拯募愿行者。②

如汉蕃互市，安能晓阜通之方？而泉货交关，或不详出纳之数，冒荣如此，图报谓何？③

---

① 陈泗东：《泉州湾宋船沉没原因及带有文字的出土物考证》，《幸园笔耕集》上册，鹭江出版社 2003 年版，第 36—39 页。

② （元）脱脱等：《宋史》卷 487，《列传》二四六，中华书局 1977 年版，第 14046 页。

③ （宋）张扩撰：《东窗集》卷 14，"提举两浙市舶到任谢表"，（清）永瑢、纪昀等总纂：《文渊阁四库全书》（影印本），第 1129 册，台湾商务印书馆 1986 年版，第 157 页。

上引"交关"意义虽然未必与明代"交关"一词完全相同,但其在当时官方贸易管理人员当中所常用则是确定无疑的。因此,以明代指称过关纳税的惯用语"交关"为"郊"名之来源同样难以令人信服。

"交关"还有指称民间交易行为的含义,交关说认为这也可能是"郊"之来源。前引石万寿便持此论,郊商"所作的买卖,又是大笔的'交关',故多取名为'郊',于是'郊'一词,遂成为台湾各地贸易商集团的专有名词"。而如同治年间的《鹿港泉郊规约》中,也多次出现买卖"交关"一词①,在日据时期定的《鹿港泉郊规约》中仍保留了"交关"的说法②。一些郊在日据初期定立的规约中,也提到"交关",如布郊金义兴所定规约。

> 一、公议:各埠号由今庚起,以及前账未清还者,不得复付货件。如系欠家有与债主议约,二比许诺,立单付证,方听交关。此系顾全大局,切勿自误。③

又如鹿港郊商许志湖家的贸易文书中也提到"交关"。

> 自咱旧年交关一账及配米托兑,往列一总单付来,余项方能付楚。……刻鹿迩来米价高昂,乃因下港争运,致价日笑。观此米情,恐难分降矣。现弁以万米兑三·九五四元,螺长一·五角,货少,轻市浮沉不定,可询及昆记端的。兹因顺便,特此。是启
>
> 上
>
> 志湖老台翁鉴
>
> 金波
>
> 　　　　　　　　　　　　　　　　　　　　　　仆王
>
> 　　　　　　　　　　　　　　　　　　丁酉弍月初九日泐
>
> 　　　　　　　　　　　　　　　　　〔印记:振成兑货〕④

---

① 《台湾私法商事编》,《台湾文献丛刊》第九一种,第25—26页。

② 周宗贤:《血浓于水的会馆》,台湾"行政院"文化建设委员会印行,第51页。载王日根:《明清会馆史》,天津人民出版社1996年版,第228页。

③ 《台湾私法商事编》,《台湾文献丛刊》第九一种,第17—18页。

④ 林玉茹、刘序枫编:《鹿港郊商许志湖家与大陆的贸易文书》,第206页。

石万寿是台南著名郊商之后，他的论说当有一定根据，但"郊"名来源毕竟年湮代远，是否确如其言，则还待历史文献的进一步佐证。但是，石万寿的交关说以郊商贸易运作过程中产生的商业术语立论，笔者以为已是较有说服力的观点。

清代郊商进行闽台海洋贸易时，常利用闽南海洋社会经济圈中的血缘、地缘关系组织自己的生产要素、商品等的购销渠道及消息渠道，其中一种经营形式就是两岸商行建立合作关系，互为采配所需商品，及时通报市场行情等。这主要得益于闽台贸易的区位优势和闽南海洋社会经济的发展传统，是其他海商难以做到的。在晚清鹿港郊商许志湖家与大陆的贸易文书中，我们发现了用于指称这种贸易形式的商业术语"对交"。

> 以仆细想，莫如在厝设一栈行，从梅林、深沪二澳配俩，与振成对交。或者托彼为效力，均全一体，亦较为上策。……以该建益船此帮按往深沪澳，又行中又有一帆，名叫再成船，四五四石之俩，此驾欲往梅林。此二号之船，振成、谦和采配米四四六石，乃欲交老台设法。……刻下米情分匕，然现兑三·三五四元，费另加，乃由冲现时帆驾稀少，苟如蜂拥再聚，决必日唱。而晚季亦陆续下种，揣米价不致高腾之下，轻平大降，如有消纳多少，亦是取（起）色。如生理欲转机者，此等土匪若无再起，谅七、八月决有一场好面矣。……但付寄之行李，当即为付该建益船运奉，本欲付协顺船运去，碍该与生疏，无甚允便，况咱行李尚未过捆，故且停手，候建益之便，决当付进，免介。余容后启，特此奉，并候迎安纳福
>
> 仆乌示〔视〕
>
> 谦　和　宝　号
　　　　　　　　台鉴
志湖老伯台大人
>
> 丙申六月廿日泐
>
> 〔印记：振成兑货〕①

鹿港郊商乌示提议许志湖在家乡永宁再开设一个行栈，与振成号对交，

---

① 林玉茹、刘序枫编：《鹿港郊商许志湖家与大陆的贸易文书》，第130页。

进行委托贸易。在对许志湖家贸易文书进行解读和研究后,林玉茹认为:"这种两地商行'对交'的配运贸易形态,或许即是闽台地区进出口商行称为郊商和郊户、其组成团体称作'郊'的理由。"①笔者较赞同此说。因为进行"对交"贸易需要具备相当的财力,而最早出现的台南北郊郊商实力很雄厚,他们能够进行这种两岸的"对交"贸易,因而"郊"名从"对交"假借而来是很有可能的。囿于尚未在早期郊商文献中发现"对交"一词,这一推测仍有待更多郊商史料的发现。

---

① 林玉茹、刘序枫编:《鹿港郊商许志湖家与大陆的贸易文书》注释60,第48页。

第二章　清代郊商的发展
演变与闽台贸易

清代郊商的发展演变始终与闽台贸易的发展紧密相连。开海之初,鹿厦一口对渡促进了闽台正常贸易的发展,以漳泉人为主的郊商应运而生。随着闽台贸易的发展,走私日多,这促使清乾隆四十九年(1784)再开鹿港与蚶江对渡,此后因应港口淤塞的变化、台湾北部开发等因素,再开三口,至道光形成五口对渡格局。"这一时期,闽台经济连为一体,奠定了互相依赖、互为补偿的格局。福建是台湾劳力、资金、技术的主要输出地,又是台湾产品的主要市场。台湾产品的外销和外地产品的输入台湾,通过厦门等港口中原有的福建海上商业网络来进行,是福建对国内外海上贸易的组成部分。"[1]清代郊商发展至此也臻鼎盛。同治初期,台湾开港,西方海洋力量入侵,通商港口郊商受到冲击。乙未割台,闽台贸易衰落,清代郊商随之没落。本章结合闽台贸易,探讨清代郊商的发展演变。因郊商贸易与闽台海上运输量联系密切,因而台海贸易船只的数量和吨位,亦能从一个侧面反应清代郊商发展的总体规模。

第一节　郊商的出现与兴盛

康熙二十二年(1683),施琅收复台湾;翌年,厦门获准与鹿耳门单口对

---

① 　杨国桢:《闽在海中》,第20页。

渡,由此拉开了清代台海贸易的序幕。雍正九年(1730),因应海峡两岸贸易往来的发展,清朝再开放鹿仔港、海防港(海丰港)、三林港、劳施港(大安港)、蓬山港、后龙港、中港、竹堑港和南崁港等九港为岛内贸易港。

台湾收复之初,汉人人口约有7万—8万人。清朝于开海之初,虽颁布诏令,禁止沿海人口偷渡台湾,但此后闽粤沿海各地向台湾的移民仍不断增加。闽粤移民多是迫于生计才从原乡来到台湾,他们主要从事农业生产,将大陆老农业区的生产技术和生产关系移植到台湾,为台湾农业经济迅速发展、赶超大陆老农业区奠定了基础。由于是晚开发地区,台湾没有发展出如大陆老农业区一样的自给自足经济体系,而是形成农业一支独大,手工业相对滞后的失衡的经济结构,这导致台湾对生产生活用品需求强烈。同时,福建福、兴、泉、漳四府等老农业区手工业较发达,但人多地少,粮食缺口巨大,也迫切需要外界的接济,同样有着对外贸易的强烈需求。这样,一方面是台湾各地农产品日渐充盈,另一方面则是对大陆日常生产生活必需品的迫切需求,海峡两岸在商品、资金、人员、技术上供需的互补态势推动台海贸易迅速发展。与台海贸易的活跃相因应,清代郊商逐渐兴起。

一、郊商在海峡两岸的早期活动

从目前掌握的史料来看,郊商约在康熙末年即已出现。如《澎湖妈宫台厦郊约章》中记载有:

> 我郊自开澎以来,迄今二百余年①。

这份约章于光绪二十六年(1900)订立,若其所述准确,则澎湖台厦郊约在康熙三十九年(1700)前后即已成立。台厦郊为郊商组织,应为郊商发展到一定阶段的产物,因此,澎湖郊商在康熙中叶或已有一定发展。

澎湖群岛位于台湾岛西南海域中,是鹿厦航线的必经之地,且"澎地自归版图而后,生齿日繁,资用日广,况地土硗瘠,不产百物,所有衣食器用,悉

---

① 《台湾私法商事编》,《台湾文献丛刊》第九一种,第22页。

取资于外郡，如布匹、绸缎、瓷瓦、木植等货，则取资于漳、泉；米谷、杂粮、油、糖、竹、藤等货，则取资于台郡。无一物不待济于市"①，因此，区位优势加上极高的贸易依赖，澎湖地区较早出现郊商活动是很有可能的。对郊商而言，澎湖群岛的自然地理条件和资源状况，既有上述的益处，也是进一步发展的阻碍。贸易兴衰取决于市场大小。澎湖地区资源贫乏，供养人口有限，因而需求不旺，市场狭小，以致发展至光绪年间，仍有"铺家以杂货销售甚少，不肯多置，故或商舶不至，则百货腾贵，日无从购矣。"②郊商经营主要以批发商船运来的货物为主，销售不旺导致商船不至，这直接影响了郊商在澎湖发展的数量和规模。

在台湾本岛，郊商最先在南部的台湾府发展起来。《台湾私法商事编》述台南三郊沿革认为"雍正三年（1725），入台交易，以苏万利、金永顺、李胜兴为始"。③ 此三者就是后来著名的台南三郊。日据初期，已改称"台南三郊组合事务所"的台南郊商组织定立的条约中称：

> 窃谓贸易之道，利在权衡；创立章程，贵乎一律，我台南唱设三郊，历今二百余年，郊中交接均有公议条约，遵循定章办理。④

这份约章定于光绪丙午（1906），据上推断，则台南郊商约于康熙中叶应已在台湾府城有所发展。这个时间约与澎湖郊商出现同时，考虑到二者从早期台海政策中获得的贸易优势，这应该不是一种巧合和偶然。

此外，家族谱牒中的记述也透露了一些闽台早期郊商发展的状况。《龟湖铺锦中镇房黄氏族谱》中记载的黄时芳（约亭公）是泉州晋江郊商。他生于雍正丙午年（1726），卒于乾隆甲辰年（1784），生前从事台海贸易活动，常年奔波于闽台两地，在其墓志上写有："赖祖母林孺人及祖伯父醇斋

---

① 戴鞍钢、黄苇主编：《中国地方志经济资料汇编》，汉语大词典出版社1999年版，第720页。

② （清）林豪编：《澎湖厅志》卷九，《台湾文献丛刊》第一六四种，第305—306页。

③ 《台湾私法商事编》，《台湾文献丛刊》第九一种，第11页。

④ 《台湾私法债权编》，《台湾文献丛刊》第七九种，第176页。

公提携之功,成童后即经营海外以分祖伯父任,由是家道渐隆焉。"①此处语焉不详,从黄时芳自述中可知,所谓"经营海外",就是在台湾经营郊行。

> 越丁卯(1747),廿二岁,正月尾,即同吴望表下厦门往台湾,治代捷哥回家。戊辰(1748),廿三岁,八月,南路阿猪夵米粟,到府骤然起价,发出一半,算长利息有三百馀金。十月与漳人水仙宫后赎行细共银四百员,自己一半,出银二百员。己巳(1749)廿四岁,回家普度。庚午年(1750)廿五岁,又进鹿港代高瑞表回家,任"新锦镇"庄事。②
>
> 乾隆三十三年(1768)戊子……四月,陈护官在府任"丰泉"生理,抱病,我落府请先生与之调治参药,不效,为其棺袊安葬魁山,后又为之拾骸运归吾泉故土。③

"府"即为台湾府,是鹿厦单口对渡的百年期间,台湾各地货物汇集之地,也是早期郊商最活跃的地方,水仙宫则是台湾府城郊商经常活动议事的场所。黄时芳得伯父黄汝涛提携,最初在台湾府郊行"丰泉"号内做事,后又去鹿港郊行"新锦镇"任庄事。这样,黄汝涛在台湾开办郊行当是更早的事情,其墓志上记载曰:

> 醇斋黄府君……自弱冠至壮强,二十年间上姑苏、游燕蓟,再鬻吕宋,重贾东宁,然后废著新桥。④

康熙五十六年(1717)再颁"其南洋吕宋、噶罗吧等处、不许商船前往贸易"⑤的禁令,则黄汝涛"重贾东宁"的时间当在康熙末年。这反映了早

---

① 黄文炳:《龟湖铺锦中镇房黄氏族谱》,陈支平主编:《台湾文献汇刊》第7辑第16册,厦门大学出版社2004年版,第399页。

② 黄文炳:《龟湖铺锦中镇房黄氏族谱》,第431页。

③ 黄文炳:《龟湖铺锦中镇房黄氏族谱》,第431页。

④ 黄文炳:《龟湖铺锦中镇房黄氏族谱》,第383页。

⑤ 《清实录·圣祖仁皇帝实录》卷271,"康熙五十六年正月"条。

期大陆商人前往台湾开办郊铺的情形

台湾府城郊商的发展主要得益于鹿耳门单口对渡厦门的垄断优势。鹿耳门位于台湾府城西，为"台湾之内门户也"①，台湾各地与内陆贸易的物资都要先汇集台湾府城，再运往鹿耳门，然后装船运往厦门。康熙五十四年（1715），荷兰人 Mailla 描述了他在台湾府城见到物阜民丰的繁华景况：

　　被称为台湾府的首府，以人口稠密、道路优美与贸易发达见称，实足与许多中国人口最稠密的壮丽城市相匹敌，凡是人们所喜欢的任何东西都可以在那里买到。此岛本身所能供给者为密、糖果、烟草、盐及中国人嗜食之熏鹿肉。各种果实、衣料、羊毛、木棉、麻以及一种树皮类似荨麻的植物及各种药草——大部分是欧洲所不知道的。又由外国输入者中国及印度的棉织品、丝织品、漆器及欧洲的手工业品。②

二、郊商的繁荣鼎盛

随着开发日益深入，越来越多的闽粤人口被台湾低廉的生活成本所吸引，加入到移民的大潮中。这在加速台湾商品性海岛经济发展的同时，也推动了台海贸易迅速发展。我们从闽台两地的地方志中可略窥当时的贸易情形。

〔约康熙五十六年（1717）〕凡绫罗、绸缎、纱绢、棉布、葛布、苎布、蕉布、麻布、假罗布，皆至自内地。③

〔约康熙五十六年（1717）〕斗六门以上胡麻尤多，岁数十万石，台、

① （清）黄叔璥：《台海使槎录》卷1《赤崁笔谈》，《台湾文献丛刊》第四种，第5页。
② （荷兰）Marila：《台湾访问记》，台湾银行经济研究室编印：《台湾经济史五集》，台湾银行1957年版，第125页。
③ （清）周钟瑄编：《诸罗县志》卷十《物产》，《台湾文献丛刊》第一四一种，第194页。

凤、漳、泉各路资焉。①

〔约康熙六十一年(1722)〕海壖弹丸,商旅辐辏,器物流通实有资于内地。②

〔乾隆十二年(1747)之前〕三县每岁所出蔗糖约六十余万篓,每篓一百七八十斤。乌糖百斤价银八九钱,白糖百斤价银一两三四钱,全台仰望资生,四方奔趋图息,莫此为甚。③

〔乾隆十七年前后〕台地东阻高山,西临大海,沿海沙岸,土性轻浮,风起扬尘蔽天,雨过流为深沟。然易种植,凡树艺芃芃郁茂,稻米有粒大如小豆者。露重如雨,旱岁遇夜转润。又近海无潦患,晚稻丰稔,资赡内地。更产糖蔗、杂粮,有种必获。故内地穷黎禋至,商旅辐辏,器物流通,价虽倍而购者无吝色。④

台湾,内地一大仓储也。当其初辟,地气滋厚,为从古未经开垦之土,三熟五熟不齐。⑤

隔海贩运,船工脚费,物价恒倍。民多食红薯杂粮。从前食湖广米及粤之高州;迨台湾启疆,遂仰台运自厦转售,风潮迟滞,市价顿增。又山皆童,刍薪自漳州载至;春雨连绵,有每担至八九百文者。迩来福清之薯丝、石井之米,时棹小船驳载入口;当戒关口需索,庶源源流通,勿致裹足。⑥

台海贸易迅速发展必然促进郊商的发达。碍于史料缺乏,我们无从得

①　(清)周钟瑄编:《诸罗县志》卷八《风俗志》,《台湾文献丛刊》第一四一种,第138页。

②　(清)黄叔璥撰:《台海使槎录》卷二《赤崁笔谈》,《台湾文献丛刊》第四种,第48页。

③　(清)范咸等撰:《重修台湾府志》卷17《物产》,《台湾文献丛刊》第一〇五种,第493页。

④　(清)王必昌撰:《重修台湾县志》卷12《风土志》,"风俗",《台湾文献丛刊》第一一三种,第397页。

⑤　《厦门志》卷6《台运略》,《台湾文献丛刊》第九五种,第185页。

⑥　(清)林焜熿:《金门志》卷十五《风俗记》,"商贾",《台湾文献丛刊》第八〇种,第394—395页。

知郊商发展的具体情形。清代郊商与海上运输业密不可分。鹿厦单口对渡期间，"（台湾）海船多漳、泉商贾"①，往台必由厦门商行保结②才能出洋，因此从乾隆时期厦门渡台贸易商船的数量、载重以及厦门商行的数量，应能反映一些闽台郊商发展情况。

厦门对台贸易商船，因要横渡"黑水洋"，被称为"横洋船"，其中自台湾载糖至天津贸易者，船体较大的被称为"糖船"，统称为"透北船"。对台贸易船只的数量没有直接的历史数据可供参考。道光时编撰的《厦门志》记载曰："厦门商船对渡台湾鹿耳门，向来千余号"③，陈国栋认为这是"横洋船"的最高数目，至嘉庆元年（1796），洋船、商船总共"千余号"，其中洋船约百余只，商船应包括进行国内沿海贸易的"贩艚船"，因而"横洋船"数量已远不及乾隆顶峰时期的一千只，④但他没有提出具体数字。《福建沿海航务档案（嘉庆朝）》记载的一份申诉曰：

> 泉漳二府，全赖台湾以为民食。前厦门有横洋大船五六百只往台运载五谷，源源接济，其贩艚、小船不许通台。自洋盗充斥横洋，焚牵日减，仅存一百余只，运载无几，食贵民苦，而关课亦拙矣。嗣蒙前道宪陞泉宪王会同关宪招募贩艚，准其往台贩运，获有微利，逐日增至二百余只。⑤

从中可知，乾隆末年，厦门横洋大船尚有五六百只，此与陈国栋推断基本相符。此后，横洋大船遭遇海盗劫掠，嘉庆中叶减为一百余只，厦门遂有

---

① （清）黄叔璥撰著：《台海使槎录》卷2《赤崁笔谈》，"商贾"，《台湾文献丛刊》第四种，第47页。

② 商船"保结"制度是清朝为加强对出洋船只和船户的管理而实行的一种负有连带责任的保证制度。见《厦门志》卷5《船政略》，"商船"，第130—131页。

③ 《厦门志》卷5《船政略》，"商船"，第171页。

④ 陈国栋：《清代中叶厦门的海上贸易（1727—1833）》，载吴剑雄主编：《中国海洋发展史论文集》第四辑，中央研究院中山人文社会科学研究所1991年版，第82—83页。

⑤ 《福建沿海航务档案（嘉庆朝）》，载陈支平主编：《台湾文献汇刊》第5辑10册，厦门大学出版社2004年版，第175页。

准许贩艑鬻台的举措。

对台贸易商船的载重量，陈国栋对比乾嘉时厦门商船与洋船的梁头宽度后认为，"横洋船"梁头宽度已在二丈以上，船体更大的"糖船"已与大号洋船不相上下，则厦门最大号商船载重可能已超过五千石。[①] 对台贸易商船的平均载重，陈国栋据艑船载重估算中型商船载重以 2000 石为宜。[②] 艑船载重普遍小于横洋船，如《福建沿海航务档案(嘉庆朝)》中记载云：

> 查验所有横洋大商船，素贩重洋，往贩台湾、澎湖、鹿港，及山东、天津、锦州、盖州、复州、胶州等处，应由大担出入，该船户赴厦门文武关汛挂验，并赴大担口挂验；其南船、贩艑各色小船，不能涉历汪洋，只有挨边驾行，北往福州、福宁、宁德、三沙、舟山、乍浦、宁波、上海等处，南往漳浦、诏安、铜山、云霄、广东等处，据由厦港、古浪屿、排头门驾出。[③]

厦门横洋船往涉重洋、载重大，自离厦较远的大担口挂验；贩艑等船要"挨边驾行"，则自厦港、古浪屿、排头门出洋，因此，载重 2000 石似较横洋船为轻。据嘉庆十六年(1811)，总督汪志伊奏请："以台湾应运内地兵米、眷谷积压过多，奏明委员专运。厦防厅封雇大号商船十只，每船约装谷二千石。"[④]这应是厦门横洋船载重的底线。再据道光十三年(1833)闽浙总督程祖洛奏："道光七年(1827)，前藩司吴荣光议请裁去梁头名目，参酌旧例，糖船仍定每次配谷三百六十石；厦船大号每次配谷一百八十石，次号配谷一百五十石。"[⑤]可知次号厦船当是上引嘉庆中叶允许贩台的"艑船"，厦门大

① 陈国栋：《清代中叶厦门的海上贸易(1723—1833)》，载吴剑雄主编：《中国海洋发展史论文集》第四辑，第 77 页。

② 陈国栋：《清代中叶厦门的海上贸易(1722—1833)》，载吴剑雄主编：《中国海洋发展史论文集》第四辑，第 81 页。

③ 《福建沿海航务档案(嘉庆朝)》，载陈支平主编：《台湾文献汇刊》第 5 辑 10 册，第 166 页。

④ 《厦门志》卷六《台运略》，第 150 页。

⑤ "中央研究院"历史语言研究所编辑：《明清史料》戊编第二册，"户部为内阁抄出闽浙总督程祖洛奏移会"，"中央研究院"历史语言研究所 1994 年版，第 189 页。

号商船即是汪志伊所奏可装谷两千石的横洋船,糖船配谷为大号商船的两倍,则其载重应在 4000 石以上,这也基本符合道光时姚莹所称"透北船"的载重量:"商船大者载货六七千石,小者两三千石"①。综上,厦门横洋船只平均载重以 3000 石为佳,因此,乾隆时期,厦门横洋船总载重最多约为三百万石(21 万吨),至乾嘉之际,降至约一百五十万石至一百八十万石(11—13 万吨)。

鹿厦对渡期间,台湾府城既是直接贸易地,也是台湾岛内各港口的贸易中转站,它与厦门之间的横洋船贸易量从一个侧面反映了清中叶郊商发展的总体情况。

鹿厦贸易持续高涨,府城郊商从中受益最大。据碑文记载,府城北郊在乾隆二十年(1755)已出现,②乾隆三十年(1765),台湾府"水仙宫清界碑记"中记载曰:"癸未冬(1763),北郊列号起而绘藻装饰之,计费金六百大员",碑末刻有"北郊商民苏万利等"字样。③ 苏万利为北郊巨商,影响巨大,此时位列北郊商民之首,已隐然为北郊组织领袖。这标志着府城郊商有进一步发展。时隔七年,乾隆三十七年(1772),南郊继北郊之后,首次出现在碑文中,分别为"重修柴头港福德祠碑"中的"道宪大人奇全列宪信官暨南北郊绅士、铺民人等首倡乐助捐银"④及"修建台湾县捕厅衙署记残碑"中的"北郊苏万利、南郊金永顺"⑤。金永顺为南郊巨商,此时与北郊苏万利一样,已为南郊组织领袖,其行号也成南郊组织称号。其时北郊实力当大于南郊,二者还未形成后来台南三郊并称时的鼎足之势,因此在乾隆三十九年(1774)重修安澜桥时,独为北郊苏万利主持。⑥ 再八年,乾隆四十五年

---

① (清)姚莹:《东槎纪略》,《台湾文献丛刊》第七种,第 23 页。

② 石万寿:《台南府城的行郊特产点心》,《台湾文献》31 卷 4 期,第 76 页。

③ 《台湾南部碑文集成》,"水仙宫清界碑记",《台湾文献丛刊》第二一八种,第 69 页。

④ 《台湾南部碑文集成》,"重修柴头港福德祠碑",《台湾文献丛刊》第二一八种,第 89 页。

⑤ 《台湾南部碑文集成》,"修建台湾县捕厅衙署记残碑",《台湾文献丛刊》第二一八种,第 91 页。

⑥ 《台湾南部碑文集成》,"重修安澜桥碑记",《台湾文献丛刊》第二一八种,第 92—93 页。

(1780)，糖郊李胜兴首次与北郊、南郊一同出现，参与台湾府学明伦堂的重修工程，且各捐银二百元，①显示了雄厚的实力。此后三郊基本都是共同行动，很少出现例外。自此，北郊苏万利、南郊金永顺、糖郊李胜兴鼎足而立，共执台湾府城商界之牛耳。台南三郊各自拥有的郊商数目，据《台湾私法商事编》的记载，北郊"二十余号营商"，南郊"三十余号营商"，港（糖）郊"五十余号营商"②，方豪将之与《台南县志稿》中相关叙述对照后认为，这应是日据台湾前后不久的现象。③ 这样，虽然没有直接的历史数据，但以台南三郊衰微之际的一百余号营商，倍之，再倍之，我们或可想象鼎盛时期台南三郊庞大的组织规模。

从北郊的独领风骚至三郊的势均力敌，台南三郊"实至名无"④局面的形成用了二十年（1763—1780）左右的时间。府城郊商组织如此快的发展速度，正与乾隆中叶鹿厦"横洋船"贸易的蓬勃发展相印证。

鹿厦单口对渡其间，海峡两岸商品物资交流都需通过鹿厦转口进出，这在繁荣鹿厦台海贸易的同时，也促进了海峡两岸沿海贸易的发展。因应这种贸易形势，闽台沿海港口也出现郊商活动。

笨港，为台湾较早开发的港口。因开发较早，岛内沿海贸易发达，且邻近台南，"大船间有至者"⑤，乾隆二十九年（1764），笨港已"舟车辐辏，百货骈阗"，被时人称为"小台湾"⑥。随着贸易的发达，笨港郊商发展迅速。从最早出现"郊"的"新港奉天宫香炉上铭文"看，至乾隆四十九年（1784），笨港已经成立有"布郊"、"敢郊"、"杉郊"、"货郊"等郊商组织，⑦则郊商发展已有相当规模。

---

① 《台湾南部碑文集成》，"重修台湾府学明伦堂碑记"，《台湾文献丛刊》第二一八种，第 124 页。

② 《台湾私法商事编》，《台湾文献丛刊》第九一种，第 11 页。

③ 方豪：《方豪六十至六十四岁自选待定稿》，第 274 页。

④ 方豪：《方豪六十至六十四岁自选待定稿》，第 277 页。

⑤ （清）朱景英撰：《海东札记》卷1，"谈岩堑"，《台湾文献丛刊》第一九种，第 8 页。

⑥ （清）余文仪修：《续修台湾府志》卷2《规制》，"街市"，《台湾文献丛刊》第一二一种，第 87 页。

⑦ 方豪：《方豪六十至六十四岁自选待定稿》，第 329 页。

鹿港,地处台湾中部的彰化县,距泉州海路很近,乘船"一昼夜便可直达"①,进行台海贸易的区位优势明显;彰化县产米甚多,这又为鹿港发展对外贸易提供了经济动力。雍正九年(1731)获准进行岛内贸易后,鹿港逐渐成为台湾中部重要的贸易港。此外,早在乾隆四十九年(1784)开港之前,鹿港与厦门之间已通过白底艍船进行贸易往来。② 因应岛内外的贸易发展,鹿港郊商约在雍乾之际已出现。前引约亭公黄时芳在自述中叙道:

> 庚午年(1750)廿五岁,又进鹿港代高瑞表回家,任"新锦镇"庄事。时大冬红粟价三两八,翻冬红粟四两二钱三,各大利息甚多。九月家楼哥招"旧锦镇"合伙生理,家楼哥出银三百二十两,余自己出银一百一十两,捷哥府上寄到一百,又自己家纺织存银十两,共落在"旧锦镇"中长利,作三份开,楼哥、德哥及余各百馀员。③

从中可知,黄时芳的伯父黄汝涛于雍乾时期在鹿港就开设了郊行"锦镇"号,后族人又于乾隆早期在鹿港开设"新锦镇"。至乾隆中期,据杨彦杰教授的研究,鹿港著名郊行"日茂行"也已开设。④ 这是有关鹿港郊商活动较早的记载。

随着鹿港岛内、岛外贸易的进一步发展,至迟在乾隆中后期,郊商组织开始出现。鹿港"敬义园碑记"中记载有:

> 敬义园:在鹿仔港街,乾隆四十二年(1777)浙绍魏子鸣同巡检王坦首捐倡,率绅士林振嵩及郊商等捐赀建置旱园,充为义冢。仍以赢余捐项,置买店屋租业,择泉、厦二郊老成之人,为董事办理,逐年以所收

---

① (清)周玺编:《彰化县志》卷七《兵防志》,《台湾文献丛刊》第一五六种,第202页。

② 《福建省例》,《台湾文献丛刊》第一九九种,第662页。

③ 黄文炳:《龟湖铺锦中镇房黄氏族谱》,载陈支平主编:《台湾文献汇刊》第7辑第16册,第421页。

④ 杨彦杰:《"林日茂"家族及其文化》,《台湾研究集刊》2001年第4期,第24页。

租税,作敬拾字纸、收敛遗骸、施舍棺木、修造义冢桥路之用。①

则泉郊、厦郊为鹿港较早成立的郊商组织。上述黄氏家族开设的郊行与"日茂行"主要从事鹿港与泉州间的台海贸易,在经营性质上都属于泉郊。

乾隆四十九年(1784),"嗣因私贩多由蚶江偷渡",鹿厦单口对渡已不能满足两岸贸易需求,清朝遂开放鹿港对渡蚶江,且于乾隆五十五年(1790)再准许厦门白底艍船仍依乾隆故事,径渡鹿港贸易。② 开港二年,林爽文事起,纵横全台三年,彰化尤被其烈,鹿港贸易受到严重干扰。乾隆五十三年(1788),爽文之乱平,福康安奉敕修建天后宫,其碑记刻有:

> 其一切工程,皆与文武各官及绅耆、董事人等同襄厥事。……费金一万五千八百圆;蒙赐帑金一万一千圆余,未敷之数四千八百圆,悉归总董事林振嵩输诚勉力,自行经理。③

碑中不见泉、厦郊出现,很可能是其在爽文之乱中贸易损失严重、力不能支的缘故。这可为开港初鹿港郊商受民变影响而发展迟缓的一个例证。

淡水。乾隆五十二年(1787),淡水八里坌获准与福州五虎门对渡。此前,淡水地区主要通过社船与厦门、鹿耳门进行岛内外海上贸易。

> 旧设社船四只,又雍正六年(1728)增至六只,乾隆八年(1743)增至十只。定例:由淡水庄民金举殷实之人详明取结赴内地漳泉造船给照,在厦贩买布帛、烟、茶、器具等货赴淡,即由淡水买米回棹。自九月起至十二月止,许其出口;其余月分,只准赴鹿耳门贸易。④

---

① (清)周玺编:《彰化县志》卷12《艺文志》,"重捐敬义园序",《台湾文献丛刊》第一五六种,第425页。
② 《福建省例》,《台湾文献丛刊》第一九九种,第662页。
③ 《台湾中部碑文集成》,《台湾文献丛刊》第一五一种,第8—9页。
④ 《福建沿海航务档案(嘉庆朝)》,《台湾文献汇刊》第5辑第10册,第196页。

由社船数量看,淡水地区与岛内外海上贸易总量不大,这制约了淡水郊商的发展。终乾隆之世,淡水没有郊商组织出现。

艋舺居淡水河上游,郊商于乾隆初即已在此处活动,其或即由赴漳泉造船贸易的"殷实之人"中产生。《淡水厅志》中记载曰:

> 水仙宫,一在艋舺街,乾隆初郊商公建,祀夏王。道光二十年(1840),张正瑞倡捐重修,未蒇工。①

此外,据林玉茹的统计,乾隆时期在竹堑地区(新竹)活动的郊商约有15名,其中最早的或在乾隆十一年(1746)前已开设郊铺。②

乾隆时期:

店　号	原籍	店铺或居所	创始人	成立时间或文献始现年	行　业
同兴	同安	第一代店在榡榔庄,第二代迁苦苓脚	林高庇	乾隆四十年	郊商:榨油、木材、米谷
吴金兴	安溪	水田庄	吴世美(?—1848)	乾隆初年?(乾隆四十二年)	郊商
吴銮胜	安溪	崙仔庄	吴文求、文平?	乾隆四十二年	郊商
吴振利	泉州同安人	北门大街	吴嗣振(朝珪)(?—1804)清末管理人吴雨岩	乾隆二十年	郊商
吴振镒	同安	北门大街	吴祯谈之父(国治)(1785—1839)	乾隆四十二年	郊商
吴万德	同安		吴嗣焕(朝珪弟)	乾隆十一年以前	郊商
林泉兴	米市街	米市街	林圆:林妈谅之父	乾隆十一年	郊商

---

① (清)陈培桂编:《淡水厅志》卷五《典礼志》,《台湾文献丛刊》第一七二种,第153页。

② 林玉茹:《清代竹堑地区的在地商人及其活动网络》,附表2"清代竹堑城郊商资料表",第400—408页。

续表

店　号	原籍	店铺或居所	创始人	成立时间或文献始现年	行　业
林万兴	同安	北门街	林万兴（林狮祖父）	乾隆四十二年	郊商
陈和姓（陈源泰）	泉州南安	北门街	陈长水（陈清淮）	乾隆四十二年	郊商：布店、簥户米商
怡顺号		米市街	陈讲理?	乾隆三十三年	郊商：彩帛行
陈泉源	晋江	太爷街/石坊脚?	陈世德	乾隆三十年	钱庄?
郭怡斋	南安	太爷街	郭恭亭	乾隆三十五年	郊商
郑恒利	同安	水田街	郑国唐?（1706—85）	乾隆四十一年	郊商
郑荣锦	南安	北门大街	郑思椿	乾隆四十二年	郊商：陶瓷商杂货
罗德春		水田街	罗正春?	乾隆四十一年	

　　泉州。历经清初迁界的浩劫后,在日益发展的台海贸易带动下,"海船多漳、泉商贾"[1],泉州沿海地区以海上航运与海上贸易为主的海洋社会经济再度得到振兴。以东石港为例,雍正元年(1723),东石蔡氏集合家族不同支派力量,并带动其他各姓,共同疏浚一条长达 2 公里,阔 60 公尺的海港,使航道从村前经过。此后,东石各姓、各房份开设的商行纷纷在新港边开凿船坞,以便本行商船入泊及装卸货物。[2] 泉州沿海地区海洋经济的振兴促进了郊商的发展。上面提及的泉州晋江郊商黄时芳,不但在台湾府城、鹿港开设郊行,同时在泉州新桥开设有郊行"丰源"、"协潜"[3]。林氏在台湾鹿港开设"日茂行"的同时,也在泉州开行贸易。[4] 再如林慎亭,借典铺资

---

　　① （清）黄叔璥著:《台海使槎录》卷二《商贩》,《台湾文献丛刊》第四种,第 47 页。
　　② 粘良图:《清代泉州东石港航运业考析——以族谱资料为中心》,《海交史研究》2005 年第 2 期,第 83—84 页。
　　③ 黄文炳:《龟湖铺锦中镇房黄氏族谱》,载陈支平主编:《台湾文献汇刊》第 7 辑第 16 册,第 448 页。
　　④ 杨彦杰:《林日茂家族及其文化》,《台湾研究集刊》200 年第 4 期,第 25 页。

本先整"淡水生理"，"复整鹿郊生理数年"，"再整兴裕、兴盛、万顺、淡鹿三号生理"，"数年之间，生息亦算不少"①。这些表明，早期泉州郊商已在鹿港、府城、淡水等台湾各地都有活动，表现相当活跃。

厦门。虽然目前尚未在厦门发现康乾时期的郊商史料，但厦门始终是郊商发展的重镇。据地方史家的研究，位于岛内东北部的坂美村曾涌现出众多实力雄厚的大郊商，他们多前往台南开行设栈，成为两岸显赫一时的郊商翘楚，如在台南府城开设著名的"石鼎美"郊铺的石中荣等。在岛南端厦门老市区的开元路、洪本部、打铁街、古营路等地方，至今仍随处可以看到遗留的行郊及栈房、栈间、批发行旧址。②

台湾早期的百年发展，恰逢康乾盛世，社会政治秩序稳定，统治者也比较开明，开放两岸对渡及沿海各港口贸易，为闽台形成以台海贸易为主、两岸沿海贸易及海外贸易为辅的海上贸易格局提供了条件；归入清版图后的百年时间，也是台湾中央山脉以西地区，从南至北，移民渐增、开发日速的时期，其仅用百年便赶上大陆已发展的老农业区，成为"内地一大仓储"，为促进两地间商品交流提供了贸易动力。作为主要经营海峡两岸进出口贸易的商人，清代郊商在两岸的出现和兴盛与台海贸易格局的演变相一致：康熙二十三年（1684），鹿厦对渡使鹿耳门拥有全台对外贸易总口的垄断优势，府城郊商借此迅速发展，至乾隆中后期，台南三郊雄冠府城，已予人有洋洋大观之感；雍正九年（1731），台湾西海岸九个港口获准进行岛内贸易，至乾隆中后期，其中的笨港、鹿港相继出现郊商组织，远处台北的淡水地区也出现了郊商活动，都显示出了蓬勃发展的潜力。作为众多台湾郊商的原乡，泉州、厦门的郊商利用地缘、亲缘、业缘关系与前往台湾开设郊铺的商人合作进行台海贸易。③ 他们除了采办当地商品直接与台湾贸易外，还利用国内外海上贸

---

① 庄为玑、王连茂编：《闽台关系族谱资料选编》，福建人民出版社1984年版，第442—443页。

② 伟雄：《清朝与民国初年闽南郊商遗迹寻访——兼议厦门郊商的来龙去脉与兴衰》，《闽南文化研究》2006年3月，第96—97页。

③ 吴金鹏：《晋江清代蚶江鹿港对渡史迹调查》，《泉州文史研究》第二辑，第229页。

易航线采办台湾所需货物,从而将台湾地区与国内其他经济区域及海外市场连接起来。

从笔者估算的台海贸易量上看,规模十分庞大,这似乎显示了在台南——厦门发展周期中,闽南郊商发展已进入了鼎盛时期。这也是与这时期台湾移民社会飞速发展相适应的。

第二节 郊商的持续发展

乾隆末年加开鹿港对渡蚶江及八里坌对渡五虎门、斜渡蚶江之时,适逢民乱迭起,尤其是嘉庆初年的海盗活动,"北至山东、南迄两粤,沿海商务大遭损折,台湾尤甚",①闽台两地为之航运受阻、贸易停滞。嘉庆中叶,海盗活动平息,闽台三口对渡格局发挥作用,有力地促进了两岸贸易进一步发展。道光四年(1824),因鹿港淤塞、台东北地区开发,再增开彰化县五条港与蚶江对渡、噶玛兰厅乌石港与五虎门对渡。至此,台湾南、中、北形成与闽东南厦、泉、福五口对渡之势。在这种贸易形势,海峡两岸郊商的发展重心逐渐北移。这时期,台南郊商发展的下降趋势比较明显,而台中、台北、泉州等地郊商则蒸蒸日上。

一、郊商在海峡东岸的向北发展

鹿港。

乾隆末年开放鹿蚶对渡,鹿港郊商因时乘利,大力发展台海贸易,嘉道之际逐步进入全盛时期,此后厦门通商外国、泉淡台海贸易日兴,兼以鹿港淤塞,鹿港郊商遂渐至衰落。

"鹿港皆泉人"②,鹿港郊商乃借亲缘、地缘关系进行台海贸易,泉郊金长顺、厦郊金振顺也因之始终位居鹿港郊商组织之首。

---

① 连横:《台湾通史》卷三十二《海寇列传》,第442页。
② (清)吴德功:《戴施两案纪略》之《戴案纪略》卷上,《台湾文献丛刊》第四七种,第9页。

鹿港"行郊商皆内地殷户之人,出赀遣伙来鹿港,正对渡于蚶江、深沪、獭窟、崇武者曰:'泉郊',斜对渡于厦门曰:'厦郊'"。① 上文提及,泉、厦郊在乾隆时期既已成立。嘉庆二十一年(1816),据"重修鹿溪圣母宫碑记"所载,鹿港已成立有"八郊"。

> 总理职员林文濬、太学生施士简、泉郊金长顺、厦郊金振顺、炉主万合号纪梦梅、炉主海盛号甘武略、董事□郊□□□施炳光、油郊金□□施光昭、糖郊金□□、布郊金振万、□郊金合顺黄光甫、南郊金振益施恒文同立。②

这"八郊"为:泉郊金长顺、厦郊金振顺、□郊□□□、油郊金□□、糖郊金□□、布郊金振万、□郊金合顺、南郊金振益,其中郊的种类及郊号缺失较多。道光十四年(1834),鹿港八郊完整地出现在"重修天后宫碑记"中,这弥补了上述缺失。

> 泉郊金长顺捐银一百六十员、厦郊金振顺捐银六十大员、金瑞胜船捐银四十大员、泉厦郊行保合捐银三十员、林日茂捐银二十五大员……布郊金振万捐银一十五员、糖郊金永兴捐银一十大员、染郊金合顺捐银一十大员、郊金长兴捐银一十大员、油郊金洪福捐银八大员、南郊金进益捐银五大员……泉厦大小商渔船户计捐银一千零九十六员。③

除南郊郊号有"振"与"进"一字之别外,其余均可契合无间。按嘉庆二十一年(1816)鹿港八郊应为:泉郊金长顺、厦郊金振顺、郊金长兴、油郊金洪福、糖郊金永兴、布郊金振万、染郊金合顺、南郊金振(进)益。"重修鹿溪

---

① （清）周玺编:《彰化县志》卷9《风俗》,"汉俗","商贾",《台湾文献丛刊》第一五六种,第290页。
② 《台湾中部碑文集成》,《台湾文献丛刊》第一五一种,第22—24页。
③ 《台湾中部碑文集成》,《台湾文献丛刊》第一五一种,第42—44页。

圣母宫碑记"中没有列出各郊捐款数额,只有"收捐题总共来银六千零六十五大员。"再两年,嘉庆二十三年(1818),"重兴敬义园捐题碑"中清楚记载了各郊捐银数额:

> 泉郊金长顺捐银一千二百员,厦郊金振顺捐银四百员,钦加军功四品职衔林文濬捐银二百二十员。布郊金振万捐银一百一十二员。……糖郊金永兴……以上各捐银六十员。……郊金长兴捐银四十员。郊商郭光琛捐银三十三员。施邦俊、南郊(下阙)……自丙子起,永远充收公用。①

从中可知,嘉庆末年,鹿港泉、厦郊实力已远在其他六郊之上,对比上文道光十四年(1834)"重修天后宫碑记"中所载八郊捐银数额,嘉道之际鹿港郊商当已发展至全盛时期。台湾学者张炳楠先生所著《鹿港开港史》认为,鹿港泉郊在道咸年间最盛,达200家,清末约100家。② 此数字不知何据,道光三十年(1850),"重修城隍庙捐题碑"记载有:

> "泉郊金长顺捐银三十员,厦郊金振顺捐银二十员……布郊金振万捐银十二员、□□金盛号捐银十二员……□郊金永兴捐银十大员,□郊金合顺捐银十大员,□郊金洪福捐银十大员,□□金长裕捐银十大员……泉郊泰顺号捐银十大员……厦郊洽成号捐银十大员……郊金长兴捐银八大员"。③

修于道光早期的《彰化县志》记载了当时鹿港泉、厦郊发展的盛况。

> 鹿港向无北郊,船户贩糖者,仅到宁波、上海;其到天津尚少。道光五年(1825),天津岁歉,督抚令台湾船户运米北上。是时鹿港泉、厦郊

---

① 《台湾中部碑文集成》,《台湾文献丛刊》第一五一种,第128—131页。
② 卓克华:《清代台湾行郊研究》,第70页。
③ 《台湾中部碑文集成》,《台湾文献丛刊》第一五一种,第144—148页。

商船,赴天津甚夥,叨蒙皇上天恩,赏赉有差。近四、五月时,船之北上天津及锦盖诸州者渐多。①

又如《彰化县志》中记载：

> 鹿港大街:街衢纵横皆有,大街长三里许,泉、厦郊商居多,舟车辐辏,百货充盈。台自郡城而外,各处货市,当以鹿港为最。港中街名甚多,总以鹿港街概之,距邑治二十里。②

从中可想见鹿港郊商全盛时富庶的景况。前述台湾郊商运米数量及"台自郡城而外"的话语看,鹿港鼎盛时期也没有超越台南三郊。这从一个侧面显示台南三郊经过百年发展之后,依然拥有着雄厚实力。

艋舺、大稻埕。

乾隆末年,八里坌获准对渡五虎门、斜渡蚶江后,推动了淡水地区对大陆贸易的发展。艋舺后来居上,超越八里坌,富甲淡水地区。道光时人曾谓:"八里坌距艋舺止三十里,商贾之辐辏,昔推八里坌、今推艋舺云"③。

艋舺郊商在乾隆年间已出现,但其组织似乎成立较晚。道光十六年(1836),竹堑"义冢捐名碑"记载有：

> 原任广西柳州府林平侯捐银一百元,新艋泉郊金进顺捐银三十元,艋舺厦郊金福顺捐银二十元。④

---

① （清）周玺编:《彰化县志》卷1《封域志》,《台湾文献丛刊》第一五六种,第23页。

② （清）周玺编:《彰化县志》卷2《规制志》,《台湾文献丛刊》第一五六种,第40页。

③ （清）丁绍仪:《东瀛识略》,《台湾文献丛刊》第二种,第5页。

④ 《新竹县采访册》卷五《碑碣(下)》,"竹堑堡碑碣(下)",《台湾文献丛刊》第一四五种,第213页。

这是艋舺郊商组织泉、厦郊出现最早的记录。又两年,道光十八年(1838),在为竹堑堡义渡捐助活动中,"新艋泉厦郊公捐洋银一千圆"①。由此推断,道光年间,艋舺郊商组织或始终是以泉、厦郊为主。咸丰十年(1860),堑郊香山港长佑宫再建时,曾邀艋郊捐助,其中列有艋郊殷实头人名单:

〔名单〕(艋郊殷实头人名单):

泉郊金晋顺　北郊金万利　头人总理蔡鹏桂

南北郊炉主　职员黄万钟、林正森、林国忠、吴光田、谢廷铨②

与道光中叶相比,厦郊金福顺已被北郊金万利所取代。咸丰三年(1853),泉州晋江、南安、惠安三邑人与同安人发生"顶下郊拼",同安人败退至大稻埕,这当是厦郊金福顺在艋舺消失的主要原因。后林右藻在大稻埕造街招商,"或贩什货,或开商行,生理日兴,万商云集",继而各大商议设一社,即为厦郊金同顺,以林右藻为郊长。③ 日据初期,厦郊金同顺改为"杂货商同盟组合",在其呈日本当局的"具禀"中写有"所以本街之通商最多,而滋事最少,迄于今四十余年矣"④,由此可知,厦郊金同顺约成立于咸丰中叶。

竹堑(新竹)。

前文有述,乾隆时期竹堑已有郊商活动。上文曾提及道光十八年(1838)为竹堑堡义渡进行的捐助活动,其时"堑城金长和公捐洋银三百圆"⑤。金长和为竹堑著名的郊商,后为竹堑郊商组织的郊号,此时只称"堑城",可能堑城郊商群体自发以金长和为首,但还未正式形成郊商组

---

①　《新竹县采方册》卷五《碑碣(上)》,"竹堑堡碑碣(上)",《台湾文献丛刊》第一四五种,第197页。

②　《淡新档案》11101·2。

③　《台湾私法商事编》,《台湾文献丛刊》第九一种,第28页。

④　《台湾私法商事编》,《台湾文献丛刊》第九一种,第30页。

⑤　《新竹县采方册》卷五《碑碣(上)》,"竹堑堡碑碣(上)",《台湾文献丛刊》第一四五种,第197页。

织。① 四年后，金长和以"堑郊"之名正式出现。据"浦子庄万年桥碑"中记载：

堑郊金长和捐银玖拾捌元。②

竹堑郊商大体以嘉道年间发展最为迅速。据林玉茹统计，嘉庆朝共二十五年，成立郊商 17 家；道光朝共三十年时间，成立郊商 24 家；咸丰朝共十一年，成立郊商 2 家。③

嘉庆年间：

店　号	原籍	店铺或居所	创始人	成立时间或文献始现年	行　业
王益三	同安	浦雅庄	王益三	嘉庆十一年以前，光绪初年没落	郊商
李陵茂	晋江	北门街两座	李锡金	嘉庆十一年成立	郊商：米
金和祥	安溪	水田庄	吴世美？	嘉庆十六年	郊商
吴金镒	安溪	仑仔庄	吴世波（吴凌波）	嘉庆二十三年	郊商
吴顺记	泉州同安人	北门	吴祯蟾（国步）（1781—1827）	嘉庆七年	郊商

① 林玉茹认为堑郊出现时期应在道光初叶，参见《清代竹堑地区的在地商人及其活动网络》，第 185 页，注释 21。嘉道之际，竹堑地区郊商有组织活动，或如林玉茹所言的"初具雏形"，这应该是很可能的，但林玉茹似乎忽略了出现在道光十八年（1838）"义渡碑"中的不是"堑郊"，而是"堑城"，两者应该不同。在"堑城金长和"前有"新艋泉厦郊公"字样出现，若金长和为"堑郊"，碑文撰者当不致在刚写下艋郊之后，将其记录为"堑城"。以笔者之见，"堑城"与"堑郊"应该代表了堑城地区郊商组织发展的不同阶段。

② 《新竹县采访册》卷五《碑碣（上）》，"浦子庄万年桥碑"，《台湾文献丛刊》第一四五种，第 203 页。

③ 林玉茹：《清代竹堑地区的在地商人及其活动网络》，附录 2"清代竹堑城郊商资料表"，第 400—408 页。

续表

店　号	原籍	店铺或居所	创始人	成立时间或文献始现年	行　业
吴万裕	同安	北门街	吴祯麟,清末管理人为吴顺记长子士梅,士梅长子宽木	嘉庆二十三年	郊商
金逢泰（金逢源）		北门大街、后车路街	许珠泗	嘉庆十一年以前	郊商;陶瓷商
林恒茂	同安	衙门口市	林绍贤	嘉庆十年	盐、米、樟脑
高恒升	安溪	南门鼓仓街	高指一(高叶),父高锤岗?	嘉庆末年(道光九年)	郊商
陈振合		米市街二间店屋	陈源应与陈驳龙合资	嘉庆十年	郊商:米
陈恒裕（陈恒丰、陈和裕）		北门街	陈梯先人	嘉庆年间	郊商:木料
陈建兴		后布埔街二间店	陈鸢飞之先人	嘉庆十一年	
陈协丰	同安	崙仔庄	陈廷桂（萍）(1794—1869),清末管理人陈霖池	嘉庆十八年?	郊商:自置船
金瑞吉	同安	后车路街	曾寄之父;清末管理人曾云兜	嘉庆十五年;曾益吉乾隆四十二年已出现	染布业;自置船只
集源号		米市街	陈一新之先人;清末管理人曾呈谦	嘉庆二十五年	郊商:米、染布业
郑永承	同安	水田街	郑崇和	嘉庆中叶?	郊商
郑卿记	南安	浦雅庄、米市街、东势庄	郑文尚（郑公侯）(1771—1823)	嘉庆五年以前	文尚初以垦户经商致富,八年致金数千金;郑希康运脑内地、米商

道光年间：

店 号	原籍	店铺或居所	创始人	成立时间或文献始现年	行 业
	晋江	北门街	王礼让（英杰）	道光二十四年（1844）	郊商
杜瑞芳	同安	北门街	杜章玉	道光五年,乾隆四十二年?	布郊染坊
吴金吉	安溪	水田庄	吴光锐（1787—?）	道光六年（嘉庆二十三年）	郊商
金德美	同安	北门大街二栋	张首芳（1775—1843）	道光中叶	郊商：面粉业；食品行,金德美亦经营德隆号药材行
金德隆	北门大街	同上,清末管理人卢超昇	与金德美同族	道光十六年（嘉庆二十三年?）	药材行?
周茶春	安溪	北门街	周烈才（周嘉旺?）	道光九年（嘉庆二十三年?）	郊商
周茶泰?	安溪	北门街	周友谅	道光十五年	郊商:干果铺生理
恒隆号	漳浦		林福祥或其父	道光末年	郊商:糖、药材
翁贞记	晋江	水田街	翁敏	道光八年（嘉庆年间）	子林英、林煌经营脑栈、盐业
高恒升	安溪	南门鼓仓街	高指一（高叶）,父高锺岗?	嘉庆末年（道光九年）	郊商
益和号		北门口街	黄巧?	道光九年	郊商:米
许扶生号	同安	水田街	许扶生	道光末年?	郊商:米、木料、光绪年有茶园
恒吉	泉州同安	北门大街	陈耀（陈清水?）长水之弟	道光九年	染铺郊商
陈振记/陈荣记	惠安	南门大街	陈大彬	道光六年	郊商?
集顺号		米市街	潘瑶三兄弟合股	道光九年	郊商
万成号		米市街	咸丰年间为曾兜	道光年间	染坊、木料

店　号	原籍	店铺或居所	创始人	成立时间或文献始现年	行　业
源发号			杨忠良？杨君璇先人	道光九年	郊商
叶源远	同安	北门口街（原在崙仔庄）	叶朏（其厚）（1799—1858）	道光初年	扬帆通贩于各海口，杂货商
郑恒升	同安	水田街	郑用鉴（1781—1857）	道光中叶？	郊商
郑吉利	同安	水田街	郑用钰（1794—1857）	道光中叶？	郊商
郑利源	同安	水田街	郑用谟（1782—1854）例贡生	道光中叶？	布商、苎商、樟脑商。置船。光绪十九年设脑栈
郑同利	同安	水田街	郑允生（1758—1824）	道光十五年（嘉庆末年？）	郊商
郑合顺	同安	田寮庄、北门街	郑龙珠与郑龙瑞	道光十六年	郊商：米、脑
魏泉安	安溪	后龙街、太爷街	魏绍兰、魏绍华	道光十八年	米、纸、木料、放贷

咸丰年间：

店　号	原籍	店铺或居所	创始人	成立时间或文献始现年	行　业
王和利	晋江	太爷街	王登云（王梯）（1821—1879）	咸丰元年成立	郊商：米、彩帛
振荣号	同安	米市街	林文澜	咸丰年间	郊商：布料杂货、米商兼制造花生油。船金顺安

　　竹堑地区没有直接对岛外联系的港口，郊商多经营"配运生理"，等待商船前来揽货，海上航运的兴衰直接关系到竹堑郊商的发展迟速。至八里坌对渡五虎门、斜渡蚶江后，八里坌、艋舺相继于嘉道年间兴起，帆樯林立，贸易兴盛，至竹堑各港购货商船也增加不少，这促进了竹堑地区郊商在嘉道年间的大发展。

噶玛兰。

旧名蛤仔滩，位于台湾东北部。乾隆末年，漳浦人吴沙始到此处开发。今存有关噶玛兰郊商最早的文献，当推道光十七年（1837），柯培元所著《噶玛兰志略》。此书中对兰地郊商贸易活动有所描绘：

> 台湾生意，以米郊为大户，名曰"水客"。自淡艋至兰，则店口必兼售彩帛，或干果杂货，甚有以店口为主，而郊行反为店口之税户，一切饮食供用、年有贴规者。揆厥所由，淡、兰米不用行栈，苏、浙、广货南北流通，故水客行口多兼杂色生理。而兰尤较便于淡，以其舟常北行也。①

盖道光初年噶玛兰地区已出现郊商。

台南。

乾嘉之际，鹿厦往来横洋船只尚有五六百只，及至嘉庆中叶，蔡牵肆虐洋面，厦门横洋船只减至一百余只，后贩艚船获准贩台，鹿厦贸易船只又增至二百余艘。

台南郊商的发展与鹿厦贸易休戚相关。乾隆末年，当其盛时，南郊金永顺甚至在厦门开设郊行"台厦南郊金永顺"（详见下文）。嘉庆元年（1796），北郊苏万利、南郊金永顺、糖郊李胜兴始以"三郊"合称，三郊在此时似已结成一规模庞大的郊商组织，实力远超同城布郊、生药郊、烟敢郊之上。嘉庆初期，蔡牵肆虐闽浙洋面，台南郊商被害颇重，遂由三郊义首率领郊民御寇，因助剿有功，名动全台。方豪据"重建旌义祠捐题碑记"认为，此时三郊的行号、会员、董事等非常清楚，"可谓已组织完备"②。除三郊外，台南相继出现了一些新郊商组织：丝线郊、草花郊、杉郊、药材郊、旧糖郊、鹦鹉郊、布郊、杉行郊、绸缎郊、绸缎布郊、台郡镖郊、纸郊、敢郊等。整体看，道光中叶之前，与鹿厦贸易的发展趋势相应，台南郊商继续发展。

---

① （清）柯培元编：《噶玛兰志略》，《台湾文献丛刊》第九二种，第117页。
② 方豪：《方豪六十至六十四岁自选待定稿》，第279页。

此后，"台地物产渐昂，又因五口并行，兼以鹿耳门沙线改易"，再加上商船往来鹿厦要配运官谷，商船失利，至道光中叶，商船"仅四五十余号矣"。① 鹿厦贸易的衰落影响到台南郊商的发展。道光中叶，姚莹在"树苓湖归鹿分运台谷状"中提到：

> 且郡城郊行衰败，商船日少，虽有安平港、东港，皆口门浅狭，不通大船。②

道光中叶以后，府城郊商日渐衰落的趋势在碑文中有所体现。以台南三郊为例，三郊在碑文中出现次数以嘉庆时期为最多，道光朝三十年仅为七次，③至咸丰朝，更是仅有二次是以三郊名称出现。④ 此外，甚至在游历台湾的士人的诗词中，对台南三郊的窘境也有所描绘。

> 锻矛砺刃卫边垠，
> 恰有三郊比鲁人。
> 水债不收公饷亟，
> 头家近日亦愁贫。⑤

自道光二十九年（1849）至咸丰二年（1852），候官刘家谋宦游台湾四年，其间他写下这首感叹台南三郊隆替变化的《海音诗》。诗后有注云："商户曰'郊'；南郊、北郊、糖郊曰'三郊'。蔡牵之乱，义首陈启良、洪秀文、郭拔萃领三郊旗，自备兵饷，破洲仔尾贼巢。近日生计日亏，三郊亦非昔比。'水债'即'水利'；见前。民有余赀，遭官吞噬，曰'公饷'。俗谓富人为'头

---

① 《厦门志》卷五《船政略》，第 133 页。
② （清）姚莹：《中复堂选集》之《东溟文后集》卷三，《台湾文献丛刊》第八三种，第38 页。
③ 方豪：《方豪六十至六十四岁自选待定稿》，第 284 页。
④ 《台湾南部碑文集成》，《台湾文献丛刊》第二一八种，"普济殿重兴碑记"，第667—670 页；"天后宫捐题重修芳名碑"，第 671—673 页。
⑤ 《台湾杂咏合刻》之《海音诗》，《台湾文献丛刊》第二八种，第 2 页。

家'。"生计日亏加上官府剥敛,以台南三郊之富,也有力不从心之感。

道光而后,不仅台南三郊衰落,其他郊商组织,见诸文献的次数也大大减少。① 这显示台南郊商整体发展状况呈下降趋势。

二、郊商在海峡西岸的发展壮大

泉州。

乾隆末年蚶江相继获准对渡鹿港、斜渡八里坌,为泉州"三湾十二港"与台湾发展迅速的中、北部提供了便捷的贸易航线。嘉庆十一年(1806),清朝再"移福宁府通判于蚶江,专管挂验、巡防、督催台运暨近辖司讼"②。政策与制度环境的改善促进了泉台海上贸易的蓬勃发展。前述台湾三大港口城市"一府二鹿三艋舺"中,除府城外,都成立有以泉州为主要贸易区域的泉郊组织。这些组织规模庞大、实力雄厚,为当地郊商组织之首,他们多与泉州合作商行进行商品进出口活动,由此也促进了泉州郊商的繁荣。

蚶江为泉州地区渡台总口,"与台湾之鹿仔港对渡……大小商渔,往来利涉,其视鹿仔港,直户庭耳"③,泉台进出货物都需在此装卸,这推动众多商人在蚶江开办郊铺。其中较有名气者为前坡欧姓泉胜号、王姓珍兴号、珍源号、和利号等,后垵泉泰、谦记、勤和、锦瑞、坤和、谦隆、泰丰、裕坤等,记厝的谦恭、协丰、谦胜等,以及莲塘蔡姓晋丰号、崇武郑姓惠和号、泉州某姓泉仁号等。蚶江经营台海贸易的郊商,最多时有近百家。④

蚶江外,泉州府城郊商也得到较快发展。道光十七年(1837),"泉郡南关外浯江铺塔堂鹿港郊公署"铸造铁钟一座,上刻有鹿港郊商号46家:

美记号、建源号、泉记号、振泰号、裕成号、胜裕号、万泰号、振利号、

---

① 《台湾南部碑文集成》,《台湾文献丛刊》第二一八种,第665—673页。
② 林为兴、林水强主编:《蚶江志略》,华星出版社1993年版,第174页。
③ 吴金鹏:《晋江清代蚶江鹿港对渡史迹调查》,《泉州文史研究》第二辑,第225页。
④ 黄杏川撰:《蚶江郊商之兴衰》,《石狮文史资料》第一辑,1992年,第57页。

复吉号、复升号、彝林号、义发号、

　　胜号、泰源号、盛泰号、长春号、义美号、源瑞号、振兴号、金顺好、德利号、宝源号、颖丰号、锦丰号、广裕号、厚裕号、振芳号、源茂号、德顺号、洽源号、谦泰号、泰成号、合裕号、滋源号、合瑞号、瑞源号、瑞泉号、资生号、正利号、盛源号、日升号、成顺号、振益号、德丰号、丰裕号、盈丰号。①

　　这些商号是泉州府专营鹿港贸易的郊商行号。从中可略窥彼时在台海贸易推动下,泉州对台贸易郊商发展的盛况。

　　蚶江"上襟崇武、獭窟,下带祥芝、永宁,以石湖为门户,以大小坠山为藩篱,内则洛阳、浦内、法石诸港,直通双江"②,蚶鹿对渡亦带动了泉州其他港口郊商的发展。如上述泉州东石港。据《东石港史研究资料》,东石行号有四五十家,其所置船只达两百余艘,繁盛一时③。

　　　　衍泽户"西行"蔡圭实置有"正丰"、"安定"、"顺利"、"金瑞丰"、"全福屿"、"金凤"、"金福茂"、"金瑞隆"等三十余艘大木帆船;

　　　　银炉户"长春行"有船名"长兴"、"东隆";

　　　　周氏"仁"、"义"、"礼"、"智"、"信"五行号,置船九十九艘(周氏《五福堂谱》载有船百余艘);

　　　　沙堀境"源利号"有船名"万泰"、"瑞裕";(瑞珠、瑞瑛、瑞琨、瑞玉、瑞隆、瑞丰、复吉、复青、金湖发);

　　　　玉井份"源茂行"蔡懋永有船三艘;

　　　　玉井份"瑞顺行"蔡懋错有船名"茂兴";

　　　　"泉隆行"蔡尤香有船名"长安";

　　　　"泉盛行"蔡昭好有船名"万安";

---

① 林为兴、林水强主编:《蚶江志略》,第61页。
② 林为兴、林水强主编:《蚶江志略》,第174页。
③ 粘良图:《清代泉州东石港航运业考析——以族谱资料为中心》,《海交史研究》2005年第2期,第84—85页。

"兴安行"蔡懋考有船名"庆兴"；

"庆隆行"有船名"远来"；

"碧珍行"蔡高镜有船名"安顺"；

"义成行"有船名"庆安"；

"泉成行"蔡懋焕有船名"天顺"；

"玉记行"船名"合兴"、"宝泉胜"、"茂昌"；

"玉胜行"船名"金瑞庆"、"和昌"、"顺兴"；

"义春行"船名"茂兴"；

西郊户"永胜号"有船名"龙安"；

"兴隆号"蔡树光有船名"庆顺"；

"源美号"有船名"水牛"；

"三捷号"蔡豆茶、马节、马查有船名"捷来"、"捷成"、"捷安"；

"德泰号"蔡三重有船名"乌鸟"、"洲渡"、"华兴"；

西宅户"胜记"蔡择来有船名"双行"、"双美"、"双庆"；

"广茂号"有船名"永昌"；

"远达号"蔡德哀有船名"德春"、"庆春"；

"双金号"与"捷和号"、"协成号"合营之船名"珠顺"；

"捷和号"蔡看有船名"凤仪"；

东苏户"隆兴号"船名"泰顺"；

黄氏"南成号"有船名"仙槎"（后改为"万福兴"）；

"进源号"有船名"万安"；

吴氏"益兴号"船名"长海宁"；

埔上户蔡良纪有"大渡"五艘；

西尾户叶氏等合置船名"荣才"、"聚兴"、"进春"、"建发"；

蔡前宅"振胜号"有船名"平稳"；

"福辰号"有船名"永安"；

东厝有船名"东行"；

"福成号"有船名"千里马"；

"东昌号"蔡名针有船名"兴平"；

　　杨氏"隆益兴号"有船名"万里驹";

　　后湖前堡苏铆头有船名"亚里龟";

　　蔡水有船名"协和";

　　小乔有船名"大风";

　　丁厝丁燕锦有船名"建康"、"宁安"、"纪兴";

　　东埕"锦兴隆号"船名"嘉泰";

　　"厚德号"蔡世芳有船名"嘉兴"。

　　他们除与台湾直接贸易外,还在国内其他海洋经济区域,如福州、苏州、宁波、上海、广东等地与台湾的物资交流方面中起到中转作用。

　　除对台贸易郊商外,泉州经营国内沿海贸易的郊商亦得到蓬勃发展。20世纪60年代,泉州市工商联工商史整理组曾邀集泉州老工商业者座谈,其中提及清代泉州经营省北港口贸易的"宁波郊"。清道光到同治年间,财势雄厚的泉州官绅及其家族,多为宁波郊行东。如两广总督黄宗汉家(关口黄)、四川总督苏廷玉家(元祥苏)、翰林陈棨仁家(象峰陈)、状元吴鲁家(钱头吴)以及万厉埕王、后城何等大小官绅豪族。宁波郊的贸易方式主要是以宁波为中转站,把泉州土特产运到宁波,转销各地,再在宁波采办棉花等货品返泉销售。宁波郊获利丰厚,其行东利用财势,还控制其他一些郊行,如北郊、梧栖①郊(台湾)、厦门郊、米郊和各种"九八行"。宁波郊还成立有宁波郊会馆,地址在南门天妃宫(今为七中校舍)。② 泉州工商耆老的口述记忆得到文献史料的印证。道光二十五年(1845),两广总督黄宗汉为其兄黄宗澄撰写的墓志中提及泉州宁福郊③。"宁福郊"当为泉郡经营福州、宁波贸易的郊商组织,其议修的"南门天后庙"就是上文泉州工商耆老

----

　　① 梧栖港在彰化县,参见(清)杨廷理:《东瀛纪事》卷上《北路防剿始末》,《台湾文献丛刊》第二一三种,第18页。

　　② 泉州市工商联工商史整理组:《近代泉州南北土产批发商史略》,《泉州文史资料》第十四辑,1983年,第26—27页。

　　③ (清)黄宗汉撰、(清)黄贻楫辑、(清)黄贻杼校:《黄尚书全集》,"貤赠朝议大夫户科给事中加一级前龙溪县训导退岩先兄墓志",清光绪间稿本。

口述记忆中宁波郊会馆所在地南门天妃宫,而时任龙溪县训导的黄宗澄愿为宁福郊经理修缮南门天后庙一事,则显示两者关系非同一般。因此,泉州老工商者口中的"宁波郊"应当是黄宗汉笔下"宁福郊"发展分化而成,甚或两者就是同一郊商组织。

厦门。

最早见于记载的厦门郊行为"台厦南郊金永顺"。据"重修南普陀寺捐资芳名碑记"记载:

> 钦命福建水师提督军门、噶普仕先巴图鲁、带功加一等、加三级哈捐银壹百大元;钦命福建分巡兴泉永等处海防兵备道兼管水利驿务、加五级、纪录十次胡捐银壹百大元;特授福建泉厦总捕海防分府、一等军功、加一级、随带又加六级、纪录十次刘捐银壹百大元;钦赐顺勇巴图鲁、署泉州总捕海防驻镇厦门分府、加五级、纪录十次黄捐银壹百大元;提督中军参府李捐银伍拾大元;署福建水师提标左协副总府、闽安右营都间府、功加八等军功、纪录十次、寻常纪录二次黄捐银四十大元;福建水师提标前协副总府何捐银肆拾大元;福建水师提标后协副总府王捐银肆拾大元;福宁府儒学教授陈登岸捐银贰拾大元;王以仁、李大顺、林大源、高日升、金义丰、陈义胜、陈恒裕、金兴祥、金彰德、金藏源、万德合、林广盈、金德隆、李顺兴、金天德、金恒和、林恒茂、林恒茂,以上各捐银壹百大元;张广收、丘源源、吴中原、王协胜,各捐银捌拾大元;黄益源、周万隆、陈恒兴、金益兴、金联成、金恒远、金集茂、金万成、金益丰、吴益兴、金元祥、金裕丰、金逢美、周永丰、金联丰、金集昌、金美利、金大兴、金振兴、林怡顺、林丰隆、金同兴,各捐银伍拾大元;永合号、德合号、同成号、美兴号、源顺号、至诚号、鼎丰号、比陶号、协春号、振源号、茶芳号、济北号、协昌号、德芳号,各捐银叁拾大元;台厦南郊金永顺等捐银肆百大元;厦典当公捐银贰百大元;逢源号、协源号、广裕号、允成号、喻义号、福隆号、德源号,各捐银十大元。董事:许志敏、吴钦安、杨汉章、李定国、金梧、叶朝参、陈清光、林攀虬。

乾隆伍拾有陆年(1791)岁次辛亥七月日谷旦立石。①

　　台厦南郊金永顺等捐银四百元,高于其他捐银官民。泉州郊商为加强
与台湾贸易联系,曾发展出"联财对号"的跨海原始股份制联营方式,即两
岸郊行共用一个商号进行台海贸易,台南三郊之一为"南郊金永顺",其贸
易区域以厦门为主,兼及汕头、香港等地,则厦门"台厦南郊金永顺"很有可
能是与府城南郊"金永顺"进行"联财对号"经营的郊行。鹿厦单口对渡期
间,海外贸易由洋行垄断,对台贸易与国内沿海贸易则由大小商行把持。台
厦南郊金永顺甫现厦门,便出手阔绰,但又在捐银人中位列其末,这似乎显
示它是外来富商,在厦门洋行、商行鼎盛之际,社会地位不高,影响力还十分
有限。

　　嘉道时期,因泉州渡口的竞争、走私盛行及海盗骚扰等因素影响,厦门的
海洋贸易经历了颇为曲折的发展历程。专营海外贸易的洋行江河日下,于道
光元年(1821)全部倒闭,此后商行兼营海外贸易,亦日渐衰微。当洋、商行式
微之际,厦门郊商的活动似乎日渐活跃,下面从有限的史料中略窥其一二。

　　在嘉庆八年(1803)"建盖大小担山寨城记略"的碑文中,洋行、大小商
行之后,出现了三种郊行:鹿郊、台郊、广郊。

　　闽浙总督部堂玉捐廉三百两;福建巡抚部院李捐廉三百两;布政使
司姜捐廉二百两;按察使司成捐廉一百两;粮储道赵捐廉一百两;盐法
道陈捐廉二百两;兴泉永道庆捐廉四百两;厦防同知裘捐廉四百两;职
员:吴自良捐番六百员;吴自强捐番六百员;洋行:合成捐番六百员;元
德、和发共捐番六百员;商行:恒和、天德、庆兴、丰泰、景和、恒胜、源远、
振隆、宁远、和顺、万隆,小行:同兴、承美、隆胜、益兴、万成、庆丰、联祥、
源益、瑞安、坤元、振坤、振兴、鼎祥、聚兴、联成、丰美、万和、联德、捷兴;
鹿郊、台郊、广郊,共捐番银四千八百三十员。②

---

① 何丙仲编撰:《厦门碑志汇编》,中国广播电视出版社2004年版,第216页。
② 何丙仲编撰:《厦门碑志汇编》,"建盖大小担山寨城记略",第115页。

鹿蚶对渡之后，鹿港与闽南之间台海贸易发展迅速，厦门鹿郊当是因应这种贸易形势而出现。这时厦门郊行社会地位似乎不及洋行、大小商行，然而嘉庆二十二年（1817），广郊金广和与洋行发生的一件商业纠纷显示了厦门郊商力量及其社会地位的提升。

> 经广郊金广和于嘉庆二十二年（1817）以"把持勒索"控，总督董批行查禁。奸商肆然无忌。道光元年（1721），洋行全行倒罢……①

《厦门志》的编撰者认为郊商与"奸商"有着直接或间接的联系，甚至二者就是沆瀣一气，联手造成厦门洋行的全面衰败。洋行陋规曾于雍正八年（1730）事发，遭朝廷严惩，②此次厦门郊商以"把持勒索"控诉洋行，应非无中生有；而郊商得到总督支持一事则显示出厦门郊商的地位与影响力已有提升。

嘉庆二十四年（1819），"普光寺碑记"中也记录了众多捐银的郊行商号，今天仍可识别的有六种。

> 鹭门居泉之南，北行十余里为金鸡亭，乃明洪武间里人掘地得金鸡，因建庙，遂名之。鹭江八景，此其一也。中祀如来、文曲、观音大士，灵显异常。万历年渐圮，莲溪叶公呈字锦斋捐资修之，廓其旧规，砌石壁焉。国朝乾隆丙子岁，燕人刘国柱来厦理关税，渡五通，风浪大作，甚为危险，已而无恙。夜宿于庙，见神灯晃耀，方知神力扶持。即日鸠金庀庙，捐助斋粮，洎今六十余年矣。云等来庙，见其倾颓湫隘，因请于子爵提宪王捐俸兴修，文武官长、绅士行商，踊跃捐题，共襄义举，复添盖后进，并造楼三间，供奉玉皇上帝暨文武圣帝、三官诸神像，栋宇辉煌，又为兹亭增一胜景矣。工既成，颜寺曰普光而纪其事，使之好善者览而□□之，是所厚望也，爰为之记。

---

① 《厦门志》卷五《船政略》，第141页。
② 张伟仁主编：《明清档案》第42册，"中央研究院"历史语言研究所1987年版，第113页。

计开：董事林盖晋、黄克明、杨振洽、杨登云四人捐缘外，另买西坂园七□，受种一石七升五合，以上□□；提爵宪王捐艮一百员；本道县李、金门镇宪郭、提督中军参府杨、海防分宪叶、署分宪咸、直隶分州东宁林祥瑞各捐艮三十元；铜山参府林、□标□□□、原任碣石镇宪李、提标左府孙各捐艮二十元；前署左府林、署右前营中军苏、□各捐艮十二元；署中营中军张何、右前营中军□□各捐艮十元；海防厅德捐艮八元；刑部正郎吴文征、候选分州吴文标合捐艮八十元；行商金源益捐艮六十元；职员苏步音、□行蒋元亨、大行金万成、金源通、金丰泰、信士连加冠、江世德各捐艮四十元；蔗郊郑广昌、杉行李开兴各捐艮三十元；杉行李益茂、杉寮方洛□合捐艮五十五元；台郊陈恒益、□□杨郁观各二十五元；举人吴洪、职员杨永润、林纪国、黄承恭、监生林祖德、恩荫通判孙云鸿、职员林文名、蒋有棠、大行金振泰、小行金晋祥、金源发、金恒远、金丰胜、金源丰、金振昌、金全美、金全安、金瑞安、金长安、金元吉、监生苏世忠、信士蒋少怀、台湾军功职员黄钟岳、信士王得祥各捐艮二十元；台郊陈鳌霞、鹿郊陈鹤吉、金怡昌、金恒合、杉行金顺记、林允吉、出海杨练观、石练观、曾罗观、严福观、吴敦仁各捐艮十二元；职员郭洞、余经魁、外委许光辉、提塘厅林志通、监生郑光沂、李昌高、赵元章、李志馥、李国荣、麻郊石顺记、林荣发、广郊叶咸芳、金益成、苏胜春、曹德芳、金通利、艮铺苏鼎隆、陈长源、杉郊梁舟记、梁金盛、金叶茂、税馆金丰源、金协源、金锦源、金隆德、信士郑永山、务海堂、陈岱水、曾九观、蔡观生、监生李大春、黄锦端、廪生蔡邦坊各捐艮十元；信士杨云龙、李成春、职员苏学典、贡生林宗绳、廪生苏学浩、杉郊郑长泰、李开泰、李开盛、李开荣、金大振、税馆金义成、金协益、金联远、金联安、当店余宝山、陈茂祥各捐艮六元；生员叶久升、信士叶时荫、叶德辉、叶尉观、叶八观、罗定观、陈茂观、向正观、蔡贵聘、苏允中、林合观、金安泰、店□金顺源、金联源、金聚益、蒋怡鸿、金义源、金瀛裕、义广收、萧印生、林昆山、叶陞观、萧达魁各捐艮四元；信士李水观、林贯观、陈宰子、刘□安、王克宜、苏成吻、陶元年、□时甫、广郊金德□、□□□。

董事：总理庙事、东宁军功职员杨登云捐艮一百元。来往监修轿栈、饮食自备,不开公项。贡生张永标捐艮二十元;杉行李开丰正面蟠龙案棹一□;举人林云青捐艮四十元;训导黄克明捐艮四十元;职员杨振洽捐艮四十元;贡生陈熙捐艮十二元;台郊金永顺捐艮三十元;岁贡黄志敬捐艮三十元;监生黄登瀛捐艮四十元;监生曾必庆捐艮二十元;乡耆叶世贤捐艮十二元;除短少外,共收实艮二千三百八十元;信士章甲山捐艮十元。

　　杉木料共用艮四百九十六元;砖瓦灰石共用艮三百八十二元;土木匠工共用艮四百九十八元;小工并搬料□脚共用艮二百七十元;又用四十元;铁钉、牛皮、草饼、色料共艮九十八元;刻花并联匾字共艮九十五元;油漆庙并联匾、椅桌共艮一百三十元;上梁演戏并理□庆成什费共艮一百五十元;妆佛并灯彩、椅桌、烛□共艮二百九十五元;前年修理屋漏用艮二十四元;买店厕共艮五十四元;起南□店二间用艮卅八元。计共艮二千三百八十元。

　　大清嘉庆二十四年(1819)岁次己卯年梅月。

　　庆成公议:寺中一切椅桌等项交付住持僧胜枢、淡果等掌管,不得私借人用,南房亦不许受寄棺枢,毋□立碑。①

　　除鹿郊、台郊、广郊外,蔗郊、麻郊、杉郊首次出现在厦门。此时厦门进行对台贸易的船只已从嘉庆初期的一百余只,增至二百余只,其中除"横洋船"外,还有特许贸易台湾的"贩艚船",台厦贸易的回暖或是厦门出现新的郊商种类的主要原因。此外,台南、鹿港等港口中经营厦门的郊商此时也正繁荣兴盛,这应也对厦门郊商的发展有一定的推动作用。

　　道光中叶始,厦门商船开始"日渐稀少,至迩年渡台商船,仅四五十余号矣。"②道光二十五年(1845),福州将军兼管闽海关敬畋亦称:

　　　　伏查厦门一口,切近瀛壖,地通南北,海舶萃聚,向为闽省第一繁盛

① 何丙仲编:《厦门碑志汇编》,"普光寺碑记",第 235—237 页。
② 《厦门志》卷五《船政略》,第 133 页。

之区,故额税银几居通省之半。从前民物殷阜,航海贸易者实繁有徒,税额虽多,征输易集。至道光十五年(1835)以后,地方逐渐凋敝,经商之人屡屡倒罢,征收税课,不能如前此之易,虽额数未至遽亏,而榷收颇形掣肘。①

　　因应厦台贸易的衰落,这时期厦门郊商的发展应当遇到很大阻碍,但由于史料的匮乏,我们对其具体的发展情形不得而知。下面依据道光二十七年(1847)"重修万石寺宇题缘碑"中透露的郊商信息略加讨论:

　　□文武官□绅士行郊□□□□捐题姓名、银数开列于后:
　　计开:水师提督军门窦捐银壹佰元;兴泉永兵备道恒捐银壹佰元;金门总镇施捐银叁拾元;闽海关税务府□□□捐银伍拾元;前任厦防分府□□泽捐银叁拾元;艋舺营参府□斐然捐银柒拾元;左营游府□连科捐银陆拾元;右营游府陈国□捐银柒拾元;前营游府周成□捐银陆拾元;后营游府陈□□捐银陆拾元;南澳左营游府陈□□捐银叁拾元;闽安左营游府陈□闻捐银叁拾元;金门左右营游府□□□□□□各捐银拾元;右营中军府□□□捐银贰拾元;前营中军府□□□捐银四拾元;右营中军府梁生春捐银贰拾元;后营中军府林向荣捐银贰拾元;烽火营各官员捐铜钱肆拾仟文;世职骑都尉陈连芳捐银伍拾元;金门营守备宋潘昌□捐银拾元;水提五营千把外额各官兵捐银壹佰伍拾贰两贰钱;金门左右营千总外额共捐银贰拾两;世职云骑尉张经邦、陈建邦各捐银陆元;□鸿□、□□香各捐银贰元;候选道林国华、六部正郎林国芳合捐银贰拾四元;□□郊陈文锦捐银伍拾大元;行商金源丰捐银贰拾四元;金源发捐银肆拾大元;职员黄元音捐银肆拾大元;府郊金永顺捐银贰拾肆元;朝议大夫六部主事吴廷□捐银贰拾元;泉郊□□□□□公捐佰叁拾元;监生陈□成捐银贰拾

---

　　①　档案,道光二十五年三月十七日奏,据彭泽益:《中英五口通商沿革考》,《中国社会经济史集刊》1949年第8卷第1期。

元；冯□堂捐银贰拾元；□□□捐银贰拾元；□□□捐银拾□元；
□□□捐银贰拾元；□□□捐银拾贰元；监生□□□捐银□大元；
□□号捐银□大元；□号捐银□大元；同□号捐银捌大元；祥□号捐
银捌大元；同□号捐银□大元；职员吴文昭捐六大元；顺□号捐银六
大元；职员许捷庆捐银四元；留庆高捐银四元；典□□远、□丰、悦来、
□美、协和、□兴、茂源、同发、大川，以上各捐银贰元；监生师科□□、
合泰、合发、□□、□□、协安、东兴、和益、□□、裕盛、芳远、泰兴、源
兴、成泰，以上各捐银壹元；水提□□□□□□□佰贰拾伍□□；监督
中营嵩防蔡□贤；中营效用徐廷俊。

　　署福建水师提督中军参府陈胜元捐银肆佰大元。

　　道光贰拾柒年（1847）肆月吉旦勒石。①

　　府郊金永顺当与前述"台厦南郊金永顺"、"台郊金永顺"为同一商号
（组织），这也显示出台南与厦门始终密切的贸易联系。泉郊大概主要为经
营往泉州贸易的郊商组织。这时期，泉鹿（港）贸易臻于鼎盛，泉州每年将
大量物资从大陆各口转运至台湾，厦门得"海利"之便，与泉州贸易关系尤
为密切，厦门泉郊或在其中主要发挥着中转作用。"陈文锦"究竟为何郊，
史阙其文，不得而知，后来出现的"两字"郊中只有匹头郊符合，则其或为匹
头郊商号？从捐修人名单可知，捐修万石寺是一项比较重要的捐助活动，但
参与的郊行商号却不多，前面出现的郊商组织，如鹿郊、广郊、蔗郊、麻郊、杉
郊等，均未出现在其中，这或许显示了厦门郊商在道光末年的发展有所衰
落。囿于史料，我们难以如此武断，只能寄望日后更多相关史料的发掘了。

　　总体看，"台湾发展了以米、糖等商品性农业为主导的海岛经济，和福
建商品性的沿海经济并列为一个层次。而闽西北腹地经济，则组成另一个
层次，以木、纸、茶等土特产品和半自给的传统农业为主。这两个层次的经
济带，各有从墟市—低级市场—中心市场的联系网络，而由厦门、蚶江、五虎
门与台南、鹿港、八里坌组成的口岸中心市场圈连接起来。对外，则通过传

---

① 何丙仲编：《厦门碑志汇编》，第255页。

统的海陆商路与国内其他社会经济区域和海外市场沟通"。① 在这期间,因应闽台贸易重心由南向北的转移,台湾郊商中,台南郊商有所衰落,鹿港则凭借产米丰富的经济优势与邻近泉州的区位优势成为郊商云集的港口城市,淡水地区的艋舺泉、北与新竹厦郊先后成立,发展迅速。闽南的泉厦则借与台湾郊商在亲缘、地缘等方面的优势迅速发展壮大。嘉道咸时期,闽台郊商依然持续发展,但与康乾时期相比,已日显颓势。其中的一个重要原因,或是台湾在此时期处在移民社会后期,社会经济发展减缓的缘故。

第三节　郊商的衰落与消亡

同光时期,两次政治事件极大地影响了两岸郊商的发展。同治元年(1862),台湾开放打狗(今高雄)、安平、淡水、鸡笼(今基隆)四口对外通商,西方海洋势力介入台湾对外贸易,改变了台湾以往以台海贸易为主的海上贸易结构;同时,以汽船为代表的西方海洋力量也沉重打击了以木帆船为主要贸易运输工具的闽台海洋发展力量,导致后者迅速衰落。光绪二十一年(1895)乙未割台后,众多台湾郊商选择撤回大陆原籍,这对闽台郊商发展更是一次致命打击。此后,海峡两岸政治关系的改变导致台海贸易受日中关系及不同管理政策影响,大幅下滑,两岸郊商贸易往来也急剧减少,清代闽南郊商遂转向以国内沿海贸易为主。

台南。同光时期的台南郊商更加衰落。至乙未割台之前,同治、光绪朝共统治台湾三十三年,现存的台湾南部碑文中,台南郊商在此期间只出现四次:

[同治八年(1869)]三□郊苏万利等捐银八百元;②

[同治十一年(1872)]本年十一月初七日,据本城内生员叶大伦、

---

① 杨国桢:《闽在海中》,第21页。
② 《台湾南部碑文集成》,《台湾文献丛刊》第二一八种,第338页。

张仰□、□□元、港郊李胜兴……①

　　[光绪二年(1877)]三郊苏万利、金永顺、李胜兴各捐银五十大元。
芙蓉郊金协顺圣母捐银四十大元;②

　　[光绪十一年(1886)]案据三郊苏万利、金永顺、李胜兴等金
称:……③

　　这时期,台南郊商除三郊郊商出现外,仅有芙蓉郊金协顺。鸦片别称
"阿芙蓉",台湾于同治十年(1871)始种鸦片,后台南遂有"芙蓉郊"成立。④
嘉道咸时,种类众多的郊商组织在这时期均湮没无闻,这似可见台南郊商更
行衰落的颓势。

　　台南郊商发展的颓势从打狗、安平离港帆船、轮船数量的消长亦可
略见一斑。鹿耳门港昔日曾为台湾对外门户,道光以降,鹿耳门逐渐淤
塞,安平遂成为主要对外贸易港口。"昔时郡内三郊商货,皆用小船由
内海驳运至鹿耳门,今则转由安平大港外始能出入"⑤。咸同之际,台
南的安平、打狗开放通商,台湾被卷入世界市场体系。随着西方海洋商
业力量渗透日深,打狗、安平以往以帆船为主的贸易结构开始发生剧
变。见表2-1。

表2-1

年　代	港　口	离港船数		
		帆　船	轮　船	共　计
1882	安平 打狗	42 34	53 5	95 39

---

① 《台湾南部碑文集成》,《台湾文献丛刊》第二一八种,第344页。
② 《台湾南部碑文集成》,《台湾文献丛刊》第二一八种,第717—718页。
③ 《台湾南部碑文集成》,《台湾文献丛刊》第二一八种,第515—516页。
④ 连横:《台湾通史》卷十八《榷卖志》,第273—274页。
⑤ (清)姚莹:《东槎纪略》卷一《筹建鹿耳门炮台》,《台湾文献丛刊》第七种,第
31页。

续表

年　代	港　口	离港船数		
		帆　船	轮　船	共　计
1883	安平 打狗	47 41	55 1	102 42
1884	安平 打狗	44 48	50 6	94 54
1885	安平 打狗	33 29	37 5	70 34
1886	安平 打狗	33 17	42 1	75 18
1887	安平 打狗	40 21	41 4	81 25
1888	安平 打狗	30 9	44 8	74 17
1889	安平 打狗	19 6	53 2	72 8
1890	安平 打狗	17 6	61 8	78 14
1891	安平 打狗	13 1	55 8	68 9
合　计	安平 打狗	318 212	491 48	809 260
总　计		530	539	1069

来源:根据 P.H.S.Montgomery:《1882—1891 年台湾台南海关报告书》,《台湾银行季刊》第九卷第一期,第 179 页。

从表 2-1 可知,1882 年尚有 76 条帆船离港贸易,至 1891 年则只有 14 条帆船。这显示在西方海洋商业力量的优势面前,台南帆船贸易衰落的趋势是相当严重的。郊商的海上航运工具主要为帆船,帆船贸易的衰落昭示台南郊商经营状况的衰退。

乙未割台前夕,台南郊商已因"贸易日少"而陷入停滞。光绪二十一年

（1895），台湾归入日本版图，台南"漳、泉各大商诸业停止，归回本土。目下商民零落无几"①，这种凋落情形使得时人不禁感慨："可知商业盛衰大进者，必有大替也。"②

鹿港。

同治时期，海岸线的变迁导致鹿港及其附近各港外都被沙汕淤塞。这使外来商船只泊于口门之外、沙汕之外，距岸有七八里至十余里。在几乎丧失港湾天然条件的情况下，来往鹿港的内地商船只能依靠外围周边的港口停泊贸易，其中冲西港成为"海洋之第一要口"③。这样，在周边港口，如南部王功、番挖、西港、麦寮、五条港、下湖等澳，北部草港、福安港、水里港、梧桐（梧栖）、高密等澳的辅助下，鹿港仍是"最为繁庶，商贾辐辏"④。因而，在乙未割台前，鹿港郊商应当受开海影响不大。

乙未割台后，台湾局势动荡，闽台贸易受到严重影响，且鹿港郊商大批内渡，情形当与台南略似⑤。

台北。

咸丰年间的分类械斗使得艋舺郊商元气大伤，成立于咸丰中叶的大稻埕厦郊金同顺则发展迅速。同治年间，"艋舺泉郊金晋顺、北郊金万利等，闻见右藻为大稻埕郊长，妥洽众望，深得人心，远近咸仰，遂相重议，将泉、厦、北三郊合立一社，名为金泉顺，公同签举林右藻为三郊总长，凡事务皆归于总长裁决，毫无私曲。"⑥这即为"台北三郊"成立之始。《台湾私法》中对清同治时期至日据初期的台北三郊发展有如下描述：

迨至清历前年间，法人闹台，地方盗贼抢夺四起，均赖林右藻设法

---

① 《台湾私法商事编》，《台湾文献丛刊》第九一种，第13页。
② 《台湾私法商事编》，《台湾文献丛刊》第九一种，第12页。
③ 《彰化县舆图纂要·彰化舆图》，《台湾文献丛刊》第一八种，第237页。
④ （清）夏献纶：《台湾舆图·彰化县图说略》，《台湾文献丛刊》第四五种，第26页。
⑤ 林玉茹、刘序枫编：《鹿港郊商许志湖家与大陆的贸易文书》，"中央研究院"台湾史研究所2006年版。
⑥ 《台湾私法商事编》，《台湾文献丛刊》第九一种，第28—29页。

极力防护,地方始得安靖,功德实属不少。且林右藻创始之初,以至于今,声名素著,全不矜功,洁己待人,并无异言,经已四十余年矣!爰是右藻年逾七旬余,因即回籍,以养晚年,尚有其子林望周能承父兄之教办事,犹皆合人,街众商民均皆悦服。自台湾归日本之后,各处遵设保良分局,合街以林望周办事与父一体,能睦众心,可举为保良分局长,每事不拘。即如前年一月一日,土匪滋扰大稻埕各街,林望周率众巡防,地方得以安靖。此人年少,不特勤慎,兼之明达,是以我厦郊现在再签举以为金同顺长,逐年另设炉主、董事协办,仍振兴旧业。兹我郊中各户及大稻埕街众人,均怀林右藻创始出首之功,不忘其德,于是乎志。①

　　法人闹台在 1885 年,当时林右藻仍在主掌大局。这对台北郊商的继续发展当仍有助益。乙未割台后,林右藻回籍安享晚年,其子林望周子承父志,且为"街众商民"所悦服,则日据时期台北三郊当仍有发展。

　　泉州。

　　泉州与鹿港海程最近,且非通商口岸,故该地主要依赖中国帆船运输的闽台贸易并未受到严重影响。这时期,鹿港的持续繁荣主要就是与泉州贸易的结果。这在两地大量郊商参与泉州社会公益事业中有所体现。如光绪辛巳七年(1881)冬月,"重修莲埭七星桥"时,泉州、台湾各地的众多郊商都进行了捐助,从中似能看出泉州各地仍有的众多郊商行号。②

　　光绪二十一年(1895),台湾割让给日本后,闽台贸易逐渐减少。台郊关停转业者颇多,海防官署随之撤销。在这期间,其他港口基本停止与台往来。唯有蚶江尚存三四家行号如谦记、谦益等,每月虽有帆船五六艘到台贸易,但也断断续续,与前相较,实为一落千丈。后来那仅存的数家台郊,也相继停业。此后对台的航海贸易,唯有民间小批经营③。1908 年,日本"三五公司"在福建省内进行了一次社会调查,其中有关泉州部分也显示了台海

---

① 《台湾私法商事编》,《台湾文献丛刊》第九一种,第 29 页。

② 吴金鹏:《晋江清代蚶江鹿港对渡史迹调查》,《泉州文史研究》第二辑,第 230—232 页。

③ 黄杏川:《蚶江郊商之兴衰》,《石狮文史资料》第一辑,第 59—60 页。

贸易的衰落。

汽船航运的开始，大大地打击了使用木帆船的贸易，木帆船的数量显著减少了。"长发贼"的扰乱，近来虎列拉（霍乱）、赤痢、鼠疫等疫疠的年年猖獗，加上台湾改隶使泉州失去了国内一大贸易对象，这些原因，终使五十年前泉州的繁荣化成旧梦。就今天而言，在最早的南清大都市的行列中，它尚能与漳州相并，然已失去了福建沿海集散市场的地位①

泉州郊商在东西方向的台海贸易受阻之后，转而全力经营国内传统沿海贸易。以前的"大北郊"，即经营上海、宁波、华北、东北等贸易航线的郊商组织，以及"小北郊"，即经营厦门、福州、温州、宁波的贸易航线，仍然是繁忙的郊商航路②。

乙未割台并未导致清代郊商立即走向消亡。在台湾各地，郊行多应日本占领当局的要求而改组为商业组合，如台北厦郊金同顺改组为"金同顺杂货商同盟组合"、台南三郊改组为"台南三郊组合事务所"。③ 但海峡两岸由口岸中心连接起来的庞大市场因政治原因而归于分裂，这使清代郊商整体发展趋势走向衰微。

厦门。

鸦片战争后，西方海洋商业力量进入厦门，厦门海上贸易结构开始经历剧变。经过咸丰年间的小刀会起义与太平天国起义后，同治以降，西方海洋商业力量对厦门海上贸易的渗透日益深入。英国人包罗曾根据厦门洋海关的统计描述道：

在 1862 年，有 394 艘船，129677 吨，报入海关，多数是帆船。至

---

① 《1908 年泉州社会调查资料辑录》，《泉州文史资料》第十五辑，第 171 页。

② 泉州市工商联工商史整理组：《近代泉州南北土产批发商史略》，《泉州工商史料》第一辑，第 106—107 页。

③ 《台湾私法商事编》，《台湾文献丛刊》第九一种，第 31、38 页。

1871 年,数字增加至 566 艘,215651 吨。英国旗船只占大多数,其次是北日耳曼国家(德国)的船只。①

西方海洋商业力量逐渐垄断厦门海外贸易的同时,厦门郊商的发展状况并不是十分清楚,下面笔者通过几则史料中的相关记载稍作申论。

光绪四年(1878),"重修醉仙岩碑文(上)"中出现了几个郊行的商号:

> 阏逢阉茂,荷花生日,偶偕朋侪,踏眼攀峰,驰心随喜,履级层巘,绕道仙刹,□观殿庑,丹艧零□,佛金剥蚀,城□圮落,墙宇倾圮。睹斯颓唐,用兴浩叹。爰为拂净碑勒,细玩文记。乃自乾隆柔兆困敦之岁,宗先生司马讳日纪重行修饰,迄今百余载,未经补葺,芳即于本岁嘱陈君秋池在粤题捐,陈君世俊在台缘募,并得以仁上人飞锡岷方,外渡疏化,喜逢善士宗人金星领袖岷商,共鸠善资,次邀柯君为文成、宗子海如并其昆玉青州、乃梦在厦缘捐暨监督工程,筹画向背,增建朝斗楼,俾庙貌无西偏之患,并使厥后凄真元士有所宗止。其建造苦心经营尽善,诚堪与岩同垂不朽。何意文成、乃梦愿力未完,同归鹤化,后嘱陈君笃其监厥余工。虽曰瓶蒇皆数,亦赖诸善信协衷同济,共完愿力。迄光绪四年岁次著雍摄提格相月始行告竣。所有福缘芳氏俱勒于左。
>
> 谨将厦门募捐芳名勒石于左:许泗漳捐□佛六十大员;林省悟捐□佛五十大员;林一枝捐佛艮四十大员;泉郊金泉顺捐以佛艮四十大员;茶帮永和成捐佛二十八员;北郊金万利捐佛二十四员;福郊金福成捐佛二十四员;药材金泰和捐佛艮一十六大员;茗春成捐佛二十员;广隆行捐佛十二员;联丰行捐佛十二员;港庆成、港徽记、屐晋成、张如川、陈颖祥、和协安、亭昆德、镇德安、部胜珍、水怡美、康妈恩,以上各捐佛十二员;遵德堂、僧满然,以上各捐佛十员;埕芳美、铁植

坤,以上各捐佛八员；史悠临、杜瑞美、港文锦、怡源号、泉美号、庙云锦、恒乾利、水谦泰、林如记、部丰美、镇万益、部瑞裕,以上各捐佛六员……

光绪四年（1878）壮月谷旦,主缘黄传芳、黄耀奎,主持僧会融同立。①

从上可知,碑文中共出现了三个郊行,分别是泉郊金泉顺、北郊金万利、福郊金福成。前文有述,同治艋舺泉郊金晋顺、北郊金万利与大稻埕厦郊金同顺合立一社,名为金泉顺,则参与捐银的泉郊金泉顺、北郊金万利与台北三郊金泉顺当有密切的关系,应为台北三郊在厦门开设的"对号"郊行。福郊,顾名思义,当为主要经营福州方向海上贸易的郊商组织。十年之后,厦门则至少存在有十种郊商组织。光绪十四年（1888）,"重修南普陀碑记"记载曰：

今将重修南普陀所有官绅商富捐款芳名及用数开列于左。计开：

一、闽浙督部堂杨捐银四百两；陆路提督孙、水师提督彭、兴泉永道奎,各捐银二百两；漳州镇吴捐银一百两；北洋水师各铁甲兵船共捐银三百元；太常寺少卿林捐银四百元；广东题奏道叶捐银二百两；擢胜中营提督李、左营提督龚、后营副将骆暨三营哨弁等各捐银四十二两四钱……陆提守备戴、张、陈、陈、朱、张各捐银六元；马巷、蚶江厅丁、罗各捐银六两；晋江南安县卢、吕、安溪惠安县廖、金各捐银二十四两；王青云、川贝记、曾石头、蔡维等各捐银二百元；欧乃贞捐洋四百元；金广隆、金和丰各捐银五十两；厦十途行郊共捐银一千元。商人邱宜、林鍼共捐银一百元；海澄县民人捐银六百两；洋药金义和等捐银一百四十元；林古徒捐银二百八十八两；隆盛号捐银三千元；各典铺共捐银六十六两。以上共捐洋六千六百六十六元,折银四千七百九十九两五钱二分；银四千二百七十两零二钱七分,共银九千零

六十九两二钱七分。

一、重修各工料共银九千九百零八两八钱九分四厘。统计不敷银八百三十九两六钱二分四厘。道宪奎另行筹垫。

光绪十四年(1888)正月□□泐石①

傅衣凌先生曾提到厦门"十途行郊"为洋郊、北郊、匹头郊、茶郊、纸郊、药郊、碗郊、药郊、福郊、笨郊,②不知何据。日本外务省编著的《清国事情》中也记述有"厦门十郊",分别为:洋郊、北郊、匹头郊、茶郊、泉郊、纸郊、药郊、宛郊、福郊、笨郊。除"宛"与"碗"一字之差外,二者所述其余郊商组织名称完全相同;后者并有对十郊较详细的解释,其中提到泉郊"以晋成、昆成、源发、发祥、福羹、恒成、源成及福同隆8个商行为中心。"③源发曾为厦门较有实力的商行,前文曾提及其于道光二十七年(1847)捐助重修万石寺一事,在此则已成为厦门泉郊组织重要成员,这是一个厦门海商社会组织形态演变的实例。

乙未割台后,随着台海贸易急剧衰落,厦门郊商的发展是否也受到了严重影响? 对此,我们没有充分的史料能证明。从人员和资金来看,郊商从台湾撤资回归闽南后,很可能增强了泉厦两地郊商的整体实力;从海上贸易的区域看,身处闽南的郊商在闽台贸易衰止后,仍有传统的国内沿海贸易区域可以经营。因此,在台湾割让给日本后,厦门郊商或不致在短时期内迅速衰落。下面几则材料似可说明这点。如《厦门大事记》之"清朝部分"记载有光绪二十五年(1899),"〔8月14日〕各绅衿及十途郊董等纷纷求见,呈禀周莲勿划租界"。④ 此"十途郊董"当与前述"十途行郊"相对应,则厦门十大郊行在清末依然存在。《台游日记》撰于清末民初,

① 何丙仲编撰:《厦门碑志汇编》,"重修南普陀碑记",第221页。

② 傅衣凌:《清代前期厦门洋行》,《明清时代商人及其商业资本》,第202页。

③ 外务省:《清国事情》,第573—575页,转引自滨下武志:《中国近代经济史研究》第三章《海关与贸易统计》,江苏人民出版社2006年版,第252—253页。

④ 《厦门文史资料》第五辑,1983年,第120页。

其中也曾叙及厦门郊商：

> 晚十时归寓，与商会诸君畅谈厦门商况。闻银行、票局、钱庄四十五家、洋郊九家、北郊二十三家、疋郊十四家、广郊二十七家、土郊二十二家、茶郊十七家、药郊二十五家、纸郊二十四家、税典五家，此巨商也。①

与乙未割台前相比，二十多年过去了，民国初年的厦门郊行种类仅少了两家，其中除洋郊、北郊、疋郊、茶郊、药郊、纸郊等六郊依旧外，福郊、泉郊、笨郊、碗郊等四郊消失，代之以广郊、土郊。据前文外务省《清国事情》记述，福郊、泉郊、笨郊、碗郊都是以台湾为主要贸易区域的郊商组织，乙未割台后迅速衰落的台海贸易当对其打击最大，这应是导致四郊倒闭的主要原因；其余六郊都以经营国内沿海贸易及东南亚贸易为主，这两个区域是厦门传统的海上贸易范围，在其中活动的郊商受台海贸易变化影响应很小。广郊曾于嘉庆年间出现过，应主要以广东、香港为主要贸易区域。土郊，未有文献提及，不详贸易区域。1908 年，日本三五公司对福建各地进行了一次社会调查，其中提到泉州有"土膏店"，即经营鸦片的店铺，则厦门土郊或可能为经营鸦片的郊商组织？无论如何，乙未割台后直至清末，厦门郊商似并未受到闽台贸易衰落的严重影响；相反，从《台游日记》的记述看，他们不仅为数众多，且大都是厦门地区屈指可数的豪商巨富。这似说明，厦门郊商回归传统东南中国海洋经济圈后，依然在国内沿海贸易网络及东南亚海洋贸易网络中泛海扬帆，搏利惊涛。

进入民国后，厦门郊商每况愈下，最终约在第二次世界大战开始前消失。下面根据厦门商会档案中出现的郊行略窥此演变趋势。

[1928 年]执行委员：纸郊业号东，新锦源。②

---

① （清）蒋师辙：《台游日记》之《鲲瀛日记》，"壬子年正月初三日至初十日"，《台湾文献丛刊》第六种，第 45 页。

② 厦门市档案馆编：《厦门商会档案史料选编》，"1928 年商会执监委员履历表"，第 35 页。

[1928 年]厦门米郊同业公会,厦门泉郊同业公会,厦门北郊同业公会。①

[1929 年]福建财政特派员台鉴:接据北郊公会函据石码五谷行分会函称:查豆饼、豆子、骨仔三项,系属肥料,且进口所在地又非石码,遵照裁厘委员会议决免税之规定,消费税应由物产所在地征收各在案。今石码及江东之特税局,于豆饼、豆子、骨仔等类亦竟行征收,实有未合,即对于贵会各郊户亦不无影响……②

[1930 年]北郊 7 号,每号 12 人,计 84 人……米郊 14 号,每号 8 人,共112 人……此外来签报者有泉郊、驳船、烟叶三公会,中国、中南、厦门三银行,电灯、电话、自来水、南洋烟草、六丰、淘化六公司云。③

[1930 年]厦门泉郊同业公会、厦门米郊同业公会、厦门北郊同业公会。④

[1931 年]议决:推举北郊业、面粉业、绸布业、棉纱业、鱼行业、帆船业、水果业、肥粉业及益同人公会同本会代表陈瑞清组织委员会办理之。⑤

[1931 年](8)北郊业每年营业总额约 300 万元,以千分之一计算课税,每年纳税 3 千元,每月 250 元。⑥

[1933 年]陈瑞清发言谓:眼前有价证券及不动产,银行方面概行停止抵押,盖恐业价再跌,有所影响。然银行既吸收现款,钱庄亦向郊户催收,郊户则向小商店催讨,以是愈拔愈紧,银根完全不能移动。鄙人拟请政府责成银

---

① 厦门市档案馆编:《厦门商会档案史料选编》,"1928 年各同业公会一览",第46—49 页。

② 厦门市档案馆编:《厦门商会档案史料选编》,"关于撤销石码豆饼等捐致省财政特派员电(1929 年 4 月 26 日)",第 238—240 页。

③ 厦门市档案馆编:《厦门商会档案史料选编》,"为改组事各业向商会汇报人数",第 10—11 页,第 210 页。

④ 厦门市档案馆编:《厦门商会档案史料选编》,"厦门总商会暨各同业公会反对常关征收内地复出口税宣言",第 210—211 页。

⑤ 厦门市档案馆编:《厦门商会档案史料选编》,"商会常委会通过接办《商学日报》等决议",第 143 页。

⑥ 厦门市档案馆编:《厦门商会档案史料选编》,"商会议定各途营业税额",第195 页。

行出为维持,得存款提出 5 百万元,流通市面,则市面不致如此枯竭,云云。

蔡建芳起称:现时郊户所感困难,并非资本稀少,系在以资本配办货物,无人购买,此点不容忽视云云。①

此后,厦门商会会员中再没出现郊商组织。1936 年商会公会会员代表名册中,米业公会、纸业公会赫然在列②,则厦门郊商组织或已全部改组为公会。至此,作为厦门海商社会组织的一种历史形态,郊商、郊行彻底消失了。

与厦门相比,泉州地区的郊商在整个民国时期都有所发展,且在泉州地方社会中位居上层。民国时期泉州著名郊商蔡光华就是先代理石油业务后,再兼营申宁厦郊③。"糖去棉花返"的商界俗语也反映了民国时期泉州郊商出口桂圆、蔗糖到上海、宁波等地,再采购棉花来泉州批发的进出口贸易活动。直至解放,泉州一直都有郊商行号存在,如成记、锦祥、金万源、珍利、王合兴、永万兴、远记行,其中永万兴直到新中国成立后改造才消失④。

清代郊商经营的海洋贸易以闽台贸易为主。为了采购贸易台湾的商品,闽南郊商也利用传统国内沿海贸易网络南北贸易。这样就形成了郊商经营的国内两个方向的海洋贸易:一为南北向的国内沿海贸易路线;一为东西向的闽台海洋贸易路线。前者属于闽南沿海地区传统海洋贸易航线,后者主要为清初收复台湾后发展壮大的新航线。闽台郊商,或从事国内沿海贸易,或从事台海贸易,或通过经营大陆其他地区与台湾之间的中转贸易而将前两者连接起来,其发展亦随着海洋贸易的起伏而呈现盛衰隆替。乙未割台后,闽台两地的郊商传统并未断绝,闽南郊商一直延续到了 20 世纪中叶新中国的成立。这反映了郊商经营形式具有较强的适应性。

---

① 厦门市档案馆编:《厦门商会档案史料选编》,"商户召集会议讨论救济商业方案",第 259 页。

② 厦门市档案馆编:《厦门商会档案史料选编》,"1936 年商会公会会员代表名册",第 53—86 页。

③ 蔡光华:《蔡光华日记》,《泉州文史资料》第十七辑,1984 年,第 25 页。

④ 陈盈源、郭恕育、杨来仪、陈香、吴雨水、吴松仁、叶青等提供资料和口述,陈苏整理:《"糖去棉花返"——解放前泉州桂圆、糖经营简况》,《泉州工商史料》第四辑,第 167—170 页。

第三章　郊商的海洋贸易及其运营特征

清代郊商主要从事以台海为主的国内海洋贸易,其贸易范围遍及国内沿海及台湾各地,晚清开海后,甚至延伸至东南亚海洋贸易圈。海洋贸易通常能带来较高的商业利润,但随之而来的贸易安全也是郊商必须面对的问题。为了达到获取利润、降低风险的经营目的,清代郊商发展了不同的贸易组织形式,由此也逐渐形成颇具特色的运营模式。

第一节　海洋贸易

郊商的贸易区域以海峡两岸为主、国内沿海为辅,贸易商品则以台湾农产品和大陆手工业品为主。郊商运输货物的主要航线深受清朝对海峡两岸港口管理政策的影响。晚清闽台相继开港,郊商进行海洋贸易的区域、商品和航线随之都有所改变。

一、贸易区域的结构及其演变

台湾归入清版图后,东南中国海域重归宁靖,闽船闽贾南下北上,重新恢复对国内沿海贸易网络的主导权。随台湾开发而兴起的闽台郊商,根植闽南海洋社会经济传统的沃壤,推动了闽台经济一体化,并借助闽南传统的海上贸易网络,将台湾海岛经济与国内其他海洋经济区域相联系,由此形成郊商以海峡两岸为主、国内沿海区域为辅的海洋贸易格局。晚清开海后,随着两岸相继出现对外开放港口,郊商的贸易区域开始包括国外地区。

1. 闽台沿海经济区域

闽台两地是清代郊商最主要的贸易区域，闽南沿海港口城市（包括闽粤之郊的南澳、汕头等地）、闽东沿海的福州、台湾西海岸各大港口①是郊商贸易往来最为频繁的地区。我们从现存两地郊商史料文献中可清楚地看到这点。如台湾三郊中，南郊和糖郊（港郊）均为主要进行闽台区域贸易的郊商组织：

> 配运于金厦两岛、漳泉二州、香港、汕头、南澳等处之货物者，曰南郊。郊中有三十余号营商，群推金永顺为南郊大商。熟悉于台湾各港之采籴者，曰港郊，如东港、旗后、五条港、基隆、盐水港、朴仔脚、沪尾配运之地。港郊中有五十余号营商，共推李胜兴为港郊大商。②

这是清乙未割台后，台湾举人蔡国琳对台南郊商贸易地区的叙述。其中，除香港应是鸦片战争后南郊新增的贸易地外，其余闽南沿海港口城市应是南郊传统的贸易地区。港郊即前述糖郊，其贸易区域主要包括台湾西海岸各港口地区。再如：

> 鹿港泉、厦郊。
>
> 远贾以舟楫运载米粟糖油，行郊商皆内地殷户之人，出赀遣伙来鹿港，正对渡于蚶江、深沪、獭窟、崇武者曰'泉郊'，斜对渡于厦门曰'厦郊'。③
>
> 台北艋舺泉、厦郊。
>
> 有郊户焉，或赎船、或自置船……赴泉州者，曰泉郊，亦称顶郊；赴

---

① 郊商一般主要在台湾大港口、大市镇经营，详情参见林玉茹著：《清代台湾港口的空间结构》，知书房出版社1996年版，第87—90页。

② 《台湾私法商事编》，《台湾文献丛刊》第九一种，第12页。

③ （清）周玺编：《彰化县志》卷九《风俗志》，《台湾文献丛刊》第一五六种，第290页。

厦门者,曰厦郊:统称为三郊。①

澎湖台厦郊。

街中商贾,整船贩运者,谓之台厦郊。……澎地米粟不生,即家常器物,无一不待济于台厦。②

笨港郊商。

东、西、南、北共分八街,烟户七千余家。郊行林立,廛市毗连。金、厦、南澳、安边、澎湖商船常由内地载运布匹、洋油、杂货、花金等项来港销售,转贩米石、芝麻、青糖、白豆出口。③

台北竹堑地区郊商。

近则运于福、漳、泉、厦④。

在竹堑郊商贸易的地区中,泉州占据了最为重要的地位。晚清台北竹堑官府的《淡新档案》中,记载有道光十九年(1849)各月入港船只的籍贯,兹选录十月入港船只以观之:

代理台湾府北路淡水同知为列折通报事(淡水厅同知魏瀛列折通报晋江县属船只来淡配运兵慺各船户姓名号数进出口日期以及拨配年份营县慺石数目按月逐一备造清折呈送)

清折

代理台湾府北路淡水(同知)为列折通报事。遵将卑辖八里坌口,道光十九年十月分所有晋江县属澳船只,来淡配运台慺,各船户姓名、号数,进口、出口日期,以及拨配年分、营县、穀石数目,按月逐一备造清折,呈送察核。

八里坌□

今开:

---

① (清)陈培桂编:《淡水厅志》卷十一,《台湾文献丛刊》第一七二种,第299页。
② (清)林豪编:《澎湖厅志》,卷九《风俗》,《台湾文献丛刊》第一六四种,第306页。
③ (清)倪赞元编:《云林县采访册》,《台湾文献丛刊》第三七种,第47页。
④ 《新竹县志初稿》,《台湾文献丛刊》第六一种,第177页。

一、晋江县渔船户金瑞顺,牌给(本)县泰字一百二十七号,于本年九月十四日进口,十月初四日领陪彰邑应运侯官县仓,道光(十)九年分闽安、烽火等营(兵)谷(八十)石,于十月初五日挂验出口,候风回(蚶)。

一、晋江县渔船户周合春,牌给本县泰字一百二十(三)号,于本年九月十四日进口,十月初四日领配彰邑。

一、应运侯官县仓,道光十九年分闽安、烽(火等营兵慢)五十石,于十月初五日挂验出口,候风回蚶。

一、晋江县商船(户)蔡洽源,牌给本县益字一千(零七十四)号,于本年九月二十一日进口,十月初四日领配彰邑应运侯官县仓,道光十九年分闽安、烽火等营兵谷一百八十石,于□□□……挂验出口,候风回蚶。

一、晋江县渔船户蔡洽隆,牌给本县泰字一百十六号,于本年九月二十一日进口,(十月初五)日领配彰邑应运福安县仓,道光十九年分福宁右营兵谷五十石,于十月十九日挂验(出)口,候风回蚶。

一、晋江县渔船户金长成,牌给本县泰字第五号,(于)本年九月二十二日进口,十月十三日领配彰邑应运福(安县仓),道光十九年分福宁右营兵谷四十二石,于十月十九日挂验出口,候风回蚶。

以上八里坌口十月(分)出口商、渔船共五号。

计配兵谷四百零二石,合应登明。

道光十九年(十)月日报。①

从上可见,进入淡水地区八里坌口的船只大多数籍属为泉州晋江,船只配运兵谷数量较少,这显示出这些商渔船的载重较小。泉州商渔船频繁往来泉淡之间,凸显了泉淡贸易对竹堑地区的重要程度;若再考虑到台中鹿港、台北艋舺泉郊的庞大规模,也都表明泉州在闽台贸易区域中的重要地位。

---

① 《淡新档案》第 10 册,15202,第 177—178 页。

台湾开发由南至北,北部一些后开发地区沿海或沿河地区出现的郊商,基本也都以闽台为主要贸易区域。如树杞林"为新竹辖地,无港口往来船只,故无郊",但"各商各为配运,名曰散郊户",①其商品经新竹各港转运出口,闽东南也是主要贸易区域。

> 商人择地所宜,雇工装贩,由新竹配船运大陆者甚夥,……布、帛、杂货则自福州、泉、厦返配。②

再如噶玛兰,位于台湾东北部,开发较晚,其地的郊商船户规模不大,闽东南地区也为其主要贸易区域。

> 海船多漳、泉商贾,而泉尤多于漳③;
> 一年只一二次到漳、泉、福州,亦必先探望价值,兼运白苎,方肯西渡福州,则惟售现银。④

闽南郊商组织货物,前往贸易的主要区域也是闽台区域。如乾隆时,泉州郊商黄时芳就在泉州、台湾府城、鹿港开设郊行进行闽台三地的海洋贸易⑤,林氏"日茂行"也于此时在鹿港、泉州开设有郊行。⑥ 此后,蚶鹿、蚶淡相继获准对渡,泉台贸易进一步发展,以台湾为贸易区域的郊商在泉州各地纷纷出现。如泉州鹿港郊、梧栖郊,蚶江、安平、东石、深沪等。

---

① 林百川、林学源:《树杞林志》之《风俗志》,《台湾文献丛刊》第六三种,第98页。
② 林百川、林学源:《树杞林志》之《风俗志》,《台湾文献丛刊》第六三种,第98页。
③ (清)陈淑均编撰:《噶玛兰厅志》卷六《物产》,《台湾文献丛刊》第一六〇种,第327页。
④ (清)陈淑均编撰:《噶玛兰厅志》卷五《风俗》,《台湾文献丛刊》第一六〇种,第197页。
⑤ 陈支平:《清代泉州黄氏郊商与乡族特征》,《中国经济史研究》2004年第2期,第45页。
⑥ 杨彦杰:《"林日茂"家族及其文化》,《台湾研究集刊》2001年第4期,第25页。

厦门早期郊铺多为与台湾对多贸易而开设，其中如台郊（台厦南郊、府郊）金永顺、鹿郊、①（台北）泉郊金泉顺等，他们与厦门商行一起经营对台湾的海上贸易，其贸易区域也主要是闽台区域。随着洋行、商行的相继没落，至同光时期，厦门本土已成立有十途行郊。十途行郊垄断了厦门国外、国内的海上贸易。其中，泉郊、宛（碗）郊、笨郊主要经营闽台区域的海上贸易。

泉郊。以前是专门负责厦门与台湾梧权、淡水、鹿港、竹堑、笨港及其澎湖各岛之间贸易的行会，在福建省沿岸，通常是由与台湾有着密切关系的泉州府晋江县的住民，和在厦门及澎湖岛有实力的商人的资本组成的。

宛郊。宛郊主要进行从漳州及泉州府所属的各地方运出的陶磁器之类的买卖，通过他们向东南亚及台湾各地出口。但是，从江西省产出的上等磁器则由别的同省商人在店铺进行贸易，他们没有加入宛郊。

笨郊。笨郊主要从事于台湾笨港地方的商业贸易。其事业因成了泉郊那样的，所以如同福郊，有名无实。②

适应晚清厦门通商口岸的贸易环境，宛郊与台湾贸易的同时，东南亚各地也是其贸易的区域。

2. 国内其他沿海经济区域

除闽台区域外，国内其他沿海经济地区也是清代郊商进行海洋贸易的重要区域。如史料中最早出现的台南北郊，清末人记述其贸易地区主要为上海以北各港口：

> 配运于上海、宁波、天津、烟台、牛庄等处之货物者，日北郊。郊中有二十余号营商，群推苏万利为北郊大商。③

而进行台海贸易的厦门"横洋船"中较大者"糖船"，可从台湾府城配

---

① 方文图撰：《建盖大小担山寨城石碑》，《天风海涛》，第 143—144 页。
② （日）滨下武志：《中国近代经济史研究》，第 252 页。
③ 《台湾私法商事编》，《台湾文献丛刊》第九一种，第 12 页。

运后直航天津等北方港口,其贸易地区在嘉庆时的官方档案中有详细记载:

　　　　查验所有横洋大商船,素贩重洋,往贩台湾、澎湖、鹿港及山东、天津、锦州、盖州、复州、胶州等处,应由大担出入,该船户赴厦门文武关汛挂验,并赴大担口挂验。①

　　上海、宁波位于山东、天津、烟台、锦州、盖州、复州、胶州则位于环渤海湾地区,则从上述描述的台南郊商贸易区域可知,长江三角洲沿海经济区域和环渤海湾沿海经济区域始终是台南北郊海上贸易的重心。这在咸丰年间的《噶玛兰厅志》中也有所反映。

　　　　转西三十四更,入山东之胶州口。若过崇明外五条沙,对北三十二更至成山头。向东北放洋十一更,可至直隶旅顺口。再由山边至童子沟岛,向东洋山,七更则至盖州(奉天府属),为古辽东地。向北放洋七更,则至锦州府,为古辽西地。此则商家所谓天津船也。今惟台郡行之。②

　　台郡,即台湾府。从方志记述可知,胶州、旅顺、盖州、锦州等位于环渤海湾的港口主要是台湾府郊商通过"天津船"进行贸易的地区,噶玛兰、竹堑、艋舺等地郊商并没有实力到如此远的地区进行贸易。

　　鹿港泉厦郊商实力雄厚,但其商船进行的北上贸易,初时仅至宁波、上海等长江三角洲沿海地区。后因天津岁歉的良机,在官府政令指示下,鹿港郊商船只才于道光五年(1825),大批前往环渤海湾沿海地区贸易。但鹿港泉厦郊商的贸易区域才借此扩展至环渤海湾各港口。

————————————

　　①　《福建沿海航务档案(嘉庆朝)》,载陈支平主编:《台湾文献汇刊》第5辑10册,第164页。

　　②　(清)陈淑均编撰:《噶玛兰厅志》,《台湾文献丛刊》第一六○种,第218页。

鹿港向无北郊,船户贩糖者,仅到宁波、上海;其到天津尚少。道光五年,天津岁歉,督抚令台湾船户运米北上。是时鹿港泉、厦郊商船,赴天津甚夥,叨蒙皇上天恩,赏赉有差。近四、五月时,船之北上天津及锦盖诸州者渐多。①

前文引《噶玛兰厅志》撰于咸丰初年,其言能至天津等地贸易的郊行商船,只有"台郡"而已,因此,鹿港郊商沿海北上、前往环渤海湾地区贸易的时间或许并没有持续很长时间。

艋舺北郊的贸易区域主要在长江三角洲沿海地区,《淡水厅志》记载曰:

有郊户焉,或瞨船,或自置船,赴福州江浙者曰"北郊"……其船往天津、锦州、盖州,又曰"大北";上海、宁波,曰"小北"②。

然而从上述引文可知,《淡水厅志》关于北郊贸易区域的记述前后有所矛盾,区域范围宽狭不一。上引《噶玛兰厅志》也记述咸丰初,噶玛兰、竹堑、艋舺等地的郊行商船仅到"江、浙而已",即"上海、宁波、乍浦"。笔者以为,《淡水厅志》编著于同治初年,彼时或有商船间至"大北"地区,但艋舺主要贸易地区,应还是上海、宁波、乍浦等"小北"地区。

除长江三角洲沿海地区和环渤海湾地区外,广州、澳门、香港所在的珠江三角洲也是郊商重要的贸易区域。广州、澳门在五口通商前就是重要的贸易港口,后者在鸦片战争后,作为国际贸易港迅速崛起。前文曾述及晚清台南南郊金永顺的贸易区域,除金厦两岛、漳泉二州及邻近闽南的汕头、南澳外,还包括香港。其他如咸丰时期,噶玛兰郊商也往珠三角转贩洋货,"其南洋则惟冬天至广东、澳门,装卖樟脑,贩归杂色洋货,一年只一度耳"。③ 往广东以樟脑换洋货,主要指在广州地区转贩。再如编写于1898

---

① （清）周玺编:《彰化县志》,《台湾文献丛刊》第一五六种,第23页。
② （清）陈培桂编:《淡水厅志》,《台湾文献丛刊》第一七二种,第299页。
③ （清）陈淑均编撰:《噶玛兰厅志》,《台湾文献丛刊》第一六〇种,第197页。

年的《树杞林志》、《新竹县志初稿》均记载其地（散）郊商贸易地区也有广东①。

随着开发速度的加快，台湾社会对大陆商品的种类和数量日渐增多，这是闽南地区难以满足的。因此，闽南郊商在收购本地货物与台湾贸易外，还通过闽南传统的海洋经济圈进行其他沿海经济区域商品与台湾农产品的中转贸易。如泉州郊商黄时芳经营闽台贸易的同时，也曾前往广东潮州采购杉木，"乾隆二十六年（1761）辛巳五月初一日，往潮州府恶溪买杉六傲②"。再如泉州东石港留存的郊商族谱也显示出国内沿海贸易的兴盛。如开设"周益兴"号的周佐昌，父子兄弟"上省垣、下鹭门"，"游三山（福州）、抵东陵（东宁、台湾）"，"经商浙甬"，于嘉道时臻于鼎盛，置船百余艘，甚至开发闽江口的中洲岛作为水运贸易的据点，③贸易区域遍及厦门、福州、台湾、宁波等地。

因此，在闽南郊商前往国内沿海地区贸易愈加方便、愈加频繁之际，一些专营国内沿海贸易的郊商渐渐出现，他们的贸易区域遍及整个中国沿海。《蚶江志略》记述了泉州郊商国内沿海贸易区域的总体情况："经营北方青岛、牛庄、天津、大连货物的行郊称大北。经营镇江、南通、温州、福州货物的行郊称小北。后垵的锦成、福成等号都属小北。经营厦、漳、镇下关、汕头的行郊称下南。"④陈泗东先生认为上海、宁波也是泉州郊商重要的贸易地区，⑤前文提及泉州宁福郊（宁波郊），其贸易地区主要即为宁波地区，"以宁波为中转站，把泉州土特产运到宁波，转销各地；在宁波采办棉花等货品

---

① 林百川、林学源：《树杞林志》，《台湾文献丛刊》第六三种，第 98 页；《新竹县志初稿》，《台湾文献丛刊》第六一种，第 177 页。

② 黄文炳：《龟湖铺锦中镇房黄氏族谱》，陈支平主编：《台湾文献汇刊》第 7 辑第 16 册，第 426 页。

③ 粘良图：《清代泉州东石港航运业考析——以族谱资料为中心》，《海交史研究》2005 年第 2 期，第 87 页。

④ 林为兴.林水强主编：《蚶江志略》，第 63 页。参见吴金鹏：《晋江清代蚶江鹿港对渡史迹调查》，第 229 页；黄杏川：《蚶江郊商之兴衰》，石狮文史资料，第 1 辑，第 57 页；除个别称呼，如黄杏川以贸易"镇江、南通、温州、福州等"为南郊行，诸家对泉州地区郊商贸易区域所持观点基本相同。

⑤ 陈泗东：《幸园笔耕录》（上），第 39 页。

来泉销售"。① 清末泉州郊商的贸易变化不大。1908 年,日本"三五"公司统计的泉州郊商组织有:厦门郊、漳州郊、宁波郊、台湾郊、福州郊、永春郊,②除永春外,其他地区都是泉州郊商传统的贸易地区。

厦门洋行、商行式微后,十途郊行基本垄断了厦门的国内沿海贸易。"十郊"中的北郊、匹头郊、茶郊、纸郊、药郊、福郊等均从事有国内贸易,范围包括东北、华北、华东、华南。北郊经营"从牛庄、锦州、天津、芝罘到上海、宁波、温州等各地之间进行贸易",匹头郊经营"南北各地产的绸缎织物类贸易",茶郊"专与福建省南部各地,特别是安溪县地方及台湾淡水地方保持关系,从事所有与茶叶贸易有关的事务",纸郊"主要保持与漳州、浦南等地方的关系。还有与汀州府连城县,也就是上等纸的生产地,特别是与南洋各地方出口下等纸料的制造地龙岩州、漳平县、宁洋县一带的地方进行贸易",药郊"不论华南各地的生产品还是四川省的产品,他们贩卖涉及中药的所有材料",福郊"原本主要在福州省城之间进行贸易活动"。③ 前文提及,清末民初,厦门还出现有广郊,其贸易区域应主要在广东沿海地区。

3. 国外贸易地区

清代郊商的贸易区域格局主要以台海为主,国内沿海为辅。晚清五口通商后,世界市场日益席卷中国沿海地带,郊商的贸易区域也开始延伸至海外。台湾转入定居社会后,海洋经济开始发展,但两岸航运水平仍有较大差距,因此闽南郊商直接或间接进行海外贸易的活动应较台湾郊商为多。以厦门为例。厦门"十郊"中的洋郊,"专门从事与外国的直接贸易",其"业务主要是香港、槟城、泗水、新加坡、三宝珑、仰光,包含了其他所有与东南亚各地的贸易往来"。④ 此外,如宛郊(碗郊),也向东南亚地区出口陶瓷器。

甲午海战失败后,清朝割让台湾使得大部分以台湾为基地的郊商陷入困境。他们当中许多人或者迎合日本殖民统治而入日本籍,或者金盆洗手

① 泉州市工商联工商史整理组:《近代泉州南北土产批发商史略》,《泉州文史资料》第十四辑,第 27 页。
② 《1908 年泉州社会调查资料辑录》,《泉州文史资料》第十五辑,第 174 页。
③ (日)滨下武志:《中国近代经济史研究》,第 252 页。
④ (日)滨下武志:《中国近代经济史研究》,第 252 页。

放弃商业,或者退回大陆进而转道南洋各埠经商。而以厦门、泉州、晋江为支点的郊商失去台湾市场及转口贸易业务后,大部分就漂泊南洋各埠,直接往返大陆与几个南洋的港口。在这种情况下,清代郊商产生了一次大规模的分流,大部分清末民初的行郊成了菲律宾、南洋诸岛与大陆的海上贸易商,这也进一步拓展和加强了海外贸易在郊商贸易活动中的比重。

台湾郊商经营海外地区贸易的记载很少,仅见于新竹所辖树杞林地区。前引日据初期,林百川、林学源编著的《树杞林志》记载曰:

> 商人择地所宜,雇工装贩,由新竹配船运大陆者甚夥,运诸各国者亦复不少。①

此处"商人"因没有形成组织,被称为"散郊户",他们主要通过配船形式与大陆和外国贸易,其贸易形态或多为有大陆转运至外国②。

另外,《新加坡华侨志》载,新加坡于 1922 年成立"海屿郊公所",③这或可为郊商进行海外地区贸易的一个旁证。

二、贸易航线的变迁

清代郊商分布于台湾海峡两岸,两岸港口管理政策的变动等对两岸郊商的贸易航线影响很大。

鹿厦单口对渡的百年间,厦门—澎湖—鹿耳门航线是清代郊商主要的贸易航线。嘉庆十三年(1808),一场有关厦门船只出洋挂验地点的争论清楚地描绘了这条两岸郊商从事台海贸易的主航线。

> 查担挂,乃大船往台、鹿、澎而出东方者,由厦港大口。小船往云、浦、诏而出者,西南由厦古二口;或往宁德、沙埕、舟山、乍浦而出西北

---

① 林百川、林学源:《树杞林志》,《台湾文献丛刊》第六三种,第 98 页。
② 陈福谦为台湾首位直销台糖于日本、西洋的海商,在连横《台湾通史》中未言其为"郊商",台湾郊商或少直销外国者。参见连横:《台湾通史》,第 528 页。
③ 方豪:《方豪六十至六十四自选待定稿》,第 259 页。

者，由排、古等口，均无担挂，遵循已久。港道攸分，口挂有焉，能概归大担而谕以北上南挂之理？…………查验所有横洋大商船，素贩重洋，往贩台湾、澎湖、鹿港及山东、天津、锦州、盖州、复州、胶州等处，应由大担出入，该船户赴厦门文武关汛挂验，并赴大担口挂验；其南船、贩艚、各色小船，不能涉历汪洋，只由埯边驾行，北往福州、福宁、宁德、三沙、舟山、乍浦、宁波、上海等处，南往漳浦、诏安、铜山、云霄、广东等处，具由厦港、古浪屿、排头门驾出①

台湾指台湾府，是横洋大船主要的贸易地区。往贩山东、天津、锦州、盖州、复州、胶州等处的"横洋大商船"，就是前文所指的糖船，其可以从台湾直接驶往北方诸港口进行贸易。糖船出现较早，如乾隆三十七年（1772）已"详定糖船配谷一百六十石"②。台南三郊之首的北郊苏万利，出现最早，实力雄厚，其中"糖船"经营北方港口贸易的高额利润当居功至伟。

此外，清廷根据台湾社会经济发展的具体情况，在鹿厦单口对渡时期，还专为厦门白底艍船往鹿港贸易开辟了厦门至鹿港的海上航线。

自鹿仔港未经设口以前，厦门向有白底艍船，往来鹿仔港贩卖米慢，运会销售，于民颇多利益。③

台湾北部淡水地区，也于鹿厦单口对渡时期，由清廷特准赴漳泉造船，开通淡厦贸易航线。

八里坌本系禁口，五虎门未经开口以前，并无准厦钳船只通融交易之例。惟淡水旧设社船四只，又雍正六年增至六只，乾隆八年增至十只。定例：由淡水庄民金举殷实之人详明取结，赴内地漳泉造船给照，

---

① 《福建沿海航务档案（嘉庆朝）》，载陈支平主编：《台湾文献汇刊》第5辑第10册，第164页。

② 《厦门志》卷六《台运略》，第148页。

③ 《福建省例》，《台湾文献丛刊》第一九九种，第662页。

在厦贩买布帛、烟茶器具等货，赴淡水买米回棹。自九月起至十二月止，许其出口，其余月分只准赴鹿耳门贸易。①

此外，族谱资料显示，由泉往淡的贸易航线也已开辟。

是以庚寅年（1770）得娶尔母。而是年泉兴质库因要分数停止，余在家束手，无奈寻觅船分，充作水手，前往淡水。讵意命运不通，往辄见碍，复于十二月十七日跌坠淡港，若无同船捞救，则命不保。②

乾隆中叶，彰化县、淡水厅均无对渡泉州港口，而"台湾、凤山二县距八里坌六程，几至千里……即彰化与淡水毗连，而县城鹿港距八里坌水次亦有四五百里"③，泉州商船如南下厦门，再对渡台南，又沿台湾西海岸北上至淡水，则航线迂回漫长。此处林慎亭所经泉淡海路或为海上走私航线？

这时期，泉州郊商前往台湾贸易，航线须由泉南下至厦门，再由厦至台湾各地。如泉州郊商黄时芳。

越丁卯（1747）廿二岁。正月尾，即同吴望表下厦门，往台湾治代捷哥回家。……乾隆三十三年（1768）戊子八月，忠曦由鹿港往府代我，九月进鹿店中结算数目，交伙高合官等。廿五日，等舟回家时，台匪黄教于廿五夜在府治安平镇王城火药库内放火作乱，我先下船，未该惊惶，亦造化之一也。④

---

① 《福建沿海商务档案（嘉庆朝）》，陈支平主编：《台湾文献汇刊》第5辑10册，第196页。

② 庄为玑、王连茂编：《闽台关系族谱资料汇编》，"林慎亭由典当业发展为经营淡鹿郊生理"，第442页。

③ 《福建沿海航务档案（嘉庆朝）》，载陈支平主编：《台湾文献汇刊》第5辑10册，第194页。

④ 黄文炳：《龟湖铺锦中镇房黄氏族谱》，载陈支平主编：《台湾文献汇刊》第7辑第16册，第420、435—436页。

事实上，除官方开辟的鹿厦海上航线外，往贩台湾的高额"海利"早已诱使闽南沿海人口私贩台湾，开辟海上走私航线，这也促使清廷为杜绝走私、保证台运米谷配运而尽早增开正式的海上航线。如蚶江—鹿港航线的开通。

> 嗣因私贩多由蚶江偷渡，乾隆四十九年（1784），经前任福州将军臣永奏请，台湾北路于鹿仔港设口，内地泉州于蚶江设口。①

鹿蚶对渡初期，乾隆时期即可往贩鹿港的厦门白底艍船受到一定影响，"如厦门白底艍船有赴鹿仔港贸易者，亦必由蚶江挂验，始准出口"，后因此举影响嘉义、彰化二县内运兵谷，清廷于乾隆五十五年（1790）再度准许厦门白底艍船赴鹿港贸易，但"其余厦门一切糖船、横洋等船，循照旧例，仍止准对渡鹿耳门出入，毋须偷越鹿仔港"。②

蚶鹿航线正式开通后，泉州、厦门与鹿港之间的海上航线成为鹿港郊商行驶最多的贸易航行。

> 彰邑与泉州府遥对。鹿港为泉、厦二郊商船贸易要地。内地来鹿者。厦门以南风为顺，磁头深沪次之。崇武以北风为顺，獭窟次之。故北风时，厦船来鹿，必至崇武、獭窟方放洋。南风时，蚶江、獭窟船来鹿，必至磁头、深沪方放洋。③

厦门、蚶江为放洋正口，但风信对帆船航行至关重要，因而信风盛行时，无法借助风力的出港船只不能直渡，只能迂回出海、前往鹿港。

除鹿港至泉州、厦门的航线外，鹿港郊商还开辟有通往北方港口的贸易航线。前文提及，道光五年（1825）后，鹿港泉、厦郊商船赴天津等环渤海湾地区港口渐多，于是乃有鹿港北郊从泉、厦郊中分化成立。鹿

---

① 《福建省例》，《台湾文献丛刊》第一九九种，第662页。
② 《福建省例》，《台湾文献丛刊》第一九九种，第662—664页。
③ （清）周玺编：《彰化县志》，《台湾文献丛刊》第一五六种，第21—22页。

港北郊商船北上贸易时,要先回内地,再沿海而上,最远到达锦州。这样,与"糖船"直透天津等处相比,鹿港北郊商船北上贸易航线就要迂回曲折许多。

　　鹿港泉、厦郊船户欲上北者,虽由鹿港聚□,必仍回内地各本澳,然后沿海而上。由崇武至莆田,湄洲至平海,可泊百船。其北即南日小澳,仅容数船,是福清、莆田交界处。从内港行经门扇,后草屿,至海坛宫仔前,有盐屿,即福清港内。过古屿门,为长乐县界。复沿海行,经东西洛滋澳,再过为白畲关潼,可泊数百船,乃福省半港处;入内即五虎门。由关潼一潮水至定海可泊数百船。复经大埕、黄岐至北交,为连江县界;再过罗湖、大金,抵三沙烽火门。由三沙沿山戗驶一潮水过东壁大小目、火焰山、马屿进松山港即福宁府。由烽火门过大小仑山雕屿水澳,至南镇沙埕,直抵南、北二关,闽、浙交界。由北关北上至金香大澳,东有南纪屿,可泊千艘。其北为凤凰澳,系瑞安县港口。又北为梅花屿,即温州港口。过内三盘,伪郑尝屯札于此。再过王大澳、玉盘山坎门、大鹿山,至石塘,内为双门卫。复经礐礜澳、深门花澳、马蹄澳、双头通至川礁,为黄岩港口。从牛头门、柴盘,抵石浦门,由龙门港崎头,至丁屑澳,澳东大山迭出,为舟山地。赴宁波、上海,在此分。从西由定海关进港数里即宁波。从北过岑港、黄埔至沈加门,东出即普陀山。北上为尽山、花鸟屿。尽山西南有板椒山,属苏州府界。又有羊山,龙神甚灵。凡船到此,须稍寂而过。放大洋抵吴淞,进港数里即上海。再由舟山、丁屑澳西北放小洋,四更至乍埔。海边俱石岸,北风可泊于洋山屿。向北过崇明外五条沙,转西三十四更,入胶州口。过崇明外五条沙对北三十二更至成山头,向东北放洋,十一更至旅顺口。由山边至童子沟岛,向东沿山,七更至盖州,向北放洋,七更至锦州府(本《台邑志》)。①

① （清）周玺编:《彰化县志》,《台湾文献丛刊》第一五六种,第23—24页。

乾隆五十二年(1787)，淡水八里坌获准对渡福州五虎门、斜渡蚶江后，航行在淡厦航线的社船随之减少。这种情况影响到淡水地区与内陆的物资交流，因而嘉庆十四年(1809)，应淡地官民之请，清廷再准淡民兴造社船，往来蚶厦贸易。

> 是前项社船十只，照旧兴造，往来蚶厦，既有旧章可循，亦与现行口岸无碍。惟九月至十二月，许其出口，其余月分，只准赴鹿耳门贸易，尤须严定规条，不准借词透越。①

淡艋郊商通行的贸易航线，除八里坌口与五虎门、厦门、蚶江等处外，与鹿港郊商一样，还开辟有八里坌至内陆各澳，再沿海南下或北上的贸易航线。

> 兰地郊商船户，年遇五、六月南风盛发之时，欲往江、浙贩卖米石，名曰上北。其船来自内地，由乌石港、苏澳或鸡笼头，搬运聚侥，必仍回内地各澳；然后沿海而上……向北放洋七更，则至锦州府，为古辽西地。此则商家所谓天津船也。今惟台郡行之。②
>
> 兰与淡、艋郊户，其所云北船，惟至江、浙而已（参《台湾县志》）。③

从上可知，淡、艋郊商开辟的北上航线没有台南、鹿港郊商辽远。兰地，即噶玛兰，为台湾后开发地区。道光四年(1824)，噶玛兰获准对渡五虎门，开通与福州的直通贸易航线。兰地郊商多没有自置商船，主要以待船配运

---

① 《福建沿海航务档案(嘉庆朝)》，载陈支平主编：《台湾文献汇刊》第5辑10册，第200页。

② （清）陈淑均编撰：《噶玛兰厅志》卷五《风俗》，《台湾文献丛刊》第一六〇种，第218页。

③ （清）陈淑均编撰：《噶玛兰厅志》卷五《风俗》，《台湾文献丛刊》第一六〇种，第218页。

贸易形式经营,因而除噶玛兰与福州的直通航线外,其与淡、艋郊商一样,也开辟了由台至闽、闽至国内沿海贸易区域的航线。

三、贸易商品的特征及其演变

清代郊商出现伊始即主要从事以大陆手工业品交换台湾农产品的海洋贸易活动。随着两岸社会经济的发展,以及晚清通商后世界市场的介入,郊商海洋贸易商品的结构开始出现变化。

台湾自然条件优越,米、糖出产尤多,故米、糖始终是台湾与内陆贸易的主要货物。大陆则至晚清台湾开港前,以手工业品出口台湾为多。这在一些方志的记载中有所反映。如早期位处台中的诸罗县对于内地丝织的依赖:

[康熙五十六年(1717)]凡绫罗、绸缎、纱绢、棉布、葛布、苎布、蕉布、麻布、假罗布,皆至自内地。①

乾隆早期《台湾府志》则记载了台糖贸易的盛况:

[乾隆十二年(1747)之前]三县每岁所出蔗糖约六十余万篓,每篓一百七八十斤。乌糖百斤价银八、九钱,白糖百斤价银一两三四钱,全台仰望资生,四方奔趋图息,莫此为甚。②

再如台南地区。早期米谷为贸易商品之首:

[乾隆十七年(1752)前后]晚稻丰稔,资赡内地。更产糖蔗、杂粮,有种必获,故内地穷黎襁至,商旅辐辏,器物流通,价虽倍而购者无吝

① (清)周钟瑄编:《诸罗县志》卷十《物产》,《台湾文献丛刊》第一四一种,第194页。
② (清)余文仪修:《续修台湾府志》卷十七《物产》,《台湾文献丛刊》第一二一种,第593页。

色。贸易之肆，期约不愆。①

后台南米谷出口渐被台中、台北超越，而糖油则跃居其上：

> ［嘉庆十二年（1807）］货：糖为最，油次之。糖出于蔗，油出于落花生，其渣粕且厚值。商船贾贩以是二者为重利。淀菁盛产而佳，薯榔肥大如芋魁，故皂布甲于天下。②

晚清台南三郊出口货物中，糖、油、米仍占出口农产品之大部。③

台中鹿港对渡蚶江后，出口内陆的商品仍以米、糖、油为主。如《彰化县志》记述：

> 鹿港泉、厦商船向止运载米、糖、糁、油、杂子，到蚶江、厦门而已。④

张炳楠列出的鹿港八郊贸易商品中，糖、油而无米⑤，林玉茹则根据鹿港郊商许志湖家的贸易文书认为，晚清时米谷出口大陆仍是泉郊商主要贸易活动。这也可见米、油、糖在清代鹿港出口的重要地位。

台北地区开发较晚，米谷产量后来居上，郊商出口之大者，仍不出油、米、糖等。如同治十年（1871）修成的《淡水厅志》载：

> 曰商贾，估客辏集，以淡为台郡第一。货之大者莫如油、米，次麻、豆，次糖、菁。至樟栳、茄藤、薯榔、通草、藤、苎之属，多出内山。茶叶、

---

① （清）陈文达编：《台湾县志》卷十二《风土志》，《台湾文献丛刊》第一〇三种，第397页。
② （清）谢金銮：《续修台湾县志》卷一《地志》，《台湾文献丛刊》第一四〇种，第52页。
③ 《台湾私法商事编》，《台湾文献丛刊》第九一种，第14页。
④ （清）周玺编：《彰化县志》卷一《封域志》，"海道"，《台湾文献丛刊》第一五六种，第24页。
⑤ 张炳楠：《鹿港开港史》，《台湾文献》第19卷第1期，1968年3月，第1—44页。

樟脑,又惟内港有之。①

其他诸如宜兰(噶玛兰)、新竹等地郊商都以米、糖、油为主要出口商品,只有澎湖一地因环境特殊而以花生油为主。② 总之,开港前,台湾"出产甚饶,米、糖、油、靛,贩鬻半天下,其绵、丝、绸、布,日用所需,则皆内地运往"③。

咸丰十年(1860),台湾按《天津条约》《北京条约》开港后,日益卷入世界市场,需求结构发生重大变化,这改变了台湾贸易商品的结构:输出品除南部继续以米、糖为主外,北部茶、糖、樟脑开始占据主要地位;输入品则鸦片成为最大的进口品,棉货、毛货其次,大陆传统丝织品的贸易地位降低了。④

第二节　运营特征

清代郊商进行海洋贸易的区域广泛,除往来最为频繁的闽台两地外,从辽东至广东的多个沿海经济区域也被包括在内。郊商在两地,或三地,甚至多个沿海经济区域之间贸易活动的顺利进行,首先有赖于商业和海上运输的结合,而郊商与商船的经济关系决定了郊商海贸的运作经营模式。除运输外,郊商进行海洋贸易还需要组织其他物质条件,如市场信息、商业技术、资金等;也需要组织管理机构人员和对外经济关系。在海洋贸易组织经营中,郊商也利用宗族、乡族关系建立商业信任机制,以此确保贸易运作的安全与稳定性,这也反映了清代海洋贸易法律的缺失。

一、贸易资金来源的多元化

清代郊商来自闽台沿海社会各种行业。在积累一定资金后,他们遂投

---

① (清)陈培桂:(清)陈培桂编:《淡水厅志》卷11《风俗考》,"商贾",《台湾文献丛刊》第一七二种,第298页。
② 卓克华:《清代台湾行郊研究》,第66—68、70—72、74—79页。
③ (清)丁绍仪:《东瀛识略》,《台湾文献丛刊》第二种,第24页。
④ 卓克华:《清代台湾行郊研究》,第80页。

身利润更高的海洋贸易。在持续的海洋贸易活动中，郊商的运营资金主要来自海洋贸易的收益，此外，官府、社会、其他郊商也可为郊商提供运营资金。

1. 启动资金

郊商从事的海洋贸易所需资金甚多，这决定了开行设栈不能一蹴而就，必须先要积累一定资金才能成为郊商。郊商的启动资金多来自他们此前从事行业的收入积累。从一些郊商族谱的记载中，我们可略窥郊商启动资金来自闽台沿海地方社会的各行各业。

有的郊商先前从事的是海外贸易，如雍乾时期，泉州郊商黄汝涛（醇斋公）从东南亚贸易转而从事台海贸易，"自弱冠至壮强，二十年间上姑苏、游燕蓟，再鬻吕宋，重贾东宁，然后废著新桥"①。

有的郊商从海产养殖进而开设郊铺的，如道咸时期，泉州东石蔡文由及其子章情、章凉，先在台湾嘉义县经营鱼塭赢利后，再于嘉义县开张"振盈"及"广盈"号笨泉郊，东石港开张"源利号"船郊②。

还有郊商从事典当业起家后再从事郊铺生意的，如乾隆中叶，林慎亭在淡水经营淡鹿郊，他此前在泉州从事的就是典铺行业③。

又有从贩卖食盐致富后投资贸易成为郊商的，如清代台湾著名郊商行号"日茂行"的创始人林振嵩，"初从事零售食盐，经营有方乃成富家"。④

郊商启动资金的来源不止上述几种，从晚清竹堑地区郊商的出身行业中，我们还发现有来自地主业户，商家佣工，酒铺店主，陶器卖主，地主，杂货店主等行业⑤。

---

① 黄文炳：《龟湖铺锦中镇房黄氏族谱》，载陈支平主编：《台湾文献汇刊》第7辑第16册，第384页。

② 粘良图：《清代泉州东石港航运业考析——以族谱资料为中心》，《海交史研究》2005年第2期，第91页。

③ 庄为玑、王连茂编：《闽台关系族谱资料选编》，第441页。

④ 张炳楠：《鹿港开港史》注70，载《台湾文献》第十九卷第一期，第43页。

⑤ 林玉茹：《清代竹堑地区在地商人及其活动网络》附表二《清代竹堑城郊商资料表》，第400—407页。

清代竹堑地区郊商出身统计表

店　号	创　始　人	出　身
王礼让(s:英杰)	郊铺生理、监生	
王和利	王登云（王梯）（1821—1879）	商人
王益三	王益三	地主业户,商人
李陵茂	李锡金	在商家佣工
何锦泉	何克恭	商人,在后龙开张酒铺
杜銮振	清末管理人杜来源	乾隆四十二年
杜瑞芳	杜章玉	商人
同兴	林高庇	林高庇经售陶器为业,后在槺榔庄开大店
吴金兴#	吴世美（?—1848）	商人、地主
吴金吉#	吴光锐（1787—?）	商人、地主
金和祥	吴世美?	
吴读记	吴希文?	商人、地主
吴金镒	吴世波（吴凌波）	
吴銮胜	吴文求、文平?	
吴振利	吴嗣振（朝珪）（?—1804）清末管理人吴雨岩	商人,有五子一孙武进士、二姪孙武举人
吴振镒	吴祯谈之父（国治）（1785—1839）	商人、捐建城工
吴顺记	吴祯蟾（国步）（1781—1827）	子举人士敬
吴万裕	吴祯麟,清末管理人为吴顺记长子士梅,士梅长子宽木	商人
吴万德	吴嗣焕（朝珪弟）	商人?
金逢泰(金逢源)	许珠泗	商人
金德美	张首芳（1775—1843）	张首芳读书,亦为厦门富商苏水之账房;首芳妻曾氏在台旌表孝妇;定国积产二万余元,营制粉业
金德隆	与金德美同族	
周茶春	周烈才(周嘉旺?)	
周茶泰?	周友谅	大陆有产者,商人

续表

店　号	创　始　人	出　身
林泉兴	林圆:林妈谅之父	商人:林圆入彰化县学
林恒茂	林绍贤	经营盐馆;父勤文业农
林万兴	林万兴(林狮祖父)	商人?
恒隆号	林福祥或其父	林福祥为职员
振荣号	林文澜	商人
翁贞记	翁敏	商人
高恒陞	高指一(高叶),父高锺岗?	商人、官绅;子高福即职员高廷琛(瑛甫)
益和号	黄巧?	
许扶生号	许扶生	商?
范殖兴	范天贵? 范克恭先人	商人
黄珍香/黄利记	黄朝品(1829—92)	温陵望族,经商及开垦土地
陈和姓(陈源泰)	陈长水(陈清淮)	商人
恒吉	陈耀(陈清水?)长水之弟	染料业商人
怡顺号	陈讲理?	
陈泉源	陈世德	
陈振合	陈源应与陈驳龙合资	商人
陈恒裕(陈恒丰、陈和裕)	陈梯先人	商人
陈振记/陈荣记	陈大彬	商人
陈建兴	陈鸢飞之先人	商人
陈协丰	陈廷桂(萍)(1794—1869),清末管理人陈霖池	商人
金瑞吉	曾寄之父;清末管理人曾云兜	商人、地主(曾崑和)
德兴号	曾德兴	
郭怡斋	郭恭亭	小商人
集源号	陈一新之先人;清末管理人曾呈谦	商人
集顺号	潘瑶三兄弟合股	商人?
万成号	咸丰年间为曾兜	家资十余万
源发号	杨忠良? 杨君璇先人	商人?
叶源远	叶㷷(其厚)(1799—1858)	祖父尚贤初在中港经营杂货业

店 号	创 始 人	出 身
郑恒利	郑国唐?（1706—85）	商人
郑永承	郑崇和	父国唐经商
郑恒升	郑用鉴（1781—1857）	父崇科在后龙开张恒和号
郑吉利	郑用钰（1794—1857）	
郑利源	郑用谟（1782—1854）例贡生	
郑同利	郑允生（1758—1824）	商人? 三世程材恩贡
郑合顺	郑龙珠与郑龙瑞	
郑卿记	郑文尚（郑公侯）（1771—1823）	祖父、父亲务农
郑荣锦	郑思椿	商人:维藩为举人
魏泉安	魏绍兰、魏绍华	
罗德春	罗正春?	
姜华舍	姜荣华	始祖务农,二世姜秀鐀道光六年耕商
兴利蔡记	蔡文夥	在新埔街也有店铺?
德和	林?	
胜兴号	王亮	

资料来源:林玉茹:《清代竹堑地区在地商人及其活动网络》附表二《清代竹堑城郊商资料表》

当然,郊商出身的行业只能从总体上说明郊商筹措贸易启动资金的来源,因为馈赠、婚嫁、遗产等资金转移方式也可能带给郊商必要的启动资金。

从上述郊商出身行业来看,清代郊商在从事海洋贸易前的经济身份颇为多元。而此后成为专营批发商的郊商,则意味着向海洋发展使他们在事业上迈上了一个新的台阶,成为沿海地方社会商业阶层中的佼佼者。事实上,从资本运作的角度看,无论何种行业,积累一定财富后,经营者都面临着如何使财富保值增值的问题。台海贸易利益巨大,必然成为闽台沿海地方社会中谋求更高利润的经济力量的首选。

2. 运营资金

海洋贸易持续不断的进行所需资金相当庞大。除海洋贸易本身所获利润的再投资外,郊商也需将投资其他经济领域所获收益不断投入海洋贸易。

典型的事例莫如郊商购买土地进行农业投资，再以农产品作为贸易商品谋利，这将在下面详细讨论①。

除自有资金外，郊商还可从所处的商业环境或政治社会环境中得到运营资金。当然，这些所得资金不仅有郊商主动的筹措，也有被动接受。

（1）合股、插股。这是郊商壮大运营资金较常用的方法。如泉州郊商黄时芳与人合股郊铺生意。

> ［乾隆十五年（1750）］九月，家楼哥招"旧锦镇"合伙生理，家楼哥出银三百二十两，余自己出银一百一十两，捷哥府上寄到一百，又自己家纺织存银十两，共落在"旧锦镇"中长利，作三份开，楼哥、德哥及余各百馀员。②

鹿港郊商许志湖家在泉州开设的郊铺"春盛号"则与泉州"有益号"内所阿合股生理，与鹿港"振成号"王金波合股开张"振丰成"号生理。

> 而咱前信有题〔提〕及，与有益内所阿合为生理，出本银二五〇元。而咱春盛要拈者，须当蛤〔结〕合约字三纸，各执一纸为据。其内地之人，各以〔己〕均安，以鹿诸人，须当自保惜为一，以与内地诸事，不免介类。诸事艸匕，余无尽禀，并请〔印记：谦和〕
> 尊安纳福
>
> 　　　　　　　　　　　　　在外高厝儿经烟书
> 双亲大人仝阿叔暨家中大小廉〔康〕安丙申蒲月拾五日〔印记：谦和〕③
> 刻鹿晨下米价直升，时兑三·七二元，费外，乃因近来日出日短，更且台南北争运，致之如断。咱所配之米，如未兑，幸即起栈，切免虚卸。

---

① 见第四章第一节，"海陆互动"。
② 黄文炳：《龟湖铺锦中镇房黄氏族谱》，载陈支平主编：《台湾文献汇刊》第7辑第16册，第421页。
③ 林玉茹、刘序枫编：《鹿港郊商许志湖家与大陆的贸易文书》，第112页。

揣终来之米价,决难多分之卜也。轻市各色俱有转局,前信请办之货,据台云及,甯〔波〕生理无与厦来往,按无处可采,不然祈就咱振成之额,托固活源号为可也。……至于咱振丰成生理,时甚价市,货物消纳甚多,碍咱若自办,不能接兑,故盼老台为办,多少相兼是耳。……

上

仆金波

志湖老台台鉴　　　　　　　　丙申瓜月廿二日泐〔印记:振成兑货〕①

从上面引文可知,合股是郊商取得运营资金的重要途径,当然也可以降低经营风险。合股郊商一般都有经营权,能够根据的利益组织管理贸易活动。

与合股相比,插股一般只是为了获得收益,属于一种投资行为,如"詹裕顺号"王元插股"东益号",其欲抽取股份并股息,"东益号"则因与"春盛号"合股生意,故去信告知鹿港许志湖。

兹因詹裕顺号王元官前年有落敝东益财本一股,七·〇平,五〇〇元。迨至去冬敝东益正号,就本并得息一齐缴落敝东成。刻承渠云,今冬至终如结账清楚,思欲抽去财本长息,原股缴清,叔台照落,未卜遵意如何,乞祈大裁回示,方好握算,至切至切。……②

合股、插股是郊商较常用的运营资金筹措手段,这在清代金融体制不完善的大环境下,不失为一个有效而安全的融资渠道。

(2)生息银两。"生息银两"是交由清代郊商贸易获利而后收取利息的资金,有来自地方官府的财政款项,也有来自社会公益事业的经费。

甲、官府的"生息银两"

清朝于雍正时期便实施了通向全国的"生息银两"财政制度,其旨在

---

① 林玉茹、刘序枫编:《鹿港郊商许志湖家与大陆的贸易文书》,第158页。
② 林玉茹、刘序枫编:《鹿港郊商许志湖家与大陆的贸易文书》,第238页。

通过官银增值来补贴照顾官员兵丁。至于"生息银两"的增值办法和应用的营运项目，则由有关部门自行决定："或置房招租，或贸易取利，任其滋息分用"①。

清代郊商从事的海洋贸易获利丰厚，官府遂常将"生息银两"交由郊商贸易获利而后取息。如道光时，徐宗干在《水师口粮议》中提及的发台"生息银两"。

> 查前镇爱奏请筹拨司库款银十万两，发台生息，以资台地各营出洋捕盗口粮一款，府城各户领银六万五千两、鹿港行郊领银三万五千两，分别于嘉庆十一年十一月起息；每年应征息银一万二千两，遇闰加增一千两。各前府按年征息，初尚殷实，完缴如额；后渐悬旷，官多代赔。今则疲户甚多，完缴不前，悬欠甚巨。②

除由省级财政拨发的"生息银两"外，一些地方官府也将一些税收交由郊铺生息。如新竹县的城工店税，自同治十年（1871）即交由郑恒利等六家郊商行号轮流收租生息。

> 特授新竹县正堂加二级纪录十次叶，为谕饬据实禀复事。卷查本邑城垣自道光九年间城工完竣，清出新旧北门内及旧西门内等处旧堆房基址起盖瓦屋十一间，每年租银二百四十八元，经同治十年间前淡水厅陈谕饬董事郑恒利、林恒茂、郑恒升、李陵茂、翁贞记、吴万吉等六户轮年管收店租生息，以备岁修城工之费。现在城垣因岁久失修，以致坍塌甚多。此项屋租及历年生息，自必积成巨款。刻下正值兴修之际，亟应清查存款。除分谕查覆外，合行谕饬。为此，谕仰该董事某某立即遵照赶将轮管城工店屋历年收租生息银两，现存何处？共有若干？逐细

---

① （光绪）《大清会典事例》卷一二一三，《内务府·恤赏》，《续修四库全书》编纂委员会编：《续修四库全书》第802册，上海古籍出版社1995年版。

② （清）丁曰健：《治台必告录》卷四《斯未信斋存稿》，《台湾文献丛刊》第一七种，第306页。

按年按款明白据实开单，限即日内迅速禀复赴县，以凭察夺，毋稍迟延。切切特谕。

一、分谕城工董事郑恒利、林恒茂、郑恒升、李陵茂、翁贞记、吴万吉。

光绪十九年（1893）四月初四日，承工总吕祥。①

而同治十二年（1872），凤山县则将充作书院生员应试之水租交由郊商存储生息，并且制定了相应的经费管理规定。

查前项水租，先奉宪饬以抽收太重酌议减轻，分别定章，详明立案。当经本摄县遵照酌议，所有此项水租，如于年内完纳者，每甲收银二元二角；次年正月以后加抽三角，四月以后加抽六角。赤山里照旧抽收，毋庸更议。牵匀计算，每年约减收银九百元，实尚收银二千八百元。前项收费辛工、香油各款，共需银二千元，均系必不可少，应准照旧开支。总理辛工、杂用，年定银二百元。统除以外，仍有赢余银六百元，应请拨充宾兴经费，为卑县各生员晋省乡试之需。此款，自同治十三年起，定限每年于五、六、七三个月内，分期由该圳总理全数缴清。所有衙门内外一切陋规，概行永远革除，不得另设名目加增私索，以恤民艰。综计该总理全年出纳之数，有盈无绌，固不准于修圳工程草率偷减，亦不准于应缴宾兴一款拖延短缴。自此以后，该圳总理如囤水懒惰，业佃告发，或侵吞宾兴经费，逾限短缴，均即饬革追办，不准复充。倘办理妥协，并无过误，亦不准地棍、土豪营私舞弊，牟利钻充。即有事故，应行另举更换，必须择就地殷实之户，自有田业坐落该圳，确于圳务熟悉情形者，方许充当。每年修筑工竣，着该总理具禀报县，即由卑县轻舆减从，亲赴该圳巡阅一次；一切夫马需费，概行由官给发，毋庸该总理费用丝毫。至宾兴经费，于体恤寒峻之中，实寓造就人材之意。惟生员中亦有殷实之家，自毋须与穷儒争此薄利，亦经分别定章具详各在案。兹奉

① 《新竹县制度考》，《台湾文献丛刊》第一〇一种，第92页。

前因，合亟勒石以垂久远。须至勒石者。

计开宾兴经费六条：

一、此项经费定限每年于五、六、七三个月分期缴清，逾限一月，准由书院监董禀请，将总理斥革追办。

一、此项经费应交何家郊行代收存储、如何生息，由监董自向议明，禀县谕饬承办。

一、应试生员，每名给发洋银二十元。其家道实在殷实者，有志观光，尽可自备资斧，此项经费，概行扣给，以臻实惠。

一、冒领银两，并不赴省应试者，查出加倍追回。其临时或有患病等事，不能应试者，应令告明监董，缴回领款，仍交郊行存储。

一、每届乡试之年，应试各生员先赴监院处报名，公议实须给银者，造册报县。由县列单谕饬郊行照数按名给领，仍取领状汇缴存案。

一、此项经费，每科除给领后，如有盈余，存俟下科凑发，毋论官绅，永远不准挪移别用。如违，惟该郊行赔偿。

同治十二年十二月日立。①

对于官府存储的"生息银两"，郊商在使用时每年都要缴纳生息利银，并且官府要讨回本银时，也需要尽快完缴。这些要求甚至写进了郊商组织的规约中，如同治订立的《鹿港泉郊规约》中便出现了这样的内容。

自昔遗下所欠国帑一千七百两，每年缴纳生息利银，必须年清年款。如逢列宪要追母项，严行急切，议就各号先需缴完，不得推诿。此系国帑关重，各宜自慎。②

在实际经营中，官府的"生息银两"常因社会经济形势的变化，如郊商中落等，成为病官病民的负担。如道光时，徐宗干便谈到这个问题。

---

① 卢尔德嘉编：《凤山县采访册》壬部《艺文》（一），碑碣·宾兴木碑，《台湾文献丛刊》第七三种，第350—351页。
② 《台湾私法商事编》，《台湾文献丛刊》第九一种，第25页。

各前府按年征息,初尚殷实,完缴如额;后渐悬旷,官多代赔。今则疲户甚多,完缴不前,悬欠甚巨。①

乙、社会公益事业的经费

社会公益事业所需费用多由社会上比较富裕的阶层捐助而来。在闽台沿海社会,这些经费除交专人管理外,有的也交由郊商存储生息。如乾隆四十五年(1780),鹿港巡检王坦捐建敬义园,经费则交由鹿港泉、厦郊生息。

王坦,浙江会稽人,由监生议叙,于乾隆四十二年,任鹿港巡检。时北路理番同知衙署在彰化县治内。鹿港商艘往来,俱由巡检查验出入。坦在任三年,积有余赀,悯寄籍鹿港者死无葬地,遂自捐金购旱园数段,置为义冢,听人安葬。将解任,又捐白金千员,交泉、厦郊商生息,置买田产店屋。择一谨愿者,司其出入,名敬义园。以年所得息,施舍棺木及修桥路等费,皆义举也。前因办理未妥,少有侵渔。距今五十余年,生息颇多。②

澎湖义仓在筹建时,也有人建议将义仓储米赈济灾民后的盈余,可交给郊户存储生息。

无已有一说焉,择市镇高燥之地,起盖仓厫,不惜重费,务期完固;于秋收粟贱时,向台地买粟存贮。俟青黄不接、民食艰难时,而后照本平粜;或于极贫者,减价出买;或视孤寡无依者,量加赈济。事讫之后,统计得价几何,择郊户之殷实可靠者二三家,领此本银,量收其一分或五、六厘之利。转瞬秋收又届,仍悉数买谷收仓。如有不敷,则官民量

① (清)丁曰健:《治台必告录》卷4《斯未信斋存稿》,"水师口粮议",《台湾文献丛刊》第一七种,第306页。
② (清)周玺编:《彰化县志》卷3《官秩志》,"列传",《台湾文献丛刊》第一五六种,第106页。

力凑捐，以符原额。倘不能凑捐，亦当就本买谷，不必贪图出息，致蹈前车之弊也。①

对于郊商而言，这些来自社会的资金，因其数量和频率都不太高，故此对郊商贸易运营不会有太大的影响。郊商接受资金的行为本身也具有贡献社会的公益意义。

（3）婚姻

对郊商来说，通过婚姻获得运营资金也是一条途径。限于史料，我们见到的这方面的直接材料并不是很多，但从常理度之，姻亲之间在必要时的资金筹措应是较为常见的，因此，我们或可从郊商之间的姻亲关系略窥其一斑。如《淡新档案》中保留了一些郊商姻亲关系的记录。由表 3-1 可知竹堑地区郊商相互联姻的状况。

表 3-1

店　号	联姻商号（世代）
王和利	林恒茂
王义记	郑卿记(7)
李陵茂	(1)：陈泉源；(2)：郑恒利、林恒茂、林同兴、吴振利?、吴銮镒；(3)：郑恒利、林恒茂、郑卿记?郑恒利、何昌记?；(4)章波记、何锦泉、郑恒升、魏泉安、陈恒吉
曾国兴	郑吉利
林恒茂	(1)：高恒利?
郭怡斋	(3)：陈泉源、曾益吉、郑恒利；(4)郑卿记、吴金兴；(1)何顺记?、郑卿记、叶源远
郑恒利	(3)：罗德春、翁贞记；(4)：李陵茂、吴振利、陈悦记、林恒茂、高恒升?、何锦泉、郭怡斋；(5)陈悦记、李陵茂、林永陞、陈泉源、吴振利、林同兴、黄珍香、魏泉安、曾昆和、高恒升、翁贞记
黄贞香	(2)周茶春、(3)叶源远
魏泉安	郑卿记

资料来源：林玉茹：《清代竹堑地区的在地商人及其活动网络》，第 336 页。

① （清）林豪编：《澎湖厅志》卷 2《规制》，"仓庾·义仓"，《台湾文献丛刊》第一六四种，第 73 页。

表中可见,郊商李陵茂、郭怡斋、郑恒利等三家郊商的姻亲关系最为详细,并且都以其他郊商为主要的联姻对象。姻亲关系的这种特征是否会对其贸易运营产生影响呢? 答案是肯定的。如道光十三年(1833)以前,荣陞记借银元若干予姻亲姜秀銮。[①] 又如,同治年间吴士敬(吴振利)以地契向其姻亲李陵茂号与郑恒利号质借。[②]

二、贸易帆船与郊商的海洋贸易

船舶是(直接或间接)海洋活动群体的基本载体,因而海洋贸易就可以看作是商业和运输帆船的结合。清代郊商以海为媒,贩运瀛海,博取重利,通过不同的方式将批发贸易与海上运输结合起来。因之,郊商的海洋贸易的前提首先就必须是确定与贸易帆船的经济关系。郊商与海上贸易帆船赖以结合的经济关系有三种:所有、雇佣与委托买卖,它们的表现形式分别为自置船只、雇佣船船、待船运输。郊商与贸易帆船间不同的经济关系很大程度上决定了郊商经济活动陆海特性之间的比重。

1. 雇船与自置船

宋元以降,泉、漳相继成为中国海洋发展的重心,造船操舟、扬帆贩海逐渐成为这些地区基本的生计模式。历经"迁界"浩劫,清康熙开海后,漳泉沿海民人再度造船贩海,在恢复国内传统海上贸易网络的同时,也在台湾移民和贸易的推动下,源源不断驶往台湾,将闽南海洋社会经济力量扩展至台湾的沿海。在这种形势下,早期往来台海两岸的商船多为漳泉商人所有,黄叔璥在康熙末年也已指出"海船多漳、泉商贾"[③]的现象。

19 世纪 30 年代,德国人郭士立曾三次游历中国沿海地区,他也注意到台湾"贸易非常活跃,但主要都操在福建商人手中。他们贷给农民资金,以便耕作稻田和种植甘蔗",而且"严格地说,这个岛(台湾)是没有自己的船

---

① 《北埔姜家文书》,《台湾古文书集》(一),13 册,1404 号。载林玉茹:《代竹堑地区的在地商人及其活动网络》,第 338 页。

② 《淡新档案》,22222—45 号。转引自林玉茹:《代竹堑地区的在地商人及其活动网络》,第 338 页。

③ (清)黄叔璥:《台海使槎录》,《中国地方志经济资料汇编》,第 719 页。

舶的;所有的船舶均是厦门商人的财产"。① 所谓"均是厦门商人的财产"，郭士立可能主要指的是厦门往来台南的商船。

但是,台湾移民社会时期,郊商多来自闽南沿海,具与闽南传统海洋经济着极为密切的关系。所谓"携本而来,寄利而往"、"远贾以舟楫运载米粟糖油,行郊商皆内地殷户之人,出赀遣伙来鹿港",叙述的就是这样的事实:因应台湾早期开发的社会现实,台地郊行或为闽南沿海商人"出财遣伙"②来台开办。此外,后来也出现如鹿港郊商"林日茂"、台湾嘉义县蔡氏郊商这样在移民台湾致富后从事台海贸易的大陆移民。从早期文献及台湾开发过程看,大港市的郊商应以"携本而来"的为多。这种闽台两地资本运营上的特殊性使得台湾的闽南郊商与商船的关系出现自置与雇佣纠合在一起的现象。自置船只并不排除郊商雇佣船只。因商船多在内陆制造,而由于风信、潮流等天文、水文的不定因素,船只很难确保航期准确,这使郊商完全依赖自置船舶运输难度很大,所以郊商与贸易商船的自置或雇佣的经济关系常在郊商身上呈现即抱合又分离的状态。因此,我们在郊商史料中处处可见的"配运"两字也不完全说明郊商雇佣商船贸易的经济关系,它更多地表明郊商多为坐贾批发商的经营状态。

郊商与商船经济关系的特殊性在台南、鹿港等大港口城市尤为突出。如嘉庆初期蔡牵起事,台湾府郊商可以调集船户、水手抵御,这似乎显示郊商对商船的所有关系。

> 十二日,贼攻台湾府城,至城下驾梯而上,城内竟不自觉。适商人登城瞭望,乃大声疾呼,纠人拒守。幸商郊调集各船户、水手,每船得二三十人,共有千余人,合民勇数千,立杀贼丑五六百名。③

---

① ［德］郭士立:《中国沿海三次航行记》,福建人民出版社 1982 年版,第 174 页。

② （清）周玺编:《彰化县志》卷 9《风俗志》,"商贾",《台湾文献丛刊》第一五六种,第 290 页。

③ 《清经世文编选录》附录三,"条陈闽省贼匪情形疏",《台湾文献丛刊》第二二九种,第 83 页。

又如道光中叶,徐宗干在《会镇请设太平船装载兵骸并运送马匹议》中谈到郊商与船户的密切关系:

> 当经饬据台协吴护副将等覆称:传集郊行详商妥议,佥以此事总须新造一船,载骸而去、运马而归,方能兼营并顾;尚须酌带货物,津贴舵水工伙并随时修葺之需,仍请免配官谷、军料、人犯差事暨台、厦各口挂验规费。其造船之价,需番银四千元;有船户祝荣归愿认其半。①

船户祝荣当为"倚行发售"的郊商船户。官差需要用船,要请郊商商议才能成行,此可见府城郊商对商船或有所有关系。而在另一份奏议《会镇请筹款防洋议》中,徐宗干曾欲调动府城郊商船只"协同防堵"未果。

> 虽有应征息款,既存者历任挪垫公用,尚待清厘;现征者领户半皆凋残,莫能足额。至于商郊更多疲敝,雇其船只协同防堵,多方推诿,更非咄嗟所能猝办。②

此处直陈是"雇其(郊商)船只",似乎更清楚地表明船只为郊商拥有,但也很可能是因为台南郊商对商船的巨大影响力才如此说。从姚莹的见闻中,我们更清楚地看到郊商与商船合作关系的特殊性,因为船只属于漳泉人所有无疑,但并不代表郊商多雇船贸易。

> 若台地本无造船之商,亦无运米之商,所云郊商者,不出郊邑,收贮各路糖米,以待内地商船兑运而已。此坐贾,非行商也。故无肯以重赀

---

① (清)丁曰健:《治台必告录》卷四《斯未信斋存稿》,"会镇请设太平船装载兵骸并运送马匹议",《台湾文献丛刊》第一七种,第328页。

② (清)丁曰健:《治台必告录》卷四《斯未信斋存稿》,"会镇请筹款防洋议",第308页。

至内者。如内商不至，则台商坐困，官亦无从着力也。①

姚莹的看法只显示台湾地区的郊商经营形态，不能显示郊商与商船的所有关系。

台湾进入移民社会后，由前期"多是大陆的殷商"，到"后期逐渐有本地商人参加"。② 此后台地郊商自置船只的现象应逐渐增多。如咸丰八年（1858），"台郡天公坛捐缘碑记"也记载曰：

> 泉、漳、厦郊诸船户敬捐缘金列左：
>
> 金源隆三元。金义安、金荣春、金荣利、金利发、金复兴、金万发、金万福、金同茂、金开泰、金泉顺、金津裕、金燦兴、金福成、金洽兴、金万利、金全春、金洽春、金长成、金庆发、金联顺、金德茂、金庆益、金源利、金万镒、（下省略船户名）
>
> 咸丰八年岁次戊午孟春月穀旦，本坛董事职员郑川泽立石。③

总共约有93个船户名称镌刻其上，可见台南郊商置船之多。但很可能船只仍在漳泉制造，如咸丰九年（1859），台南下（厦）郊船户订立的《船户公约》：

> 易操舟楫之利，达诸四夷蛮貊。虽云舟车所至，实由人力所□。兹我同人，船只来台，贸易必经打狗诸港，凡遇风帆不顺，出入必以竹筏导头。历古□□□因□人与我船伙，偶有萑□，然□□□以□须□□□怨□共济之大节，不肯为我船导头。爰集我同人，特申禁约：□后凡我船来□，倘遇风帆不顺，尚在港外，岂能□□坐视，袖手旁观？所□□□□□

---

① （清）姚莹：《中复堂选集》之《东溟文后集》卷7，"覆曾方伯商运台米书"，《台湾文献丛刊》第八三种，第135页。

② 陈孔立着：《清代台湾移民社会研究》，第181页，

③ 《台湾南部碑文集成》，"台郡天公坛捐缘碑记"，《台湾文献丛刊》第二一八种，第673页。

并□□塞港之弊，同列条规于左：

一、凡我下郊诸船只到港，遇风帆不顺，尚在港外，旧例原系竹筏导头；倘□人不肯，我同人有先到港内者，务须驾驶三板向导；倘三板不合用，宜借竹筏自撑向导。负约者，公议罚戏一台，灯彩一付，以儆将来。

一、凡该□钱，项就各港□同船，按担均摊，不得推诿；违者公罚加倍。

一、凡轻船下沙重，到港须□上岸，不可私行就□卸下□□港路；违者罚戏一台、灯彩一付。无稍私宥，其永远率循，毋替！

咸丰九年桐月（缺）日，仝立各约。总爷□□□、□□□、□□金椗春、厦门金进发、□□金□进、到□各港等。①

其中有商船名为厦门金进发，按照清代船只建造的管理规定，这代表此船籍为厦门。

鹿港泉郊、厦郊也有与台南类似情况。如道光中叶，因台民卢允霞鼓动鹿港郊商反对商运台谷一事，台湾道姚莹曾提及泉郊船户：

各商船户，惟泉郊数人稍稍附之，余皆已悟其奸，有赴厅控其假公敛费者。②

上文中以"泉郊"称之，则显示两者贸易合作上的密切关系。迄乙未割台，进行台海贸易的帆船虽然仍多在漳泉制造，但基本都为鹿港郊商所有。如鹿港郊商许志湖，据台湾总督府档案和许家文书，其所雇佣的鹿港贸易帆船都在泉州制造。③　这与淡水社船的情况比较类似。

同治十年（1871）所修《淡水厅志》也明确记载台北郊商自置有船只。

---

① 《台湾南部碑文集成》，"船户公约"，《台湾文献丛刊》第二一八种，第 676 页。

② （清）姚莹：《东槎纪略》卷一，"筹议商运台谷"，《台湾文献丛刊》第七种，第 28 页。

③ 林玉茹、刘序枫编：《鹿港郊商许志湖家与大陆的贸易文书》，第 49 页。

有郊户焉，或瞨船，或自置船。①

更详尽的记载来自艋舺耆旧对于郊商的口述回忆。其中较详细地记叙了日据台湾前后艋舺北、泉郊自置商船情况：

王益兴，主持人王则振，俗称马悄哥，北郊，在顶新街，为当时船头行之首，大小北均经营，有自备船只；

洪合益，主持人洪腾云②，北郊，在土治后街，有自备船只，势力雄厚，不亚于王益兴；

张得宝，主持人张秉鹏，北郊，在厦新街，财富甲于艋舺，谚称："第一好张德宝"，有自备船只；

庄长顺，主持人庄朝宗，兼营泉、北郊，在布埔街，与前三行齐名，备有船只甚多，乃其全盛时期，适值中法战争，日据前一年结束；

吴源昌，主持人吴志，北郊兼营福州货；子吉甫继其业；吉甫亡故，聘族人吴金院主持，日趋式微；

何大昌，主持人何星，北郊，在夏新街，规模甚大，为一流船头行，后兼营染料；

安记，主持人李老番，北郊，在旧街，自备船只，颇有名，略逊何大昌；

荣发，主持人陈荣华，泉郊、在欢慈市街，有船只，后改营造酒，船头行遂废；

白棉发，主持人白其祥，亦称隆发头，北郊，在顶新街，安溪头人。原经营染房，船头行为其兼营，有无船只，不详；

吴成兴，主持人吴章妹，北郊，在土治后街，自备船一两只，曾一度繁荣，日据后渐次衰颓；吴章妹亡故后即告结束；

恒德，主持人叶允文，北郊，在旧街，有船只，多寡不详。并营染房，以"恒德浅布"著名；规模不大，日据后二年结束；

顺益，主持人王植禄，泉郊，在顶新街，有船一两艘，贸易额不大，日据后

---

① （清）陈培桂编：《淡水厅志》卷一《风俗考》，《台湾文献丛刊》第一七二种，第299页。
② 《台湾通史》有传，为米郊，见连横：《台湾通史》，第523页。

未几结束；

建发，主持人欧阳长庚，北郊、在土治后街；有船数艘，以进口纸类为大宗。资本雄厚，日据后仍活跃一时，后以失明，由子掌持，渐告衰落；

永成，主持人王道旋，北郊，在旧街，船只数量不详。日据后仍颇兴盛，兼拥有（竹+敢）商协成号；道旋逝世后，由子继承，终告歇业，为艋舺最后一家船头行；

源吉，主持人吴吉山，与吴源昌第二代主持人吴吉甫为昆仲。北郊，兼经营福州商业，在半路店街，有船两艘。日据后，贸易额仍颇可观。民国十年左右似尚存在。①

在艋舺耆旧的口述回忆中，多称实力雄厚的郊行为"船头行"。何谓"船头行"？有学者认为自置船只是船头行的重要标志，"凡资本雄厚，自备船只，独家采购，自运自销者，称'船头行'"。② 这种看法大概源自吴逸生和陈梦痕的记述。前者在《艋舺古行号概述》记叙道："艋舺的地盘完全为三邑人所占，不消说，一切商业大权也落在他们手里，他们所经营的以船头行居多，虽有其他行业，但远不及船头行。……船头行可以分成几种派别，这些派别他们称为'郊'，这'郊'等于'帮'。"③后者在《台北三郊与大稻埕开创者林右藻》中定义更为明确："又因货品种类、个别之不同，如积儎船上之货物，其独家采购者，则称为船头行，此等商行多有郊之组织。"④但在两人的记述中，并没有明确船头行一定拥有船只。事实上，前述所引艋舺泉、北郊中，"白棉发"虽为船头行，但却不详有否船只。1910 年出版的日人调查书认为："船头行是行郊中特殊的一种。它直接在到港的船上包买各种货物，把这些货物卸卖到文市；若是零售的船舶，就直接（以零售价）买进，这就称为船头行。"⑤其中并未明确郊商与运输船只是否具有所有关系。它

---

① 吴逸生：《艋舺古行号概述》，《台北文物》第九卷一期，第 266—267 页。

② 卓克华：《清代台湾行郊研究》，第 320 页。

③ 吴逸生：《艋舺古行号概述》，《台北文物》第九卷一期，第 2 页。

④ 陈梦痕：《台北三郊与大稻埕开创者林右藻》，《台北文献》直字第 9、10 期合刊，第 117 页。

⑤ 《台湾私法》第三卷（上），第 212 页。引文译自同门李冰，不胜感激。

只显示,所谓"如积傲船上之货物,其独家采购者",应指的是"包买",即能买下整船各种类别、不同规格货物的郊商。这种郊商财力相当雄厚,因而判定船头行的标准,主要是郊商购置货物的实力。置造海船投资不菲,①一般而言,只有财力比较雄厚的郊商才能拥有自置船只。因而我们或可以这样认为,能够自置船只的郊商应当是船头行,但船头行不一定都自置有船只。

此外,在一些地区性港口城市也有郊商自置船只,如竹堑郊行陈协丰、金瑞吉、郑利源等都自置有商船。②

清代竹堑郊商自置船只统计表

店　号	原籍	店铺或居所	创始人	出　身	成立时间或文献始现年	行　业
振荣号	同安	米市街	林文澜	商人	咸丰年间	郊商:布料杂货、米商兼制造花生油。船金顺安
陈协丰	同安	崙仔庄	陈廷桂（萍）（1794—1869),清末管理人陈霖池	商人	嘉庆十八年?	郊商:自置船
金瑞吉	同安	后车路街	曾寄之父;清末管理人曾云兜	商人、地主（曾崑和）	嘉庆十五年;曾益吉乾隆四十二年已出现	染布业;自置船只
郑利源	同安	水田街	郑用谟（1782—1854)例贡生		道光中叶?	布商、苎商、樟脑商。置船。光绪十九年设脑栈

资料来源:林玉茹:《清代竹堑地区商人及其活动网络》,附录二《清代竹堑郊商资料表》,第405—406页。

---

① 康雍时期,一般载重在千担之上的商船,造价已在"千金"之上,随着时间推移,物价变动,商船造价只能更昂,这对船户是一笔很大的投资,参见陈国栋:《清代中叶厦门海上贸易》,第80页。道光十三年(1823)的《厦门志》载:"造大船费数万金",这应该指的是洋船,参见《厦门志》卷十五《风俗记》,第512页。

② 林玉茹:《清代竹堑地区商人及其活动网络》,附录二"清代竹堑郊商资料表",第405—406页。

但总体看,因贸易量有限,拥有自置船的竹堑郊商数量很少,他们大多采取的是雇船配运的经营模式,即使是郊商自置的商船,其载货量也比较小。

澎湖郊商也有自置商船。如日据前编撰的《澎湖厅志》记载有:

> 街中商贾,整船贩运者,谓之台厦郊……妈宫郊户自置商船或与台、厦人连财合置者,往来必寄泊数日,起载添载而后行。①

所谓"整船",即自置船。这里展示了郊商自置船只的两种形式:一为独资,一为合资。这在闽台地区或为较普遍的现象。如道光中叶编撰的《厦门志》也记载道:

> 合数人开一店铺或制造一舶,则姓金。金犹合也,惟厦门、台湾亦然。②

漳泉沿海地区航运业(造船与运输)有着悠久历史和丰厚积淀,这为闽南郊商自置船只提供了便利。鉴于史料的限制,闽南郊商自置船的确切情况尚不清楚。借助一些口述史料与地方文献中的记述,我们或可大致了解相关的历史状况。在地方耆旧的口述回忆中,泉州地区郊商自置船只是比较普遍的现象。如泉州府宁波郊(宁福郊),"每户都有自建的大帆船——乌艚一至数艘,川驶泉州宁波间,全途计有四十多艘。每艘载重量一千至三千担,每年往返一至二次"。③ 蚶江郊商,"为了业务需要,各家置有木帆船,雇聘艄公、水手,载运本行进出物资。……珍兴、和利、晋丰等,每家均置有近千担的木帆船两艘,一来一往的川行于蚶、台之间。珍兴、和利两行郊均以一船之盈利作为行中开支,以及家庭生活之费。另一船所获利益,悉数在

---

① (清)林豪编:《澎湖厅志》,《台湾文献丛刊》第一六四种,第307页。
② 《厦门志》卷十五《风俗记》,第515页。
③ 泉州市工商联工商史整理组:《近代泉州南北土产批发商史略》,《泉州文史资料》第十四辑,第28页。

台湾广置良田，时间一长，珍兴、和利在台所购田地近数千亩，年年生息，收入颇巨。"①还有在台湾开设郊铺，在泉州开设船郊的郊商。如前引东石港玉井长房十三世蔡文由及其子章情、章凉，乾隆末年往台湾嘉义县开垦经营鱼塭，致富后，约于咸丰年间在嘉义出资让人开设"振盈"及"广盈"号郊行，经营笨泉郊生理，自己则在东石港开设"源利"号船行，置有瑞玉、瑞珠、瑞瑛、瑞裕、瑞隆、瑞琨、瑞丰、同昌、长庆、广裕、廉成、胜发、复吉、复庆、复益、复青、金湖发、金顺利等船号，川走大南大北及台湾。②

　　闽南郊商也有雇船贸易。如泉州郊商黄时芳雇船前往广东潮州府购买杉木。

　　　　乾隆二十六年辛巳五月初一日，往潮州府恶溪买杉六俵。六月，同杉船回来，遇飓风将起，收入铜赊锣澳，弃椗，一夜惊惶。明早登岸，由铜山旱路归家。③

同时黄时芳也与澎湖商船进行交易，如：

　　　　又戊寅年(1758)五月……是月，在蚶江与澎船结粟三百余担。越几日，无船到港，粟每担长五十文，除修桥外，尚长钱七千余，岂非有报之哉！④

　　海上运输对于海洋贸易的重要性不言而喻，如前所言，商业和海上运输的结合是海洋贸易诞生的前提。对从事海洋贸易的郊商而言，与贸易帆船的经济关系成为其贸易运营中最基本的经济关系，这决定了经济活动海洋

---

①　《蚶江郊商之兴衰》，《石狮文史资料》第 1 辑，第 57—58 页。

②　粘良图：《清代泉州东石港航运业考析——以族谱资料为中心》，《海交史研究》2005 年版 2 期，第 91 页。

③　黄文炳：《龟湖铺锦中镇房黄氏族谱》，载陈支平主编：《台湾文献汇刊》第 7 辑第 16 册，第 426 页。

④　黄文炳：《龟湖铺锦中镇房黄氏族谱》，载陈支平主编：《台湾文献汇刊》第 7 辑第 16 册，第 424—425 页。

性的强弱。布罗代尔曾总结道："对这些大力开展安的列斯群岛贸易的波尔多商人来说，节省租船开支只是一个十分次要的原因。自己有船，就能选择开航的日期和及时到达目的地，甚至有单独抵达的机会；自己有船，就能自由调动船长，让他执行这项或那项指令，或根据当地情况作些变通。各种商业机遇因而都掌握在自己手里。"①自置船只，或者雇佣船只，特别是前者，使郊商的经济活动与海洋发生更加积极、更加紧密的关系，使他对海洋的依赖性也更为强烈，同时海洋性也将在郊商的经济社会文化生活中得到积极的体现，促使海洋对他的生产生活方式产生更加重要的影响。

2. 待船买卖

自置船只或雇船贸易是闽台郊商与海上运输业结合的主要方式。此外，还有只进行贸易商品的代买代卖，同时收取百分之二佣金的"九八行"郊商。

"九八行"主要业务不是购货销售，只是为客户介绍商品的买与卖，从中赚取佣金。"九八行"的经营方式主要有两种：一种是介绍买卖双方直接见面做生意的，一种是代购代销而买卖双方不见面的。无论哪种形式，"九八行"每做成一笔生意，就按成交额向货主抽取百分之二的佣金，货主实得百分之九十八，所以叫"九八行"。"九八行"是俗称，一般的行铺招牌上没有写"九八行"的。"九八行"性质的商业组织广泛存在于各种行业与领域，从事海洋贸易的郊商也不例外。"九八行"郊商通常接受来港商船的委托进行待船买卖；有时，委托购销的功能在一些规模较大的郊商身上也有体现，这时郊商也就具有"九八行"性质。海峡两岸遍布"九八行"性质的郊商。台湾竹堑地区的"九八行"规模较小，并不参与海上运输，仅接受来港船户或水客的委托贩卖商品，或是代为收买土产，而收取百分之二的佣金，它们通常兼营篏铺、布铺等割店（中盘批发商）。② 如台湾新竹县九八行泉成号。

---

① ［法］费尔南多·布罗代尔：《十五世纪至十八世纪的物质文明、经济与资本主义》（第二卷），第397页。
② 林玉茹：《清代竹堑地区在地商人及其活动网络》，第126页。

九八行倪连溪，以彼非自囊店，不克派拨挑夫，请新竹知县免责

具禀人本城西门街商民泉成号即倪连溪，为签恳归责，免致误公，乞恩统归责成，以恤业商事。缘溪开张商卖，依售货物店铺，原是生理为业。从前以来，所依系是茗叶、鱼补等货；各府县地方，亦有客商倚售货物店铺，俗名九八行。而况溪铺内，并无肩挑等伙，奚堪派雇，以费生业。祈逢宫保大人复临，差事原有责成。讵知三班局谋蔡进发，索诈不遂，瞒禀溪为自囊店，致蒙谕，饬预雇挑夫。然而溪乃市井良民，守份安业。况事有专责，以防贻误。现已举充挑夫首，则差事原属挑夫首办理，岂得推诿而及于为商乎？且溪赋性愚蠢，素以生理为活，公事未谙，雇挑维艰，不但素非责成，无夫可雇，而且路途远涉，人地两疏，恐被逃夫无处根究，岂不大亏商民？非独溪受亏，有应归之咎，而宪天被累，亦不得辞其责。溪属在业商，未谙行挑，难觅妥夫，有误公事。若不签明恳免，倘有误公，咎将谁归？非蒙恩准，统归挑夫首，责成雇请挑夫，业商奚安？无奈沥情签叩。伏乞。

青天大老爷，阳春有脚，恩准统归挑夫首，责成雇请挑夫，业商有赖。万世公侯。沾感切叩。

光绪七年十一月十五日具禀人本城西门街商民泉成号即倪连溪。①

上面的禀文中，倪连溪明确区分了九八行与自囊店。自囊店需要雇佣挑夫将货物从码头运送至货栈，而九八行只是代买代卖，或接受客商倚货销售，因此其并不曾雇佣挑夫。

再如泉州地区"九八行"性质的郊商。我们主要以清末民初的"九八行"郊商为例略窥其运作。行商从远方运货到泉州，可以委托泉州的郊行代售；本地持有大宗土产的要配货到外地销售；本地持有大宗土产的要配货到外地销售，也可委托郊行代办，泉州郊行主要是自己向外地采购而在本城

---

① 《淡新档案选录行政编初集》，"第五六'红禀'光绪七年十一月十五日"，《台湾文献丛刊》第五八种，第62—63页。

经营批发,也搜集本地土产成批运到外地销售。如"申宁厦郊",就是经营上海、宁波、厦门等地生产或转手的货物;"大北郊",就是经营东北、华北的货物。两郊也将本地土糖、桂圆配出去。泉州市场上有句话"糖去棉花返",就是用土糖和棉花代表这种贸易情况。这一行业后来叫"南北土产"业。有的就兼营""九八行"",以增加收入。郊行也有专营棉纱、棉布、百货的。它们资金都比较大,没有栈房。兼营"九八行"的郊行也接受寄栈,按成交额抽取佣金和寄栈费。泉州市大商金万源号,原经营米粮发家,后来大做南北土产生意,并与两家大商珍利号,瑞裕号合做大北生意,因过去曾兼"九八行",就一直兼营下来。泉州郊行都和外地"九八行"挂钩,从那里获得市场信息,委托代买代卖。在本地接受委托外销业务,也是运到外地交该地"九八行"代售的,这样联成了一条条商品流通的渠道。上海过去是全国的工商业中心,本地郊行和上海办庄联系不用派人去也可以得到需要的商品,销售出要外销的货物。经营规模大的郊行也派人直接驻外地负责购销和报告市场。"九八行"对连接城乡、本地与外地,在商品流通方面起了一定的作用,它可以代销紧俏物资及积滞商品,供销两方都称便利。当然,实际上"九八行"的经营非常灵活,佣金也有少于百分之一的;有的暗中赚取客户的货价,如抑低货主货物的售价,抬高代销货物的价格,或以欺骗的手段升降货物的等级等等方法,获取更多的利益。更有看到有厚利可图,自己把托销的货物买下来(对客户仍说代销),待涨价时售出。正派的商人是不愿这样做的,有损于商业信誉。商誉对长久经营至关重要,也是贸易兴旺发达的保证;弄虚作假,总会被人发觉,终归会导致贸易开展不了甚至关门大吉。①

与拥有自置船或雇船贸易的郊商相比,与商船只是待船买卖的"九八行"郊商对海洋贸易的依存度并不高。上文言及台湾竹堑地区"九八行"郊商还兼营割店,进行零售业,似能说明这点。

三、贸易人员的组织

郊商进行海洋贸易时,如有自置船只,则需选择出海,他负责船上货物

---

① 陈苏:《泉州"九八行"概述》,《泉州鲤城文史资料》第三辑,第 94—107 页。

的买卖;若雇佣,则需选择船户。两者在郊商海洋贸易中都是至为重要的人员。与郊商关系密切的还有伙计,此处只讨论他在贸易活动中的功能。郊商与出海和船户相辅相成,相互依赖,"若鱼水相依"①,郊商与船户和出海结合的经济关系也就成为郊商海洋贸易活动运营的基本结构。因此,以出海或船户为主要内容的组织就成为郊商经营管理的重中之重。

1. 出海、船户及郊商

在不同的历史文献中,有关"出海"的身份出现了一些不同的记载。如有的文献认为他是船户(船主)。如康熙末年,黄叔璥这样记录海船人员的配置:

> 每船出海一名(即船主)、舵工一名、亚班一名、大缭一名、头碇一名、司杉板船一名、总铺一名、水手二十余名或十余名。②

余文仪《续修台湾府志》记载:

> 南北通商,每船出海一名,即船主。③

陈盛韶撰写的《问俗录》中则说:"船上主政名出海"④,其意认为"出海"为船上主持活动的人,则应包括航海与其他活动。

道光中叶,《厦门志》记述南北贸易船只人员的配置时,也认为出海就是船主,⑤但在他处又记述道:

> 造大船费数万金。造船置货者,曰财东;领船运货出洋者,曰出海。

---

① 《台湾省通志稿》第 19 册,第 39 页。
② (清)黄叔璥:《台海使槎录》卷一《赤崁笔谈》,《台湾文献丛刊》第四种,第 17 页。
③ (清)余文仪修:《续修台湾府志》,《台湾文献丛刊》第一二一种,第 456 页。
④ 陈盛韶:《问俗录》,台湾省文献委员会 1997 年版,第 67 页。
⑤ 《厦门志》卷五《船政略》,第 133 页。

司舵者,曰舵工;司桅者,曰斗手、亦曰亚班;司缭者,曰大缭:相呼曰兄弟。①

其他一些文献也认为出海是"船中收揽货物司账者之名"②,即主要负责船上贸易活动的人员,与商船没有经济关系。陈淑均的《噶玛兰厅志》也认为:"船中收揽货物司账者曰出海。"③

余文仪撰《续修台湾府志》在乾隆二十九年(1764)后,其内容多采自黄叔璥于康熙六十一年(1722)撰写的《台海使槎录》。《噶玛兰厅志》内容多采自1832年撰写的《噶玛兰志略》,"北船有押载者,因出海(船中收揽货物司账者之名)未可轻信,郊中举一小伙以监之,每千包米抽丰五十元,名为'亢五'"。上述相距一百多年的记录显示的一个最大不同为"出海"与"船主"的关系。两者主要不同在于:船户强调经济所有关系,出海强调经营管理关系。清代对出洋船只管理严格,一般要求船主不得将船只租与他人驾驶,因而国内贸易"出海"即船主。这当时。此后,闽台民间造船日盛,应有大量造船雇佣出海的情况出现,这可能是台湾方志中多记载"出海"与"船户"不同的原因。此外,《厦门志》中所言"出海"当时进行国外贸易的商船人员。林玉茹认为出海略同于今日之船长,但因负责贸易买卖等事务,故其职责大于今日船长④。这或是对台湾郊商贸易船只上"出海"较为妥切的看法。

出海在海洋贸易中的重要功能如上所言,为"运货"及"收揽货物司账",即主管贸易活动。海洋贸易历时长、范围广,如何最大限度降低贸易风险就成为郊商考虑的重要问题。

拥有自己船只的郊商也是船户,他可以自任出海或随船奔走;雇佣船只

---

① 《厦门志》卷十五《风俗》,第512页。
② (清)柯培元编:《噶玛兰志略》卷十一《风俗志》,《台湾文献丛刊》第九二种,第117页。另,《噶玛兰厅志》、《淡水厅志》、《树杞林志》等台北地区方志作者亦认为出海为船上揽货及司账人员。
③ (清)陈淑均编撰:《噶玛兰厅志》,《台湾文献丛刊》第一二一种,第197页。
④ 林玉茹:《鹿港郊商许志湖家与大陆的贸易文书》,第50页。

的郊商也可随船行走。这样省却了贸易营运中的信任问题,但却增加了郊商搏利惊涛的人身风险。如泉州东石开设"周益兴"的周氏家族:周佐昌"讳昇观,号佐昌,为人方正不阿,黜奢崇俭。少习水务,以舸舰为生,竭力经营,至辛苦也……综公生平险阻艰难备尝者三十余年";长子尊观(仕泰)字悠宗,号逊奕(1758—1823),自少年即随其父"胼手胼足,劳力风霜……比壮则持筹握算,经营四方谋财货,无敢怠惰";次子仕荣,字悠书,别号逊哲,同父、兄弟"奔走衣食,竭力营生,上省垣,下鹭门,持筹握算,积少成多";四子逊成(1773—1844),讳仕鼎,字悠志,号逊成,"笃于色养而家极清苦,甫弱冠即渡东瀛(台湾)泛舟贸易,以为甘旨之奉,继又往来南浦,鲸涛飓浪,不避艰险,实有古人肇牵服贾之风焉"。在频繁的贩海过程中,周家甚至付出生命的代价,如周仕荣的长子周维宁"少从父习计然,游三山(福州)抵东陵(东宁,台湾),身先少长,不辞劳顿,处兄弟如手足,事无大小必询诸父,毫不私曲,惜乎昊天不恤,竟于丁亥随船回唐沉之于澎湖沟"。①

再如泉州东石西霞蔡氏,十四世蔡自轸(1728—1793)"为人忠厚至诚,有长者风,少年操舟往台,以朴实闻。行郊中以名妓试之,公力拒……"②;十七世蔡德查(1806—1851)"弱冠时即知父母家计作艰,遂有经营四方之志,偕其伯兄德佳,泛舟南北,操奇赢,颇获三倍……"③。然而,突如其来的一场飓风,却使东石港包括蔡家在内前往福州的十数艘商船遭遇灭顶之灾。"当咸丰辛酉之岁秋七月廿六日,余时年弱冠,在塾读书。既昏,陡起暴风异常,里人惊悼,以为往省城船帮必难平安,不数日,凶信果至。乡人蒙难卒者以数百计。吾族十余人,犹其少耳。"西霞蔡氏德泰行在当时损失有德泰、兴隆、德发、捷盛四艘大木帆,死难64人。④

① 粘良图:《清代泉州东石港航运业考析——以族谱资料为中心》,《海交史研究》2005 年版 2 期,第 86—87 页。
② 粘良图:《清代泉州东石港航运业考析——以族谱资料为中心》,《海交史研究》2005 年版 2 期,第 89 页。
③ 粘良图:《清代泉州东石港航运业考析——以族谱资料为中心》,《海交史研究》2005 年版 2 期。
④ 粘良图:《清代泉州东石港航运业考析——以族谱资料为中心》,《海交史研究》2005 年版 2 期,第 90 页。

又如泉州永宁高妈禁，除开设东成号郊行外，还自置商船金丰顺号，并自任出海进行贸易，最后金丰顺号商船遭风沉没，所幸出海高妈禁无恙。①还有如咸丰十一年（1861），淡水郊商陈箴驾驶自置商船金日升号出洋贸易时，亦遭风漂至平潭，郊货船只并被劫持；②前引乾隆中叶，泉州郊商黄时芳赴广东潮州买杉木，随杉船回泉时，也遭遇飓风，"一夜惶恐"，被迫从陆路返回。

雇佣船只或出海进行贸易，跨海贸易的信任问题成为郊商的当务之急。这时，从家族姻亲或乡里中选择合作的出海或船户，以血缘或地缘关系为原则构建信任便成了郊商组织出海贸易人员的常用做法。仍以泉州东石西霞蔡氏为例，

> 蔡树澹（1794—1861），字孙霞。父早岁渡台，往南路蚵仔寮庄，以贩鱼为业……其（树澹）周家姐夫吉官，有船东渡，聘为出海，往来数遭，不辞风波，彼时稍得赢余矣……③

这里，蔡树澹被姐夫周吉官雇佣为出海进行台海贸易，体现了血缘关系在建立商业信任间的作用。实际上，更多的或许是以同乡关系为选择"出海"的首要原则。鹿港郊商许志湖之子许经烟信中的一段话较能体现之：

> 此船名号致发，皆是梅林之船。其儿前有搭敦波官信一札，未知有到。如有接者，复信来知。而前日酸边乡有一只船号顺安宝船，在内地对儿讨车额。儿不许伊，此是他澳之船，切不可俶依。④

梅林为泉州深沪湾北岸港口；车额指船只载货量，讨车额即为揽货载

---

① 林玉茹、刘序枫编：《鹿港郊商许志湖家与大陆的贸易文书》，第75、252页。

② 《淡新档案》第十册，15206。

③ 粘良图：《清代泉州东石港航运业考析——以族谱资料为中心》，《海交史研究》2005年版2期，第89页。

④ 林玉茹、刘序枫编：《鹿港郊商许志湖家与大陆的贸易文书》，第113页。

船。乙未割台，鹿港郊商许志湖之子许经烟内渡泉州永宁，开始许家鹿港——泉州自配运时期。从引文可知，许经烟在内地雇船配运鹿港时，十分强调"皆是梅林之船"，否则，便不轻易载货上船。后许志湖也内渡永宁，同时与鹿港振成号乌视（王金波）开展对口配运贸易。这时期，乌视雇船配运亦秉持类似原则。

> 以仆细想，莫如在厝设一栈行，从梅林、深沪二澳配俩，与振成对交。或者托彼为效力，均全一体，亦较为上策。……总而言之，在厝观势举行，为君别无他叙。但寄下之行李二十二件，本欲付该驾运奉，碍是他人之舟，不甚相识，况咱行李〔印记：振成〕未过装，故未敢唐突〔印记：振成〕付进。①

与之相应，许家多雇佣往来深沪、梅林的商船。以许家雇佣最多的金丰顺船为例，出海高妈禁在泉州永宁开设有东益号（东成）郊行，许经烟内渡永宁后，与父亲许志湖往来的信中称其为"妈禁叔"，由此可见两家建立起了稳定的商业信任关系。② 其他许家雇佣较多的鹿港振成号船只金建益、金再成、建成等，也主要驶往深沪、梅林两地。③ 这种航运贸易中对亲属关系或同乡关系的强调，在一定程度上保证了郊商异地贸易安全顺利的进行。

除以血缘或地缘关系为原则选择船户或出海的做法外，郊商也采用"押载"制度来制衡"出海"，确保贸易安全。如在《噶玛兰志略》中就对比记述有：

> 北船有押载者，因出海（船中收揽货物司账者之名）未可轻信，郊中举一小伙以监之。④

---

① 林玉茹、刘序枫编：《鹿港郊商许志湖家与大陆的贸易文书》，第131页。
② 林玉茹、刘序枫编：《鹿港郊商许志湖家与大陆的贸易文书》，第73页。
③ 林玉茹、刘序枫编：《鹿港郊商许志湖家与大陆的贸易文书》，第51页。
④ （清）柯培元编：《噶玛兰志略》卷十一《风俗志》，《台湾文献丛刊》第九二种，第117页。

北船,即郊商雇佣前往福州、江、浙等地贸易的商船。从文献记载看,"押载"多为台北地区郊商进行远程贸易(福州以北,如江浙等地)时所采用。在竹堑地区,郊商也用这种做法确保货物安全。如同治七年(1868),堑郊合顺号等十家郊商雇佣金长发船载货往北发卖,合顺号辛劳任押载。①但"押载"制度也有其弊端。

> 押载之弊,或以少报多,将无为有,以私饱其橐,甚而将所抽丰之项,贩货回兰,择其时尚者托为己有,以私易公,既占便宜,又或浮开货单,十止八九之价,到兰凭信原单,虽相好者照买货物,必加售其一二,辗转营私,侈然得计。②

闽台其他地方是否有"押载"制度? 在《福建沿海航务档案(嘉庆朝)》中记载有大陆商船上的"押运":

> 福州府知府陈观审看得商人郭元美等控告船户倪仲西等盗卖客货一案。缘倪仲西、倪仲灼同胞兄弟,籍隶福清,合伙置船一只,领本县清字牌照,牌名林顺发,载运为业。上年五月间,倪仲西等将船驾往涵江,揽载商人郭元美等烟丝二百七十七箱,磁碗七百连,运往浙江交卸。议定船价番银三十七员,先即交给。郭元美令伙林元洛在船押运。③

从中可知,押运与押载相同,也是为贸易安全而设,它对雇佣陌生船只进行贸易的"客商"来说,显得尤为必要。据此,除台北外,闽台其他地区进行远程贸易,但难以凭借亲属关系或同乡关系雇佣出海或船户的郊商,也很可能设置"押载"以确保贸易安全。

---

① 《清代竹堑地区的在地商人及其活动网络》,第 123 页。
② (清)柯培元编:《噶玛兰志略》卷十一《风俗志》,《台湾文献丛刊》第九二种,第117 页。
③ 《福建沿海航务档案(嘉庆朝)》,载陈支平主编:《台湾文献汇刊》第 5 辑 10 册,第 48 页。

作为商船人员组成中的核心，除基本的海上运输外，出海在郊行海洋贸易活动中还发挥着重要的贸易功能。如乾隆时，黄时芳经营泉鹿郊行，依靠出海得知市场行情。

　　又三十一年丙戌……冬十月，日湖出海郭贵哥船到鹿，道泉中油起价。①

郊货的代买代卖、市场行情的通报，甚至于贸易决策，郊商都要依赖出海来完成。

2. 伙计

除船户外，伙计是郊商贸易营运又一须臾不可离的重要成员。从笔者收集到的资料看，郊商基本都有伙计协助其进行海洋贸易活动。如乾隆时期，泉州郊商黄时芳有伙计高何官协助其往来闽台两地。又如乾隆时期经营淡鹿郊的郊商林慎亭，也十分依赖伙计的合作。

　　越年就典铺之本，再整淡水生理。作有三年，获息合余，复整鹿郊数年，亦甚得利。谢天地之庇，祖宗之灵，前乾叔所典卖房屋，一尽代他赎回。蒙伙记信任，言听计从，再整兴裕、兴盛、万顺、淡鹿三号生理，而我一人独当其任，夜以继日，无时休息。盖以伙记之相信，而我之尽职，彼此同心，各无猜忌，所以数年之间，生息亦算不少，在东家自谓成人，而我亦可为无贫矣。……②

鹿港郊商许志湖家的伙计有杨钳、但记。与许志湖家有商业关系的鹿港振成号郊商王金波也有伙计。

　　〔印记：振成〕联谊之情，免用叙文。敬启者：……但合配福省之

---

① 黄文炳：《龟湖铺锦中镇房黄氏族谱》，载陈支平主编：《台湾文献汇刊》第7辑第16册，第429页。

② 庄为玑、王连茂编：《闽台关系族谱资料选编》，第442—443页。

俩,该轻亦已兑竣,按核谅难蚀本,此条亦当结核寄奉,免介。此帮咱店
伙昆邮记俱皆旋样,乃仆按难回家,故令他先回,一二月后即速返来鹿,
仆方能旋唐耳。

上　　　　　　　　　　　　　　　　　　　　　　仆王金波

志湖老台翁　　　　　　　　丁酉贰月初九日泐〔印记:振成兑货〕①

一般而言,郊商经营海洋贸易,多培养一名伙计为心腹,信任有加,其地
位在铺中也较高。下面通过一些事例来说明伙计在郊商海洋贸易组织中的
作用及其重要程度。先以主要在乾隆时期活动的泉州郊商黄时芳为例,在
他自述中出现的伙计被称为"高合官"。高合官的活动主要有这些:

又三十一年丙戌……冬十月,日湖出海郭贵哥船到鹿,道泉中油起
价。店中无银可买。适逢许瑶官兑银回泉,排到八百五十元,高合官即
去买油八十余桶……买单利息二大元,岂非天财有数乎?②

乾隆三十三年戊子八月,忠曦由鹿港往府代我,九月,进鹿店中结
算数目,交伙计高合官等。③

采购货物为贸易经营的重要环节,收支账目更是商业运营的核心机密,
黄时芳能够委以伙计高合官这样的重任,足见双方已建立有充分的信任。

鹿港郊商许志湖家与大陆的贸易书信中记载了日据台湾初期(1895—
1897),许志湖家与鹿港及泉州郊商的海洋贸易状况。在信中,出现的伙计
不止一位,但以杨钳所起作用最为重要。许志湖将谦和号迁往泉州后,留在
鹿港的杨钳主要通过接受泉州的指示来经营许家春盛号。

---

① 林玉茹、刘序枫编:《鹿港郊商许志湖家与大陆的贸易文书》注10,第206页。

② 黄文炳:《龟湖铺锦中镇房黄氏族谱》,载陈支平主编:《台湾文献汇刊》第7辑
第16册,第429—430页。

③ 黄文炳:《龟湖铺锦中镇房黄氏族谱》,载陈支平主编:《台湾文献汇刊》第7辑
第16册,第435页。

〔印记:?〕谊及姻娅,繁文弗叙。启者:此前五月卅日□义益顺船在冲启扬,至六月三日到蚶,六月四日登岸,合家清安。如信之日乎(可)与顶犁阿姑云明,乌视老卖?□咱之事,自然听伊主裁为要务。如咱现冬之际,就将谦和租谷及数条收挨米石,一尽付固锦义配傤去,若有讨〔印记:谦和〕艮项,缴交存在锦义行内,本敝对塘〔唐〕地支理收用,千匕,毋悮。〔印记:谦和〕此达

上

春盛号　照

钳记　　　　　　　　　　　丙六月五日灯下冲〔印记:谦和〕①

乌视老即是王金波,经营鹿港郊铺振成号。信中许志湖叮嘱杨钳与王金波配合,听其主裁;又要杨钳将收来的米石买与锦义行配运,如果收到现金,就存在锦衣行中,以便他在泉州这边花销使用。许志湖将谦和号迁往泉州后,主要与振成号合作进行两岸配运贸易。王金波代谦和运输的轻货是否已到鹿港,许志湖也指示杨钳前去落实。

〔印记:谦和书柬〕兹查是帮付去清音一扎,尚未有到否?如至即回示来知。但敝一日欲归塘〔唐〕,仓惶未得行理〔李〕齐备。现在前息称云,乌视代咱办配,何船付来,若是付者免提见,然无付者,可就近乌视振成处问清白。……

愚湖

丙申荔月〔六月〕十三日具

〔印记:谦和〕②

此外,事关商业机密的事项,如春盛号的收支账目明细、讨要欠款、核对借款等,许志湖也指示杨钳及时通报。

---

① 林玉茹、刘序枫编:《鹿港郊商许志湖家与大陆的贸易文书》,第122页。
② 林玉茹、刘序枫编:《鹿港郊商许志湖家与大陆的贸易文书》,第124页。

　　而咱春盛前於〔与〕锦义、瑞兴交易之，即将今年之数及上年旧年之数项若干，可在鹿买油皮簿仔壹本，可将随条艮元平声、米石来往，抄上油皮簿仔，及瑞兴之数亦当抄上，部付内地。乃锦义之数簿，现今带回内地，要于咱过对数项，切要抄烈〔列〕付来。乃在鹿当即对厚泽舍算明，面会对除，伸〔剩〕若干，可一尽过谦和之数，即刻登。厚泽舍回过内地，方好在唐取之。而盛源、长成【号】臣求之厝税艮须当向讨，惟此帮行兄、日哥、明兄之契眷〔券〕，今亦付去。……

上

钳官老仁台焀　　　　　　　　　　丙瓜月拾九日封

　　　　　　　　　　　　　　　　　〔印记：谦和〕①

　　杨钳在鹿港除接受泉州方面的配运货物外，也从鹿港配运米石至泉州，并及时通报鹿港市场行情及核对账目等。

　　再者，六月十八日配协顺船螺米五八石，又配伙食米二·○石，记谦和账。又配建益船螺米五○石，记谦和账。此配米石、夯工、筏工财资，乌视老代理，乃锦义尚欠去米艮七九四元。现在鹿栈米价三·三八元。……

　　　　　　　　　　　　　　　　　　　　　　钳记书

　　志湖老姻伯　　　　　　　　　　丙申荔月〔六月〕二十七日具

　　　　　　　　　　　　　　　〔印记：春盛兑货支取不凭〕②

　　〔印记：春盛〕兹承锦义号厚泽官云，据蔡春波官面谕，云志湖兄在内地向他支银壹千元，平七○○两，未审有无支取，速息来知。咱号尚被锦义号欠去平一一八一·六六两，扣支七○○两，尚被欠四八一·六六两。……

　　上

---

① 林玉茹、刘序枫编：《鹿港郊商许志湖家与大陆的贸易文书》，第156页。

② 林玉茹、刘序枫编：《鹿港郊商许志湖家与大陆的贸易文书》，第138页。

弟钳

志湖老东翁台照 丙八月十弍日具

〔印记:春盛兑货支取不凭〕①

许志湖给予伙计杨钳充分信任的同时,也一再嘱其要用心经营;对其出现的可能泄露商业经营机密的失误,也及时加以纠正。

〔印记:谦和〕敬复:查前日付金丰顺船,加封振成信内,台之信一札,谅必缴交可卜矣。惟本月廿一日,接金东顺船来信一章,捧读之下,诸情均悉祥〔详〕矣。又接白螺〔螺〕米壹石,万米壹石,经以〔已〕照信查收矣。其兄台前信,批皮写交新有益收剖。此后信写交新有益,转交谦和亦志收剖可也。惟独写交新有益收剖不能用矣。但以店内诸事,切即留心营为,但弟待丰顺转棹再回鹿,亦全此船。亦是情〔晴〕天,梅【林】有妥当船,仝他船进鹿,此亦无办矣。特此达知,并请

近佳不一

上 弟志湖

钳官大人台鉴 丙申小春廿一日锦义□□

〔印记:谦和兑货支取不凭?〕②

新有益为与许家有商贸往来的泉州郊铺。杨钳给许志湖的信封上写"交新有益收剖",易引起别人误拆,许志湖叮嘱他下次要写"交新有益,转交谦和亦志收剖",这样就不致引起误会了。

杨钳虽为许志湖家的伙计,但深得信任和重用,许家更通过姻亲关系来巩固这种信任关系:他的妻子是许志湖堂兄许志狮的次女许水,他的女儿则嫁给许经烟(许志湖长子)长子许金木为妻。③ 这里,郊商和伙计之间的信

---

① 林玉茹、刘序枫编:《鹿港郊商许志湖家与大陆的贸易文书》,第162页。
② 林玉茹、刘序枫编:《鹿港郊商许志湖家与大陆的贸易文书》,第184页。
③ 《许氏族谱》,载林玉茹、刘序枫编:《鹿港郊商许志湖家与大陆的贸易文书》注10,第78页。

任原则与郊商选择出海和船户时体现了相似的原则。

3. 其他成员

郊商的贸易经营中是否只用伙计来完成各项贸易功能,限于资料,不得而知,但很可能其中大部分是由家族成员来完成的。如鹿港郊商许志湖、许志坤兄弟及许志湖之子许经烟,泉州郊商黄时芳也是由其伯父黄汝涛携至台湾从事台海贸易的。此外,地方史研究者也注意到了郊商经营家族化的特征,有的甚至认为,郊商经营海洋贸易的组织成员几乎都来自家族内部:

"蚶江郊商的特点,以其家族为基础,郊行中的一切人员如司库(仓管)、出采(驻外人员)、内柜(出纳)、出海(船上管理员)、经理以及一切勤什人员,必须在本族中挑选,非不得已,绝不雇佣外人。……至于账房一职,必须聘用有专业知识的人员担任。账房不但要负责账务,一切文牍往来,也由账房处理,因而账房人员,其工薪高人一等。"①

4. 郊商与其他商人间的合作

郊商多依赖闽台两岸的郊铺或商行进行"对交"贸易。"对交"的郊铺,有的是同一郊商开设,有的分属不同的郊商;如果考虑到郊商之间相互参股、入股的情形,则郊铺的所属问题更为复杂。多数情况下,无论"对交"郊铺所属为何,郊商都以一家或几家郊铺为主要贸易合作对象,再通过"对交"郊铺委托贸易的方式,将贸易范围扩展至其他沿海经济区域。

目前有关"对交"郊商的史料,笔者所见,多为泉台地区郊商。事实上,早期鹿厦对渡期间,台南郊商应当主要是与厦门商行进行"对交"贸易。

泉州郊商黄时芳家在鹿港的郊铺为新锦镇、旧锦镇、丰源、协澄等号,其中旧锦镇后来与人合股经营,与黄时芳在泉州开设的新桥行"对交"贸易。

庚午年廿五岁,又进鹿港代高瑞表回家,任"新锦镇"庄事。时大冬红粟价三两八,翻冬红粟四两二钱三,各大利息甚多。九月,家楼哥招"旧锦镇"合伙生理,家楼哥出银三百二十两,余自己出银一百

① 黄杏川:《蚶江郊商之兴衰》,《石狮文史资料》第1辑,第58页。

一十两，捷哥府上寄到一百，又自己家纺织存银十两，共落在"旧锦镇"中长利，作三份开，楼哥、德哥及余各百馀员。……乾隆二十一年丙子，旧锦镇与楼哥合生理，新桥行中代粜货物、办布筒。尚在丰源处银八十两，我欲少开一分利息，银有八十馀员，而楼哥坚然欲还我，我不肯受。①

此外，黄时芳家还在台南府城开设有丰泉。"乾隆三十三年……四月，陈护官在府任丰泉生理，抱病，我落府请先生与之调治参药……"

乾隆时期，在鹿港开设"日茂行"的林氏家族也在泉州设有自己的郊铺，以便进行"对交"贸易。

附片：再奴才正在封折间，适据藩司伊辙布送到二十二日所接泉州府知府张大本来禀内称：十九日申刻，有向在泉郡开行林华观之子监生林文浚兄弟二人自台回泉，随即传进署中面询。据称伊等素在鹿仔港开行生理，与理番同知衙门贴近。三月十三日四更时候，突有贼匪多人拥入理番厅内署，逢人便杀。②

从光绪时鹿港郊商许志湖家的贸易文书中，我们可以清楚地看到两岸郊商在"对交"贸易合作中的活动情况。许志湖家在鹿港的谦和号和在泉州的春盛号，永宁高家的丰盛号、东益号及东成号，鹿港的振成号、锦义号、谦顺号及顺发号，相互之间经济关系错综复杂，其中谦和号于1896年同振成号进行"对交"合作。谦和号与振成号的泉、鹿两地委托代理机制的形成，源于双方合伙做生意、合配糖至宁波或是共同购买福建商品，这建立了许志湖和振成号郊商王金波两人多年的私交和彼此的信任。如泉州永宁东益号向鹿港许志湖家开办的郊铺春盛号通报泉州市场行情。许志湖将谦和号郊行迁至泉州永宁后，与鹿港振成号开始"对交"贸易。此外，谦顺号与

---

① 黄文炳：《龟湖铺锦中镇房黄氏族谱》，载陈支平主编：《台湾文献汇刊》第7辑第16册，第423页。
② 《台案汇录己集》卷三，《台湾文献丛刊》第一九一种，第116页。

谦和号之间也开展了"对交"贸易。谦顺号经营米行、"九八行"生意，是泉州永宁高家和晋江船只来到鹿港倚行的商号，因该号曾与谦和、许友生的洽发号合办大陆的轻货，或是合运米谷至泉州，谦和号与谦顺号之间形成了较密切的关系，在许家内渡泉州后，两家开始"对交"贸易。此外，许家与志坤（许志湖之弟）女婿蔡敦波家的胜兴号和锦义号之间，因姻亲与贸易往来也在许家避居泉州后，开始两家的"对交"贸易。①

此外，郊商与水客也有贸易关系。何谓水客？道光十五年（1835）修成的《噶玛兰志略》载："台湾生意以米郊为大户，名曰'水客'"②，这里的水客是郊商。约于1910年出版的《台湾私法》并不这么认为：水客是搭乘他人帆船，前往各港口贸易的商人③。林玉茹则认为水客与郊商有区分，但随船贸易的郊商进行的也是水客的活动④。后两者观点的共同之处，是都不认为水客是郊商，因为郊商基本是坐贾。

究竟水客和郊商是怎样的关系？目前发现关于水客最早的记载出现在乾隆三十三年（1768），彼时泉州郊商黄时芳在鹿港号召水客捐资。

> 又三十三年戊子……二月十九日，龙山寺观音佛祖华诞，同会七人，余亦在其中。因要与陈家买厝二落，银五百员。为寺原有三百四十，额尚缺一百六十员，而炉主秦商官议欲将观音妈宫一座三落，写契与人典借来完陈家厝银，各人俱盖印明白。余独不肯。如是又多一事，不如我会中签题，并告诸水客随力量而捐，何等春光！于是，秦炉主先题二十员，丰源十五员，协澄六员，节次而题，及各水客一行而得一百六十三员，完此项事。⑤

① 林玉茹：《商业网络与委托贸易制度的形成——十九世纪末鹿港泉郊商人与中国内地的帆船贸易》，《新史学》第十八卷二期，第82—83页。
② （清）柯培元编：《噶玛兰志略》卷十一《风俗志》，《台湾文献丛刊》第九二种，第117页。
③ 《台湾私法》第三卷（下），第40页。
④ 林玉茹著：《清代竹堑地区在地商人及其活动网络》，第124—125页。
⑤ 黄文炳：《龟湖铺锦中镇房黄氏族谱》，载陈支平主编：《台湾文献汇刊》第7辑第16册，第432—433页。

　　上文显示鹿港郊商与水客当有固定的贸易关系，否则他们不会响应捐钱。可惜文中并未出现水客贸易活动的记述，很可能是水客经常随鹿港泉郊商船往来各港贸易。前文所引《噶玛兰志略》中也只有寥寥数语涉及水客的经营："淡、兰米不用行栈，苏、浙、广货南北流通，故水客行口多兼杂色生理。"①台湾北部水客以米为贸易商品，其一个重要的特征是无行栈，这是他与别处郊商在经营形态上最为重要的区别。因而水客虽然也两岸间进行贸易，但他们不是郊商，贸易量也较小，大概类似远洋船上的"客商"。

---

　　①　（清）柯培元编：《噶玛兰志略》卷十一《风俗志》，"商贾"，《台湾文献丛刊》第九二种，第117页。

第四章　郊行的运作与社会功能

　　清前期台湾郊商多为跨海流寓台湾的闽南海商。"家在彼而店在此"，他们多在经营一定时间后返回大陆。基于共同的社会需求，台湾郊商很可能率先成立了以"郊"为命名特征的社会组织。但郊商的社会组织与传统中国社会工商业者的组织有所不同，特别是因应台湾移民社会结构简单、统治较弱的现实，台湾郊行总体上能够发挥比较重要的社会功能，而这随郊商海洋活动性的强弱而有所不同。

第一节　郊行的运作

　　适应郊商发展的社会需求，郊行很可能是经营台海贸易的闽南沿海商人在台湾率先成立，后延伸至闽南并逐渐分化出不同种类的郊行。闽台各地郊行的运作总体呈现"大同小异"的特征，这或许与两岸同属闽南海洋文化圈有关。郊行的社会功能主要体现在社会整合方面，整合领域和程度则因郊商海洋性活动的强弱而有不同，这在台湾郊行中间尤为明显。

一、清代郊行的类型

　　清代郊行的类型较多，它们的分类原则不一而足，但都与郊商的海洋贸易活动有着密切相关。一般而言，海洋活动性较强的郊行以海域原则分类，活动性较弱的郊行则以行业或所在地分类。

1.海域分类。

以往研究郊行分类原则时，学者多注意从地缘、业缘的角度进行探讨。笔者以为，从事海洋贸易的郊商不同于陆地贸易商人。在中国商人发展史上，较著名的商人集团多以地缘为分类原则，如徽商主要来自徽州，晋商主要来自山西等，他们贸易的地区常为某一固定的城市或区域，如苏杭地区等。对海洋活动性强、实力雄厚的郊商而言，他们的贸易区域往往是以海洋贸易区域为主，跨县、跨府、跨省是其主要的特征，因而海域应是这些郊行的分类原则。下面以台湾各大港口郊行为例来说明。

台南三郊：

> 配运于上海、宁波、天津、烟台、牛庄等处之货物者，曰北郊。……配运于金厦两岛、漳泉二州、香港、汕头、南澳等处之货物者，曰南郊。……熟悉于台湾各港之采籴者，曰港郊，如东港、旗后、五条港、基隆、盐水港、朴仔脚、沪尾配运之地。①

从中我们可以看到，最早出现，实力也最强的台南北郊众商的贸易区域主要在长江三角洲沿海地区、环渤海湾地区，这基本上包括了中国长江以北重要的海洋经济区域，范围广大。南郊则将泉州湾地区、大厦门湾地区等闽南沿海重要的经济区域包括在内。港郊（糖郊）则沟通整个台湾西部沿海经济地区。再如鹿港泉厦郊：

> 正对渡于蚶江、深沪、獭窟、崇武者曰"泉郊"，斜对渡于厦门曰"厦郊"。②

台北三郊：

> 赴福州、江、浙者，曰北郊；赴泉州者，曰泉郊，亦称顶郊；赴厦门者，

---

① 《台湾私法商事编》，《台湾文献丛刊》第九一种，第11页。
② （清）周玺编：《彰化县志》，《台湾文献丛刊》第一五六种，第290页。

曰厦郊：统称为三郊。①

鹿港、台北郊商实力不如台南，更因两岸地理相近、社会文化关系相近等原因，海洋贸易范围也较台南郊商为狭。但我们依然能看到远达长江三角洲沿海地区的贸易活动。

闽南郊行出现远较台湾为迟。早期闽南郊商通过闽南传统的海上贸易网络组织货物与台湾进行贸易，在这过程中，嘉道时期开始出现也以"郊"命名的郊商组织。与台湾郊行不同的是，闽南郊行除了以台湾地区命名外，如鹿港郊、栖梧郊等，规模更大的郊行反而是以国内沿海贸易地区命名的，如宁福郊（宁波郊）就是泉州实力最为雄厚的郊行②。晚清开海后，厦门更出现了洋郊这样专营东南亚贸易的郊行组织。从有关闽南郊行叙述的一些地方文献中，我们可略窥此现象。

专营北方的牛庄、青岛、大连、天津等地货物来往之北郊（称大北），还有经营镇江、南通、温州、福州等的南郊行（称小北），如后垵的锦成、福成等号。③

经营北方青岛、牛庄、天津、大连货物的行郊称大北。经营镇江、南通、温州、福州货物的行郊称小北。后垵的锦成、福成等号都属小北。经营厦、漳、镇下关、汕头的行郊称下南。④

经营大连、天津生意的称"北郊"，经营上海、宁波生意的叫"南郊"。⑤

洋郊专门从事与外国的直接贸易。洋郊的业务主要是香港、槟城、泗水、新加坡、三宝珑、仰光，包含了其他所有与东南亚各地的贸易往来。

北郊。北郊专事东北、华北各地，即从牛庄、锦州、天津、芝罘到上海、宁波、温州等各地之间进行贸易，从厦门的出口品主要是砂糖、纸、茶叶、烟草、麻袋等，从华北出口的则是大豆、豆油、油槽、烧酎、药、毛皮、小麦、棉花，山

---

① （清）陈培桂编：《淡水厅志》，《台湾文献丛刊》第一七二种，第299页。

② 参见泉州市工商联工商史整理组：《近代泉州南北土产批发商史略》，《泉州文史资料》第十四辑，第27页。

③ 黄杏川：《蚶江郊商之兴衰》，《石狮文史资料》第一辑，第57页。

④ 林为兴、林水强主编：《蚶江志略》，第63页。

⑤ 陈泗东：《幸园笔耕录》（上），第36页。

东产的豆、麦、面等诸杂货。

　　泉郊以前是专门负责厦门与台湾梧栖、淡水、鹿港、竹堑、笨港及其澎湖各岛之间贸易的行会，在福建省沿岸，通常是由与台湾有着密切关系的泉州府晋江县的商民，和在厦门及澎湖岛有实力的商人的资本组成的。①

　　日据台湾后，闽台贸易衰落，泉州郊行大多经营国内沿海贸易。从名称中可看出他们的贸易地区。如宁波郊、厦门郊、漳州郊、台湾郊、福州郊、永春郊②。

　　郊商以海域为组织原则建立在利益关系海域化的基础上。以不同海域贸易利益为纽带结成的郊行在地方发生冲突时，籍贯不同的海商也能团结在一起与同籍贯的海商对抗。典型事例如咸丰三年（1853），艋舺发生的著名的"顶下郊拼"。当时，泉州府管辖的同安人与漳州人联合起来，与泉州南安、惠安、晋江三邑人发生大规模冲突。这是台湾移民社会"分类械斗"中唯一的一次泉州府籍内部发生的分类械斗。据陈孔立先生的研究，械斗双方产生矛盾的原因，主要是顶下郊在艋舺商务利益上的冲突。③ 艋舺泉郊主要经营泉州及其以北地区的海上贸易，其成员主要来自以泉州湾为主要出海口的晋江、南安、惠安；艋舺厦郊主要经营厦门及其以南地区的海上贸易，其成员主要来自以大厦门湾为主要出海口的泉州同安及漳州府。

2. 贸易商品或郊商所在地的分类原则

　　除海域分类原则外，众多中小郊行是以贸易商品或郊商所在地进行分类。这类郊商规模较小，与地方社会经济依赖程度高于上述大郊行。如台南生药郊、药材郊、丝线郊、茶郊、草花郊、杉郊、布郊、绸缎郊、绸缎布郊、纸郊、碗郊、芙蓉郊、药郊等④，鹿港除了泉、厦郊外，还有布郊、糖郊、敢郊、油郊、染郊、南郊等⑤，台湾其他地方小郊很多⑥。

---

①　滨下武志：《中国近代经济史研究》，第252页。

②　参见第一章第一节。

③　陈孔立：《清代台湾移民社会研究》，第399页。

④　方豪：《台南之郊》，第285页；石万寿《台南府城的行郊特产点心》，第77页。

⑤　《台湾南部碑文集成》，《台湾文献丛刊》第二一八种，第592页。

⑥　卓克华：《清代台湾行郊研究》，第32—34页。

闽南地区郊行史料较少,目前在泉州发现的郊行还有:马巷诸布郊①、安平干果郊、安海台郊②。晚清厦门出现的"十途行郊",除前面提到的外,还有匹头郊、纸郊、碗郊、药郊、笨郊、福郊③。

二、郊行的运作

组织的顺利运作仰赖充足的经费、合理的组织架构和有效的管理。闽台郊行,尤其是台湾各地的大郊行的运作,即体现了这三个特征。

1. 经费来源。

郊行运作经费大致有四个来源:抽分收入,郊行公产的租税收入、捐款、罚金。其中,抽分即课税,为郊行经费最主要的来源,这在各类郊行中是普遍的现象;捐款则在神诞日,随郊友捐助;罚金为郊商违反交规时,缴纳的金额④。郊行一般都有固定祭祀的庙宇,郊行职责之一是供奉庙宇日常暨活动开销。为此,郊行也会利用经费买进地产,如布郊金义兴就买下别人的房产。

　　立卖杜绝洗找尽根契字人郡城内二房张牛、张虎,长房张马、张鸿昌,四房张分、张鸿泰等,有承祖父遗下瓦店一座二进,并带后截伙食间一所,另水井与东畔公用,址在镇北坊竹仔街头北畔第五间,内浮沈、砖石、壁路、厝盖、楹桷,以及门窗、户扇俱各齐全。上至厝盖,下及地基,东西四至俱载印照字内明白为界。其上手系是魏、陈两姓契券,因被盗失落,经向邑前主于呈请给发信照为据,将来魏、陈二契如出头,均不得行用。兹因乏银别置,即将店照先尽问内外亲寀人等不承受,外特公同托中,引就向与布郊金义兴出首承买,三面议定六八契价银五百大元。其银即日同中见交收足讫;其店随即踏界外,过银主金义兴前去掌管,听其别税,任从其便,牛等不敢阻挡。保此店系是张牛等承先人遗业,

---

① 吴金鹏:《晋江清代蚶江鹿港对渡史迹调查》,"重修七星桥碑记",第230—231页。
② 同上,"龙山寺重兴碑记",第238页。
③ 滨下武志:《中国近代经济史研究》,第252页。
④ 卓克华:《清代台湾行郊研究》,第46—48页。

与别房亲人等无干，亦无重张典挂他人以及交加来历不明为；如有此情，牛等自出头抵挡，不干银主之事。此系二比两愿，日后子子孙孙不敢再言找赎，亦不敢借口滋生事端。口恐无凭，合立卖杜绝洗找尽根契字一纸，并缴于邑主给发县照一纸，共二纸，付执为照。①

布郊金义兴买下房产前，要确定房产"系是张牛等承先人遗业，与别房亲人等无干，亦无重张典挂他人以及交加来历不明"，然后再定立契约。而张氏兄弟卖出房产后，"听其别税，任从其便，……日后子子孙孙不敢再言找赎，亦不敢借口滋生事端"。事实上，郊行买下房产后也多是租赁收租。如台南茶郊。

> 立税店字人许豹，因乏店开张生理，豹向众茶铺等税出茶郊天上圣母祀店一座，址在西定下坊北势街，坐南向北。前后二落，上至楹桷瓦砖，下及地基砖石，门窗、户扇、水井、灶下及店后木栅、屏枋、围墙一概齐备，付豹开张生理。言约压地银二十大元，又历年该纳税银二十四大元，逐月备税银二元，交付炉主，以资费用，不敢挨延短欠；如是短欠，豹愿将压地银以抵店税，其店听炉主等别税他人，不得刁难。倘店若被风雨损坏，合应通知炉主等看验，雇匠修葺；若炉主等不理，豹自行修理，将店税扣抵。如店不合用，不得转税他人，自当将店辞还炉主等，取回压地银二十大员。此系二比甘愿，各无反悔，亦不得异言生端。恐口无凭，合立约税一纸，付执为照。
> 即日茶郊炉主瑞岩号收去压地银二十大员，再照。②

2. 组织架构。

从史料看，闽台郊行的组织架构"大同小异"。"大同"为基本结构相

---

① 《台湾私法物权编》卷四《物权之特别主体》，《台湾文献丛刊》第一五〇种，第1461页。
② 《台湾私法物权编》卷三《物权之特别物体》，"厝屋"，《台湾文献丛刊》第一五〇种，第1341页。

同,"小异"则是因应郊行规模大小、活动繁简而出现的办事人员的多少。另外,并非所有郊行都有固定的议事地点,一般规模较大的郊行才有。

(1)组织结构。各地郊行组织的基本结构为炉主、炉下。

炉主在郊行中普遍存在。如台北三郊,"统称为三郊,共设炉主,有总有分,按年轮流,以办郊事"①;鹿港泉郊:"以炉主统阁郊事务"②;澎湖台厦郊则云:"凡值当炉主,所有大小事务,及收店租支用一切,各人经手办明。"③炉主职责重大,以台南三郊为例,

> 一、各郊公款,归炉主掌管。如遇过炉,公款移交新炉主收管;一、轮值炉主,各号挨次值东一年;一、值东应执公事,如佛生日宴会、鹿耳门普度、舟古仔普度及宴会、开港诸件,公费由三郊款内支销④。

> 设立大签三枝,为各郊行轮流值东办事之执掌,俗曰值签。

> 主议之人,归值签者为之;然非有干济材,则不敢当此签。当此签者,上能应接官谕,下能和协商情者也。所掌事务不外事上接下之事。何谓事上?如防海、平匪、派义民、助军需,以及地方官责承诸公事。何谓接下?如赈恤、修筑、捐金、义举,以及各郊行调处诸商事。凡郊中公款出入收发,归其节制;立稿行文,归其主裁;账目银项,归其管理;收金收税,管事用人,归其执权⑤。

炉主不仅参与主持各郊的仪式性或公益性公事,如节日庆典、赈灾义举之类,并且要对郊行公款负责,其轮值期限一般为一年一轮。郊的日常运作也由炉主掌管,凡人事变动、财政收支、商事仲裁,以及对外联系等诸多事项,无所不统,故"非有干济材,则不敢当此签"。后因三郊衰微,公款日黜,

---

① (清)陈培桂编:《淡水厅志》卷十一《风俗考》,"商贾",第299页。
② 《台湾私法商事编》,《台湾文献丛刊》第九一种,第22页。
③ 《台湾私法商事编》,《台湾文献丛刊》第九一种,第33页。
④ 《台湾私法商事编》,《台湾文献丛刊》第九一种,第12页。
⑤ 《台湾私法商事编》,《台湾文献丛刊》第九一种,第13页。

值签遂至同治元年（1862）的"月当一次"，再至光绪五年（1879）的"每月值大签者三人，以郊商二十余号按月轮流"。①

闽南郊行的领导应当也是炉主。清末日本在泉州的调查显示，"各郊都有炉主，由郊员轮流担任，负责处理本郊的各种事务"。②

炉主很可能起源大陆的商人组织。道光二十七年（1847），丁绍仪认为台湾郊行之炉主类似内陆行商的董事等人员。

> 年轮一户办郊事者曰炉主，盖酬神时焚楮帛于炉，众推一人主其事，犹内地行商有董事、司事、值年之类。③

其实炉主在闽台地区并非郊行独有，其他商人组织也以炉主为首领。如嘉庆十六年（1816），厦门洋行、商行重修和凤宫时，就是由炉主主持的。

> 和凤宫建自前朝，年月莫考。国朝康熙、乾隆年间里人洋商、行铺先后兴修，奉祀天上圣母、三宝尊佛、保生大帝，凡有公务、恒于斯集议焉。原□有香资店屋壹座，住在卖鸡巷内，越小巷第肆间，坐北向南，配和凤后社地租，林好月字壹间，王起龙□字壹间，年税租银贰拾两贰钱零。嘉庆贰拾壹年捌月间，该处火灾，店屋延烧平地。我洋商、大小行商出赀起盖，接连两进又后盖壹间，计费银叁佰贰拾壹大圆。因思历年大帝千秋，炉主、福首每多亏□，□议将店□全年租税银肆拾大圆分拨贰拾圆邦贴圣母千秋费用，又贰拾圆邦贴大帝千秋费用，□□□之炉主福首免致亏□太多。□后盖壹间，全年租税银陆大圆，付与住持馆□以便□□地租等费。夫立法虽良，往往日久废弛，爰是勒石□记，以垂永远。并将捐金姓氏开列于左，计开：
>
> 泰顺行捐银拾捌圆；万成行捐银拾捌圆；□通行捐银拾捌圆；丰泰

---

① 《台湾私法商事编》，《台湾文献丛刊》第九一种，第16页。

② 《1908年泉州社会调查资料辑录》，《泉州文史资料》第十五辑，第174页。

③ （清）丁绍仪：《东瀛识略》，《台湾文献丛刊》第二种，第33页。

行捐银拾捌圆；①

从中可见，厦门经营海洋贸易的洋行、商行也建立组织，炉主亦为组织领袖。碑文中提及，厦门洋行、商行出现约在康熙时期，其以和凤宫为组织议事场所或早于台湾郊行之出现。如是，很可能郊行炉主之设置源自厦门等闽南地区的商业组织。再如厦门药途组织也以炉主为首领。

> 岩背山面海，为鹭江胜景之一。树木葱茏，云霞变幻，俯观俯察，气象万千。……东有药皇殿，我途原奉神农圣帝，绣真人神像。岁丁亥(1887)东，忽遭炮局震动，各处倾塌，触目凄凉。我途捐资计千员，交值年炉主郑贻模、福首胡浩然、洪向荣等重修药皇殿。甫竣，岩董叶、张、林、杨诸君佥举我途复建公所，时捐资不供，因循不举。迨癸巳(1893)夏，炉主詹应贤、福首陈心澄、张光耀、傅耀善、郭雨辰倡邀同人极力募捐，召匠兴工，就岩西义娘庙添盖层楼、连桥、石洞。每逢神诞，可于斯楼宴会议叙，另于洞后筑舍一间，以治庖厨。又葺山门并财神庙一厅一房，收贮仪器，各得其宜。楼成，仍祀义娘，重故址也。来者佥曰新楼。夫新之义大矣哉！日新其德，咸与维新，皆士君子修己治人之方。愿我途顾名思义，继继绳绳，庶斯举之勿替云。……
>
> 光绪二十年(1894)岁次甲午季夏，药途金泰和等勒石。吴荫棠、郭静轩仝记，郭鸿飞敬书。②

由此可知，炉主不仅在闽南海商社会组织中存在，而且其他商人组织也以炉主为首领。

炉下。炉下为郊行成员，也叫炉脚、炉丁，其入行、退出等都有规定③。

---

① 何丙仲编撰：《厦门碑志汇编》，第355页。
② 何丙仲编撰：《厦门碑志汇编》，第368页。
③ 《台湾私法》第三卷(上)，第162页。

因史料缺乏，目前仅在清同治年间定立的《鹿港泉郊规约》中发现称呼成员为"炉下"①。其他则有称"郊友"，如郊商黄宏度行述中称："癸年(1853)南京警闻，台府骚动，匪扰益急，城几危。道府宪诣行中谕。府君与石君倡劝郊中暂借军需，府君力劝郊友，又自己倡捐军需三千员。"②布郊金义兴则称成员为"布友"③。

其他成员。除炉主、炉下这样的基本结构，郊行也配置其他人员，其具体设置及职责、薪资，依地方习俗、郊行规模、事务繁简，有增有减，名称各异。

签首、董事。鹿港泉郊有签首④，台南三郊、台北厦郊有董事⑤，均为协助炉主办理行中事务。在闽南地区，郊行中也有董事。如道光时的泉州宁福郊。

> 吾兄一生毫不干预外事，而与乡邦利害攸关，则又任之不辞如郡学。至圣先师牌位灾燬，绅士金呈列宪兄为总司其事，郡守议捐修洛阳桥，宁福郊议修南门天后庙，皆以兄为郡人所信服，请董其事焉。⑥

此处显示，泉州宁福郊是从外聘请名人为董事，以增光耀，董事大概负责筹划组织工作。

一些大郊行，因行中及社会事务繁巨，聘请专人负责会计、撰文等，如台南三郊聘有稿师、大矸，还有负责杂物的局丁。

---

① 《台湾私法商事编》，《台湾文献丛刊》第九一种，第23页。
② 黄文炳：《龟湖铺锦中镇房黄氏族谱》，"皇清雍进士军功五品衔 诰授奉政大夫候选同知加一级宏度黄府君行述"，载陈支平主编：《台湾文献汇刊》第7辑第16册，第516页。
③ 《台湾私法商事编》，《台湾文献丛刊》第九一种，第18页。
④ 《台湾私法商事编》，第23页。
⑤ 《台湾私法商事编》，第16、29页。
⑥ (清)黄宗汉撰，(清)黄贻楫辑，(清)黄贻杅校：《黄尚书全集》，"退岩先兄墓志"。

一、公聘办务稿师，为各郊公事主稿行文。

一、公雇大研，为各郊收税收缘，并公事执达。①

再如台北堑郊，除炉主、炉下外，还有局师、郊书及管事等人②。

　　淡属匠首金和合为藉公报怨党众截桍恳恩追还究办事

　　具禀。淡属匠首金和合为藉公报怨党众截桍，恳恩追还究办事。窃和充当道宪匠首，年应制军料三十二船运厂，以备战舰之需，□（赖）樟桍出息，以补斧锯之资。数十年来，凡遇地方公事，郊中就糖油米什货抽分，而樟桍并无抽分，此数年间，因地方多事，前宪丁亦议樟桍抽分在内，合遵照办理，难郊中抽分中止，合仍照每袋抽三分留存，以待公用，除中港总董取办修造北门城，并修理竹城桥路等款，至今尚剩存银一百多元，忽于四月初六日，郊中炉主恒隆号传合到伊行内，据称局师陈缉熙欲将樟桍每袋除中港抽分外，官局另要抽三分，郊中又要抽四分，合答以官局要抽以充公济公，自当遵办，而郊中要抽以公济私，总要照郊中条规行事，合并无一词拒绝，恒隆号云俟再与陈缉熙商妥而行，不意初八日有六十余猛在中港山寮截住合樟桍二十车，共一百一十四箱又七袋，一尽出起在林晏家中，（据）称因抽分之事，合随即到堑城与恒隆号同众郊理会，俱称不知情，实系陈缉熙一人自为。窃思初六议抽分未曾复报，而初八党数十猛拦截桍担，似非办公起见，合再为确查，乃因三月间万成号曾兜盗买私桍二百余担，配寄曾永茂船，用数十人押落船，其中雇请之人有沈添、陈奈二人，何日要出，私暗为通知，合用人拿获私桍七担，兜深知此情，顺此押私到船，将沈添、陈奈二人丢溺落水身死后，兜惧罪用银嘱陈缉熙私和尸亲，而熙又邀众郊之人，向合求情，所获私桍不要递禀，用人拿私诸费，兜自当办理明白，合念众郊情面，未经具禀，兜（念）此事共花费一千余元，挟恨在心，即贿嘱陈缉熙，藉抽分

① 《台湾私法商事编》，《台湾文献丛刊》第九一种，第17页。
② 林玉茹：《清代台湾竹堑地区的在地商人及其活动网络》，第202—203页。

党数十猛拦截馆栳,以报私仇。夫陈缉熙身居岁贡,又任局师,胆敢出身私和人命,从中取利,又受人贿嘱藉公营私,卑鄙无耻已极,而兜十余万家资,更敢盗买私栳有关事料,恃富溺毙人命,藉公党众拦截馆栳,为富不仁,种种周法,若不严提究办,奉公奚赖。合现蒙道宪严谕将栳发兑,限四月间将栳项解郡完缴捐款,兹兜与熙截留樟栳致误完缴捐项,除据情禀明道宪外,恳请宪台出差押还栳担,使合就紧兑项解郡完缴捐（项）,又查所截栳担日夜偷出栳斤私兑,并恳派内丁就押还到馆之日开箱过量,共偷若干,照数追补,一面严提曾兜等究办,至官局抽分,俟按月共兑栳若干担,合逐月自当汇齐递禀,将项缴进宪辕留存办公,伏乞陞宪大老爷电察施行,沾感,切叩。

咸丰七年四月十七日淡属匠首金和合禀。①

从上可知,局师陈缉熙出身岁贡,主要负责郊行中抽分一事。抽分事关重大,任职之人又具有功名,这显示了局师一职的重要性,同时也给了任职之人上下其手,以权谋私的机会。从局师的功能看,它与台南三郊所雇大斫相类。

郊书也是竹堑地区郊行中重要的职位,它主要负责内外联系和文书工作。如光绪十二年（1886）新竹县发布的一则县谕写道:

新竹知县方,饬郊户金长和、郊书吴士敬选举挑夫首

钦加五品衔、特授埔里抚民分府、摄理新竹县正堂方为谕饬妥议覆夺事。案据八班头役倪源、许来等秉称:"本署额设挑夫首一缺,查前次系由金长和、郊书选举。现在原充挑夫首蔡再发即蔡进发一名,经已退办,尚有帮办夫首数人。据称:蒙彭前宪有谕,饬金长和、郊书选举顶充,将郊铺船只往来贸易,概归挑夫首雇挑,以作养夫之源。现经差事孔多,理合将情恳请,再行谕饬金长和、郊书举办"等情,具禀前来。查各郊户货到,必须雇夫挑运,现据该役等禀请,归挑夫首承挑,事属可

---

① 《淡新档案》,14301.6,第359—360页。

行。但不准分外苛索,致滋扰害。除批饬该役等妥议、并公同举充外,合行谕饬妥议。为此谕,仰该郊户书,即使遵照,迅邀各郊铺,公同妥议,所有船只装载货物入港,有与郊铺交关往来之货担,概归挑夫首搬挑。其夫价每担每十里若干,仍照向章妥议,勿得争多较短。倘敢不遵多索,准即指禀严办。该郊户书等,作速妥议,或有诚实、谙练、可靠之人,出为承充挑夫首额缺,仍由八班头役举充,以专责成。现在差事甚多,未便久悬,限两日内,速将妥议情形,据实禀覆赴县,以凭察夺。该郊户书等,毋得诿延,速速。特谕。

一、谕仰　郊〔户金长和书／举人吴士敬〕

光绪十二年正月初九日承兵总

从上可以看到,郊书,也叫"郊户书",任职之人吴士敬有举人功名。新竹知县要求郊书"迅邀各郊铺,公同妥议",这说明郊书在郊行中负责对外联系等事项,而任职郊书之人具有的功名也有助于郊行与官府联系。郊书的职责似乎兼具了台南三郊中大砑的"公事执达"和稿师的"为公事主稿行文"。

局师、郊书外,郊行中还设有管事,其主要职责为供使唤、负责杂物等。如光绪五年(1879),金长和管事为吴协,南安县人,住在北门街。①

总体来看,郊行成员中,除炉主、炉下等基本成员外,按事设职,事务繁简不一,所设职位也有多寡之分;而对规模较大的郊行而言,郊中事务性质相类,职位名称或有不同,但这并不影响郊行的组织构成。

(2)办公场所。并不是所有郊行都有固定的议事机构,一般只有较大的郊行才有实力设立。如道光七年(1827),台南三郊在台湾府城大西门外外宫街三益堂边设立议事场所,俗曰三郊议事公所②,但据泉州郊商黄时芳自述:"戊辰(1748)廿三岁,八月,南路阿猪籴米粟,到府骤然起价,发出一

① 《淡新档案》,22163—11。

② 《台湾私法》第三卷(上),第164页。据方豪先生考证,府城三益堂于乾隆年间既已创设。此处重在说明台南三郊有议事公所,因此略过对处所成立年代的探究。

半,算长利息有三百馀金。十月与漳人水仙宫后赎行细共银四百员,自己一半,出银二百员"①,则台南郊商以水仙宫为议事地点当远在道光之前。台中彰化县鹿港泉郊设有泉郊会馆②,厦郊金振顺则设会馆于王宫之内,前殿奉祀苏王爷,后殿充为厦郊办公处;③艋舺泉郊则主要以艋舺龙山寺为大本营;④大稻埕厦郊金同顺的办事处所,"或在炉主店中,或妈祖宫内"⑤;澎湖台厦郊"设有公所"⑥,位置在妈宫街水仙宫。再如泉州宁波郊(宁福郊)的议事场所设在南门天后宫⑦,泉州鹿港郊也设有"鹿港公堂",至今在泉州市区南门外米埠还留有公堂遗址⑧。

上述事例显示,郊行选择议事场所相当简单且随意,或以庙充当,或就在炉主店内议事,只有鹿港泉郊的泉郊会馆颇具规模,这也反映了鹿港泉郊的规模与实力。更为明显的特征是,因为大多郊行神明会色彩浓厚,供奉神灵的宫庙遂成为郊行组织选择议事场所优先考虑的对象。一般而言,宫庙维修、宫庙僧众的日常花费、祭祀费用等都需郊行出资解决。从前述炉主的论述中,我们也可发现,厦门洋行、商行以"和凤宫"为议事会所,药途以"药皇殿"为议事地点,这显示闽南商人组织普遍具有的宗教色彩。这或许也为郊行之起源提供了一些佐证。

3. 规范与制约

郊行为行中成员确定了各自的职责后,为确保郊行正常的运作,必须制定各项规定以对成员行为进行规范与约束。这对成员众多、结构复杂的郊行尤为重要。下面我们以同治时期,鹿港泉郊规约中的相关内容为例,进行说明。

---

① 黄文炳:《龟湖铺锦中镇房黄氏族谱》,载陈支平主编:《台湾文献汇刊》第 7 辑第 16 册,第 420—421 页。

② 林玉茹、刘序枫编:《鹿港郊商许志湖家与大陆的贸易文书》图 15,第 15 页。

③ 张炳楠:《鹿港开港史》,第 38 页。

④ 方豪:《方豪六十至六十四自选待定稿》,第 264 页。

⑤ 《台湾私法商事编》,《台湾文献丛刊》第九一种,第 29 页。

⑥ (清)林豪编:《澎湖厅志》卷九《风俗》,《台湾文献丛刊》第一六四种,第 306 页。

⑦ 见第二章三节。

⑧ 翁志生撰:《泉、鹿行郊与航运贸易》,《泉州文史研究》第二辑,第 164 页。

鹿港泉郊规约

同立合约。泉郊金长顺炉下等号,为重新规约,以杜弊窦事。……

一、值年炉主筶东△△号,岁凡一易。历圣母诞辰之日,请我同人各宜踊跃到馆,齐集筶定新任。如有借口不前,先以情谕,继以理劝。若复坚延推诿,是以一忤众,则以违规禀卸,务祈自爱,勿伤和气。新东既定,接篆速听自择,缓尽五月为期。如复挨延,移东易西,又非合议,公订自六月初一日起,凡有大小事宜,一切卸归新东办理,无干旧任之事,不得以未接篆藉词。此苦乐相承,一年一换,是老例所不能移也。慎之,慎之。

二、延师均当一年一换,前章已有明约,炉主不得擅留擅请,而诸朋亦不恃势强荐。万一弄权有伤和气,如炉主要请何人,先问众公议,妥择品德兼优,声望济美,方可延请。倘才有余而品不端,即仍行再为妥举。炉主及我同人各不得因循平日情面,互相混荐混请,致干公责,违则禀究不贷。

三、炉主统合郊事宜,第恐费繁利纯,入不供出,万一有亏,小则炉主填用,多则结账请议,就号先需。其需之项,俟鸠用盈余,照额领回,俾任者踊跃办理,则郊运隆兴可指而待也。倘有一二阻挠不遵者,问众公诛。勉之,勉之。

……

同治 年 月 日

泉郊金长顺等号同立①

上文可见,鹿港泉郊对郊行成员行为的规范与制约规定得比较详细,涉及炉主换届时郊友的出席、新炉主的接任时限、延请稿师、郊费运用等郊行运作的重要问题。至清同治时期,对行中郊商而言,炉主已是一项事务繁巨的职务,且因花费较多,常常"入不供出",往往还需要炉主掏钱填补亏空,虽然规定透支过多可邀集郊友集资,但"多少"标准难定,也成为炉主实际

① 《台湾私法商事编》,《台湾文献丛刊》第九一种,第23—26页。

执行规定时的困难所在。第二项行为规定显示了鹿港泉郊的权力体制主要是众议制，炉主权力受到炉下的制约。日据时期，鹿港泉郊也定有规约，其中规范与制约的对象增加了签首。

一、清历三月二十三日庆祝圣母寿诞，诸同人务须到馆，定签首，以主一月事务，期满一易，苦乐相承，自上而下，上流下接，不得藉口乏暇，致废公事，违者罚银六元，以充公费不贷。

二、签首分别正副、兼办，以签首既订何号，则前一号为签副，以正签管传船帮，副签管看银钱，至月满，副签即将银钱缴交正签核符，正签月定薪水四元，副签月定薪水二元，苟费不敷，应公同议填，毋致签首独亏，如有不遵，罚银一倍充公不贷。

三、延师协办公务，主断街衢口角是非，应择品行端方，闻众公举，年满一易，签首不得徇私自便请留，我同人亦不得硬荐，致废公事，合应声明。

四、炉主统合郊事务，然就全年抽分核按起来，除缴生息公费外，所入不供所出，并无别款可筹，集众公议，惟将每片（反的）船，如四百石加抽分一百石，公议不易，此系专为公费不敷而设，关顾大局，倘有不遵，闻众公诛。

五、签首如有公事问众，诸同人均宜向前共商，公事公办，不得袖手，致废公事，违者罚银六元充公。①

这里，签首的轮值、正副签的管理船帮银钱、签首延师、炉主公费、签首集众议事等项目，成为规约规范的主要内容。与同治时期的鹿港规约相比，日据时期的鹿港泉郊规约增添了制约的具体规定。如轮值签首不到，"罚银六元"；不遵规约填补亏空，"罚银一倍充公布贷"；议事不到，"罚银六元充公"等。从中不难发现，签首代替炉主成为泉郊运作的主要行政领导，且

① 周宗贤：《血浓于水的会馆》，台湾"行政院"文化建设委员会印行，第51页。载王日根：《明清会馆史》，天津人民出版社1996年版，第228页。

一月一换。这或许与前述台南三郊值东炉主任期缩短、人数增加一样,源自郊行应酬日繁,郊商实力下降。

第二节　郊行的社会功能

作为郊商的社会组织,清代郊行在团结郊商、凝聚社会的过程中发挥了重要的整合功能。整合是"协调与改善代表各种利益的个人间互动的机制"①。清代郊行整合功能首先表现在规范、协调郊商间的相互关系,将郊商在经济、社会、文化等行为上凝聚为一个相对有序的整体。在发挥内部整合、规范郊商行为的同时,依据海洋活动性的强弱,郊行也作为社会的整合机制的组成部分,对沿海社会整合起到了程度不同的作用。台湾移民社会的结构简单,社会机构较少,同时官府力量不足,统治薄弱,因应这种形势,台湾实力雄厚的大郊行发挥了相当重要的社会整合功能,有的甚至跨区域、跨海活动。本节探讨郊行社会功能以郊行规约和郊行活动为主,整合的实际效果,囿于史料,难以周知,且因清代郊行规约保存不多,这里只得采用一些日据初期郊行定立的规约,冀能有益。

一、郊行的内部整合

郊行整合功能的基本方面是促进和维持内部的团结与秩序,这为郊行与外界形成良性互动的有序化状态提供了前提。为此,郊行除了统一郊商行动外,更通过共同的崇祀文化活动增进郊商团结,加强郊商的精神凝聚力。

1.海上贸易运输群体秩序的建立与维系。

因应郊商经济活动的不同,不同郊行整合的内容也有不同。对海洋活动性强的大郊行而言,海上活动群体的有序就是其整合的重要内容。如以定于同治年间的鹿港泉郊规约为例,郊商及与其关系密切的船户、出海各自的贸易行为,以及三者之间的相互关系,在规约中都有详细规定。

---

① 〔美〕尼尔·斯梅尔瑟:《经济社会学》,华夏出版社1989年版,第176页。

六、本馆事无大小，以及议载传帮，凡有传请，诸同人不论缓急，立传立到，以便集议。幸勿推诿不前，抑或到馆缄默，背后生议，擅与出海私相授受，舞弄奸巧，废坠郊规，贻害公事。小则议罚，大则议究，各宜共凛。

七、诸船长行车额原自有定。如新到之船，立册写载，车额定后，一体交关，不得更易。倘出海诡作，不遵帮期，无端弃旧讨新，篡越规矩，先以理较，如敢恃强弃退，问众议诛禀究。祈诸同人勿与私相授受，自损我郊之规矩也。

八、我郊诸号配货，不准取巧变号，藉称郊外，及与出海私相授受，隐匿抽分。察出，问众公诛，一体重罚，违则以生息禀究。

九、议船帮载价，郊客、船户交关，若鱼水相依，如长短缓急，必须因时制宜，当以公平为准，郊客不得习措。而出海亦不得恃势诈索住船，行家莫为船户把弊，违则一体重罚。

十、诸船进口，如欲越港，不论福州、厦岛、东石、后埔、默林等澳，该出海务必到馆预先声明。如若假藉诈称，明系故意乱规，走漏抽分，察出公议重罚，决不姑容。

十一、凡在澳之船，帮期已定，缘单起后，越日收批，向来规矩，确定不易。倘未见缘单先后号批，显有隐匿走漏抽分之意，察出重罚，违则以生息禀究。

十二、凡有船越港，船载议贬二点，新船议贬一点，此系老例。如往五功、番挖二港装下，再入鹿港揽载，应传载资贬五点，实为公议；如敢故违，杜绝交关。祈诸同人各宜自爱，勿与出海私相授受，舞弄郊规。挺出海之威风，损我郊之志气，见小失大，致乖议约，自取其咎。凛之慎之。①

从中可知，在总共十二条规约中，有关海上活动群体行为的规定就达七条，规范的内容涉及商船的传载帮期、载额、载价及越港问题、货物交关等。

---

① 《台湾私法商事编》，《台湾文献丛刊》第九一种，第25—26页。

所谓"传帮"，就是商船按照顺序载货的制度，是出海或船户有序贸易的重要体现。严禁郊商"与出海私相授受"是泉郊规约中一再强调的内容，因为这是破坏海上贸易秩序的主要因素。对于这样违反规约的行为，泉郊也制定有相应的惩处办法，或罚或究，视情节轻重而定。

鹿港泉郊为清代台湾著名的大郊行，其重要特征就是拥有船只众多，这在前面已有叙述。① 这应是泉郊规约中重视规范协调郊商船户关系，相关规定具体详细的主要原因。在日据台湾时期的一份鹿港泉郊规约中，也显示出相同的特征（节选如下）。

六、泉郊诸号船，每百石货额订抽银一元，以作公费，诸同人如有配载，应付出海收来交缴，如有隐匿，察出罚银一倍充公。

七、船户如犯风水损失，有救起货额船货两摊，其杉磁茶叶药材，此无可稽之货，例应不在摊内，应与船另议，合应声明。

八、船户遭风损失器具，惟桅舵碇三款，应就照货若干，船主应开七分，货客应贴船三分，其余细款，胡混难稽，不在贴款，合应声明。

九、船户搁漏，货额湿损，缺本若干，货客应开七分，船主应贴货三分。船之修创，应费多少，船主应开七分，货客应贴船三分。

十、船户先后次第大小，分别帮期，不得奋先争载，赶纂出口，违者罚银，以充公费不贷。

十一、交关欠数，恃强横负，应当禀究，诸同人不论亲朋，能为苟完更妙，不得助纣为虐，察出罚酒筵赔罪。

十二、竹筏驳运，轻船重载，犯盗偷抢以及风水等因就存余同筏，苦乐共之，查时失所，禀官报请查究，诸同人不论有无货额在内，各宜向前协力，不得袖手旁观，合应声明。②

与清同治时期的规约相比，这份泉郊规约中，也有七条规定涉及到

---

① 参见第三章第二节。
② 周宗贤：《血浓于水的会馆》，台湾"行政"院文化建设委员会印行，第51页。载王日根：《明清会馆史》，第228页。

海上贸易运输的秩序。这显示出，日据台湾后，鹿港泉郊同样重视规范协调郊商与其他海上活动群体之间的经济关系。这些规定的内容也对船货抽分、船只帮期、交关等内容进行了规定；不同的是，日据时期定立的泉郊规约增添了对船只失事后，相关人员之间如何分担损失及相关赔偿的问题。

前文①曾述及澎湖台厦郊很早就自置船只往来台湾、厦门、泉州等地贸易，虽然他们受制于本地市场狭小而规模有限，远不如鹿港泉郊，但其海洋活动性仍属频繁，故其于光绪二十四年（1901）所定澎湖台厦郊规约中，共有五条涉及海上活动群体秩序的规定。

> 一、凡船头水客及行配倚兑各货，无论轻重俶，兑出以九七扣仲，其余柴炭、生果、茹榔，依旧例九五扣。公议如斯，各宜遵照约章，违者罚金一十二元，不得徇情。
>
> 一、凡有船头水客，由本埠置办货物往外港，不论何价货，要价外加零二，即每百元加二元。各宜遵约，如违议罚。
>
> 一、凡有外船，由本港贸易，人地两疏，凡有事之秋，毋论倚何人，总要鼎力会众共为排解。本港之船，亦宜如是。
>
> 一、凡行配水客及船头倚兑，虽主择客，不可阴谋相夺，各凭信交收。如货主分交一二号，当存厚道之心，毋得僭越相争，致失会内面目，而为外埠所窃笑耳。
>
> 一、凡有诸号同倚一船之货，偶遇市疲，为难发兑，可与船客酌商分价裁卖，不可私卸行仲，由街走兑，虽差微利，大失风气。此层会禁，各遵斯约。②

台北艋舺北郊条约中，也有确保秩序的类似规定。如光绪十一年（1886），艋舺北郊所定的抽分条约。

---

① 参见第三章第二节。
② 《台湾私法商事编》，《台湾文献丛刊》第九一种，第34—35页。

议就本月十一日过炉以后，凡诸上海、乍浦、镇海诸舡（船）揽装货件，满俩收批之时，须当在镇（场）向炉主起领手挸册，填明何号配货若干。如本舡自配以及诸伙收下，亦应照额逐一报明，盖用公记，并付该舡带来。一俟到港之日，该船并俩资一齐鸠收，应的（得）若干，该舡将手挸及抽分缴交炉主查收。倘何号及本舡等所配货额不遵填明手挸，或短报隐匿等情，一经察出公同议罚，或该舡遇有不测之事，不得与众均摊，以肃郊规。①

台南的郊行船户，甚至自己订约，规范彼此行动。如咸丰九年（1859），台南厦郊船户定立了《船户公约》。

易操舟楫之利，达诸四夷蛮貊。虽云舟车所至，实由人力所□。兹我同人，船只来台，贸易必经打狗诸港，凡遇风帆不顺，出入必以竹筏导头。历古□□□因□人与我船伙，偶有隺□，然□□□以□须□□□怨□共济之大节，不肯为我船导头。爰集我同人，特申禁约：□后凡我船来□，倘遇风帆不顺，尚在港外，岂能□□坐视，袖手旁观？所□□号□□并□□塞港之弊，同列条规于左：

一、凡我下郊诸船只到港，遇风帆不顺，尚在港外，旧例原系竹筏导头；倘□人不肯，我同人有先到港内者，务须驾驶三板向导；倘三板不合用，宜借竹筏自撑向导。负约者，公议罚戏一台，灯彩一付，以儆将来。

一、凡该□钱，顷就各港□同船，按担均摊，不得推诿；违者公酌加倍。

一、凡轻船下沙重，到港须□上岸，不可私行就□卸下□□港路；违者罚戏一台、灯彩一付。无稍私宥，其永远率循，毋替！

咸丰九年桐月□日，仝立各约。总爷□□□、□□□、□□金椿春、厦门金进发、□□金□进、到□各港等。

---

①　"北郊抽分条约规定"，载卓克华：《清代台湾行郊研究》，第311页。

2. 郊商与其他群体行为秩序的建立与维系

中小郊行多不与海洋发生直接关系，海洋活动性较弱，其欲建立与维系的秩序当更多的是与地方社会经济群体之间的交往行为。如光绪二十二年（1896），台南布郊金义兴。

窃谓：营商贸易，共欲货财之生殖；佥筹议约，同期益振之良谟。我布郊者，前章虽创，无奈，尔来景况迁变，奸策滋生，多为被欠所误，以致血本无归，不可胜数。今者，公订新章，胪列于左，凡我同门，各须照约，毋违厚望。则际履端肇庆，耶可展策，庶启后祚绵祥，有关裨益也。为序。

一、公议：我郊设立一签，书明诸号芳名，照为转流周复始。凡有本郊公务，以及时价增贬，值签之人应传请诸号齐到公所，妥举传定价目，一律通行，以昭公允。毋庸挂欠，免伤血本，是所深望。

一、公议：各埠号由今庚起，以及前账未清还者，不得复付货件。如系欠家有与债主议约，二比许诺，立单付证，方听交关。此系顾全大局，切勿自误。

一、公议：各埠号如有挂欠我郊账项，未见设还，而彼备金别采，若被债主察出真情，不论该号何人亲到，以及寄项若干，悉听债主挡住。该接承之号，务必将银信或单底费出公览，以存炳据。及该号有欠几家之数，有出声明者，须并就账现出共观，同堂阻挡，以待二比策直，方任交关，违者罚金五十圆。倘承接之号若贪图些利，私将单信改易匿混，再罚金六圆，均充本郊金义兴祭费之款。

一、公议：凡有集议公事，值签之处应备点心、烟、茶及工役等费若干，登明公账，候设抵或捐分付偿，俱无不可。

附列我郊诸号芳名，各祈盖章于左：

值东长美号、玉兴号、瑞胜号、永隆美、干美号、泉裕振成、昆记号、协荣号、震裕号、数……

只因本郊所订诸章，系谓被欠一节起见，致不得不重新议约，以绝侥吞。如有带货往售于埠头，似此既欠家易于谋采，何患债主之定章。

爰再集共议，由此后，我郊诸号不得带货到埠发售，并不得假手佣为四处走鬻，阳奉阴违；倘有此情弊者，照前章加倍重罚。此系公同议约，各悦合应附批存据。三月六日再议，批照。

光绪二十二年二月二十日公同立约①

从中可知，布郊金义兴此处主要协调各埠号与布友之间的经济关系。其原因是虽有原章，但日久弊生，导致布友因被欠款项过多而损失不小，这促使布郊金义兴专就债务问题定立规章，规范行中各商与埠号的交易行为。埠号有可能是承接郊商批发贸易的下游商人。

澎湖台厦郊在澎湖居于垄断地位，其郊约不仅如前所述，规范海上贸易运输群体的秩序，而且对郊商与澎湖地方往来群体的行为也进行规范与制约。如1901年，澎湖台厦郊所定规约中议定：

一、凡有乡村与吾侪交易，所最重者：米、麦、面粉参色。是俵乃大宗之数，岂可任意拖延无期，爰是议举取货之时，预先交一半，余剩十日为限，至期必要清完。苟如买客不遵约章，会众不与交易，违者议罚。

一、凡有买卖，价定言诺，振跌乃常，早晚市价不同，毋庸翻覆反价，不能较取多寡。然既在船，明看大办出舸门，好丑不能退换。比乃生理旧例规模，宜认真莫宥。

一、凡有会外之人，不遵会章，动辄悖理，购定之后，如货盛到市疲，虽许定挨延，不取足额之货及定价再反候价，此风不可长。自今公议禁止，倘买客不遵，会众不许交易。如我会内之人，以私废公，密与往来交易，侦知罚金一十七元。②

对于这些来自澎湖乡村的买客，若拖延付款，则会众应"不与交易"；尤其对定购之后，因市场疲弱而候价的买客，会众不许与其交易；倘以私废公，

---

① 《台湾私法商事编》，《台湾文献丛刊》第九一种，第18—19页。
② 《台湾私放商事编》，《台湾文献丛刊》第九一种，第35页。

则"侦知罚金一十七元"。这显然有利于建立与维系郊商行为的统一秩序。

3. 精神凝聚

郊行在建立郊商活动秩序外，更重要的是通过组织祭祀文化活动，加强郊商间的感情交流，增进郊商团结。日本人在清末泉州调查时，曾这样评价郊行炉主的活动与作用："认真地说，并没有什么实际的事务，唯每逢郊员举行集合宴会等，炉主即将自己的房子腾出来作为场所，他的工作无非是在杯盘之间进行斡旋。炉主之名即由此而来。"①然而，正是在郊员集会欢宴，觥筹交错的集体活动中，郊商才能放下平日生意场上冷静理性的面孔，笑语欢颜，情感流露，相互间倍感亲切。这种精神、情感上的交流对增进机械团结是非常重要的。

郊行促进精神凝聚的方法主要是以神灵祭拜为中心的祭祀文化活动。这在一些郊行规约中有所体现。如光绪二十二年（1896），台北厦郊金同顺规约。

　　每年郊中演戏设筵，自过炉落马开设大筵，至三月二十二日圣母圣诞开设大筵。其余各神明圣诞演戏四次，就牲醴设筵一席，炉主头家散筵，每次应开费若干？登记在簿。照。②

再如1901年，澎湖台厦郊规约。

　　一、凡会议一年一次，定以五月水仙王祝寿，逢便设筵同会，所费用照份均分，以垂永远，宜全始终。③

从上可见，郊行多以妈祖、水仙王等海神为祭祀主神。通过定期组织祭拜妈祖和其他神明，以及在此期间的演戏、宴饮、牲醴等活动④，郊行得以增

① 《1908年泉州社会调查资料辑录》，第174页。
② 《台湾私法商事编》，《台湾文献丛刊》第九一种，第31页。
③ 《台湾私法商事编》，《台湾文献丛刊》第九一种，第35页。
④ 参见第六章第二节。

进郊商之间的情感交流,加强郊商的组织向心力,促进组织团结。

二、郊行与沿海社会的整合

闽台地区郊商,尤其是大港口的郊商,实力雄厚,他们成立的郊行往往是沿海社会重要的社会组织,这在台湾西部沿海社会尤为如此。郊行成立伊始就在闽台沿海社会发挥重要作用。他们参与社会公益与慈善事业的建设,如桥梁、公墓、义渡等的修建维系,也对教育文化事业进行捐助,如修建学院等。而作为海商社会组织,郊行也积极参与到各种神灵的文化捐助活动中,凭借自身的社会地位和影响力,将具有不同价值观念、思想感情的社会经济活动群体凝聚在一起,促进了社会团结。郊行凭借其较其他社会组织雄厚的实力,对沿海社会结构的整合起到了重要作用。下面以著名的台南三郊为例。

从表4-1可见,台南北郊、南郊、糖郊,直至后来的台南三郊,捐助了安澜桥、德安桥、街道、广慈院等公益慈善事业。对于宗教文化设施,他们对供奉重要海神如妈祖、水仙王等的宫庙进行了捐助,如修饰水仙宫神像、重兴大天后宫、重修天后宫、重修天后宫、天后宫铸钟;也参与供奉观音、佛祖、关帝、城隍等传统神灵的建筑的捐助,如捐修柴头港福德祠、重修大观音亭、重建弥陀寺、重兴开基武庙、重修大观音亭庙桥、重修普济殿;还有对行业神的文化捐助,如重修药王庙。

表4-1 台南三郊参与的各项社会事业

碑　名	立碑时间	郊　商	页　码
德安桥—大老爷蒋重修德安桥记	乾隆三十年(1765)	北郊苏万利	
重修柴头港福德祠碑	乾隆三十七年(1772)	"道宪大人奇全列宪信官暨南北郊绅士、铺民人等首倡乐助捐银"	
重建安澜桥碑记	乾隆三十九年(1774)	北郊苏万利	
重兴大观音亭碑记(甲)	乾隆六十年(1795)	北郊苏万利、南郊金永顺、糖郊李胜兴,各捐银一百大元。	537
新修海靖寺残碑	嘉庆元年(1796)	三郊苏万利、金永顺、李胜兴捐六百元	545

碑　名	立碑时间	郊　商	页　码
重修兴济宫碑记	嘉庆二年（1797）	北郊苏万利、南郊金永顺、糖郊李胜兴合捐三百元	547
重建弥陀寺碑记	嘉庆十年（1805）	三郊苏万利、金永顺、李胜兴共捐银三百大元。	
重建旌义祠捐题碑记	嘉庆十一年（1806）	三郊：苏万利、金永顺、李胜兴共捐佛银六百大员。三郊职员林廷邦捐银一百六十员。三郊职员陈启良捐银一百二十员。三郊职员郭拔萃捐银一百员。三郊职员陈本全捐银一百员。三郊职员郭邦杰捐银一百员。三郊职员石时荣捐银六十员。三郊职员郭子璋捐银六十员。三郊职员蔡源顺捐银六十员。三郊职员洪秀文捐银六十员。三郊：王宗本、观顺源、记、合号，共捐银八十员。　三郊董事军功职员：陈启良、郭子璋、蔡源顺、洪秀文同勒石	565
重兴开基武庙碑记(甲)	嘉庆二十三年（1818）	三郊苏万利、金永顺、李胜兴，各捐银一百元。	572—573
普济殿重兴碑记	嘉庆二十四年（1819）	北郊苏万利、南郊金永顺、糖郊李胜兴共捐银三百三十元。	
修造老古石街路头碑记	道光二年（1822）	三郊苏万利、金永顺、李胜兴，同捐番银四百大员。	
嘉庆二十年重修大观音亭庙桥碑记	道光五年（1825）	北郊苏万利、南郊金永顺、糖郊李胜兴，各捐银八十元。	585—589
重兴大天后宫碑记	道光十年（1830）	董事：三郊苏万利、金永顺、李胜兴。	592—595
重修药王庙碑记	道光十八年（1838）	三郊金永顺、苏万利、李胜兴喜助银二百四十大元。	259
重修天后宫碑记	道光二十一年（1841）	三郊苏万利、金永顺、李胜兴，合捐银一百八十元。	634
重修广慈院碑记	道光二十六年（1846）	三郊苏万利、金永顺、李胜兴共捐银六十元	281

续表

碑　名	立碑时间	郊　商	页　码
重修旌义祠碑记	道光三十年(1850)	台南三郊苏万利、金永顺、李胜兴共捐佛银一千大员。……董事三郊益谦号、长胜号、邱谦光、蔡芳泰同立。	655—656
普济殿重兴碑记	咸丰五年(1855)	三郊石鼎美捐银二十大元。三郊陈兴泰捐银十二大元。三郊林新亿兴捐银十大元。	667—670
天后宫捐题重修芳名碑	咸丰六年(1856)	台郡三郊苏万利、金永顺、李胜兴合捐银三百四十员。	671—673
天后宫铸钟缘起碑记	咸丰八年(1858)	总董事三郊苏万利、金永顺、李胜兴合捐银六百大员	P321
台郡清沟碑记	同治八年(1869)	三□郊苏万利等捐银八百元。	P338
重兴开基武庙碑记(甲)	光绪二年(1876)	三郊苏万利、金永顺、李胜兴各捐银五十大元。	717—718

资料来源:《台湾南部碑文集成》,《台湾文献丛刊》第二一八种,大通书局1987年版。

又如鹿港郊行除了捐修天后宫、圣母宫外,还对文(昌君)武(关帝)祠庙、城隍庙、龙山寺等传统神灵进行捐助,详见表4-2。

表4-2　鹿港郊行参与的各项社会事业

碑　名	立碑时间	郊　商	页　码
敬义园碑记	乾隆四十二年(1777)	绅士林君振嵩及泉厦郊户	7—8
敕建天后宫碑记	乾隆五十三年(1788)	……其一切工程,皆与文武各官及绅耆、董事人等同襄厥事。……费金一万五千八百圆;蒙赐帑金一万一千圆余,未敷之数四千八百圆,悉归总董事林振嵩输诚勉力,自行经理。……	8—9
重修天后宫碑记	嘉庆十二年(1807)	天上圣母赫濯声灵,功德遍乎寰区,而于海隅尤昭著焉。……其庙前两边余地,给民起盖,收给凭银元,年亦输税。即以压地、给凭之数,合之泉、厦商船户所乐输者,既已量入为出焉。	14—16

续表

碑　名	立碑时间	郊　商	页　码
重修鹿溪圣母宫碑记	嘉庆二十一年（1816）	鹿溪，于东宁称巨镇焉。其街衢之北有宫，崇祀圣母；自乾隆丁未（1787）公中堂别建新宫，因群称为旧圣母宫焉。……于是泉、厦各郊相聚而咨……自两郊以及船户、铺户无不竭力捐资。……维时掌鸠材督工之事者，职员林文濬、太学生施士简；而收银理账，则泉郊金长顺、厦郊金振顺；值年炉主，万合号内纪梦梅、海盛号内甘武略。……对除开费外，尚存番银八十员，交泉、厦郊值年炉主轮流生息，公议移用。……总理职员林文濬、太学生施士简、泉郊金长顺、厦郊金振顺、炉主万合号纪梦梅、炉主海盛号甘武略、董事□郊□□□施炳光、油郊金□□施光昭、糖郊金□□、布郊金振万、□郊金合顺黄光甫、南郊金振益施恒文同立。	22—24
彰化县城碑记	嘉庆二十一年（1816）	彰化之为县也，始于雍正元年。……士民林文濬、王松等出资助之。	24—25
重修文武两祠碑记	嘉庆二十四年（1819）	国家胪陈祀典，自都城以及各府州县，莫不建祠崇奉文昌帝君、关圣大帝者，所以振扬文教、扶植纲常也。……众绅士顾而奋然，出为佥议，鸠金庀材，□官□以及商郊，莫不向义喜捐。	25—26
未录碑文存目录之"重修龙山寺碑"	道光九年（1829）	碑名载于木村定三编《鹿港之史迹》一书，成立年代正符道光十一年二月"重修龙山寺碑记"所云"己丑冬，孝廉林君廷璋暨八郊率众修鹿港之龙山寺"等语。	

续表

碑　名	立碑时间	郊　商	页　码
重修龙山寺碑记	道光十一年(1831)	……己丑(1829)冬,孝廉林君廷璋暨八郊率众修鹿港之龙山寺……其中观音殿,其内北极殿,殿左右设风神、龙神位。乾隆丙午(1786)……林君祖振嵩、许君乐三实经营之。厥后林君封翁文濬,鸠庀缮完,遇警中止。今踵而修之……重修经理举人林廷璋、泉郊金长顺、厦郊金振顺	37—38
重修浯江馆碑记	道光十四年(1834)	漳之西,有鹿溪市焉。其地负山环海,泉厦之郊、闽粤之旅,车尘马迹不绝于道,而后知台阳之利薮毕聚于斯也。	41—42
重修天后宫碑记	道光十四年(1834)	泉郊金长顺捐银一百六十员、厦郊金振顺捐银六十大员、金瑞胜船捐银四十大员、泉厦郊行保合捐银三十员、林日茂捐银二十五大员……布郊金振万捐银一十五员、糖郊金永兴捐银一十大员、染郊金合顺捐银一十大员、郊金长兴捐银一十大员、油郊金洪福捐银八大员、南郊金进益捐银五大员……泉厦大小商渔船户计捐银一千零九十六员	42—44
永济义渡碑记	光绪五年(1879)	药郊金合兴,捐一百大员	54—57
重兴敬义园捐题碑	嘉庆二十三年(1818)	泉郊金长顺捐银一千二百员。厦郊金振顺捐银四百员。钦加军功四品职衔林文濬捐银二百二十员。布郊金振万捐银一百一十二员。……糖郊金永兴……以上各捐银六十员。……郊金长兴捐银四十员。郊商郭光琛捐银三十三员。施邦俊、南郊(下阙)……典吏蔡逢□,捐充原置马芝遴社通土众番租管鹿港大街,自街尾隘门脚起、至蔡□□两隘门止……每年实收租银四十余两。自丙子起,永远充收公用。	128—131

续表

碑　名	立碑时间	郊　商	页　码
重修城隍庙捐题碑	道光三十年(1850)	谨将乐捐信官诸郊铺暨信士船户捐题银项目录以及费用条件,榜列于左:……泉郊金长顺捐银三十员,厦郊金振顺捐银二十员……布郊金振万捐银十二员、□□金盛号捐银十二员……□郊金永兴捐银十大员,□郊金合顺捐银十大员,□郊金洪福捐银十大员,□□金长裕捐银十大员……泉郊泰顺号捐银十大员……厦郊洽成号捐银十大员……郊金长兴捐银八大员……油郊春盛号捐银五大员……泉郊捷成号捐银四大员,船户金泰顺号捐银四大员……出海王能观捐银四大员,(下为船户捐银,略)	144—148

资料来源:《台湾中部碑文集成》,《台湾文献丛刊》第一五一种,大通书局1987年版。

再如台北三郊,也是既捐修天后宫①、水仙宫②,也捐修龙山寺、剑潭寺。③

相对于实力雄厚的台南三郊、鹿港泉厦郊、台北三郊而言,中小郊行实力较弱,对地方社会各项事业的参与有限,发挥的社会整合功能不如大郊行。如清代堑郊金长和见表4-3。

表4-3　清代堑郊金长和参与的社会文教活动

时　间	参与者	地方社会文教活动
道光十五年	堑城金长和?	长和宫捐款
道光十八年	堑城金长和	公捐义渡银三百圆
道光二十二年	堑郊金长和、郑用钟、李锡金、郑用哺、陵胜号、源泰号、镒泰号、协裕号、德隆号、泉吉号、万成号	鸠捐重修南北往来孔道、县城适湳子旧社之万年桥

① （清)陈培桂编:《淡水厅志》,《台湾文献丛刊》第一七二种,第150页。
② （清)陈培桂编:《淡水厅志》,第153页。
③ （清)陈培桂编:《淡水厅志》,第345页。

时　间	参与者	地方社会文教活动
咸丰七年	堑郊	中港总董支取堑郊抽分修造北门,及竹城桥路
咸丰八年	德政祠众绅铺户人等,铺户 72 家（金长和公记）	具禀指控大甲西社巧万成违例篡充业户,致德政祠无项可收。
同治六年	和等众郊户	将恒义号积欠众郊户瓦店四座充入大众庙为祀业,以备历年中元费用之需
同治七年	金长和、林恒茂、林福祥、郑永承	鸠捐重建万年桥
同治五年	堑郊众绅士	重建长和宫
同治九年	堑郊	将船户抽分之半作为育婴堂经费
同治十二年	郊铺金长和	禀请示禁地方恶习,以杜讼源
同治十二年	职员林汝梅、郑如梁、翁林华、林福祥、举人吴士敬、林焕、贡生郭襄秀、郑如汉、李联超、魏春鳌等 7 人、生员郑如兰、郭镜澄、郑如云等 7 人、武生吴建邦等 2 人、职员高廷琛等 3 人、郊铺金长和	禀请示禁四害:一禁藉命索扰;一禁卖业重找;一禁诬良为盗;一禁命案牵连
光绪二年	堑郊金长和暨众郊铺	为北门街曾云坛租屋予陈邵氏,氏偕女卖奸,伤风俗,扰闹街衢,金请饬差押逐出境,以正风化(曾云坛卖豆腐干生理)

资料来源:林玉茹:《清代竹堑地区的在地商人及其活动网络》,第 222 页。

从上表可知,堑郊金长和参与的地方社会文教活动相当有限,捐助规模远不能与台南、鹿港等地的大郊行相提并论,这也造成其发挥的社会整合功能相对有限。

闽南郊行也在地方社会文化事业中发挥着积极的作用。如厦门郊行参与南普陀寺的捐修。

重修南普陀寺捐资芳名碑记

……台厦南郊金永顺捐艮三十元……

乾隆伍拾有陆年（1791）岁次辛亥七月日毂旦立石。①

也在万石寺重修中进行了捐助。

重修万石寺宇题缘碑

□□文武官□绅士行郊□□□□捐题姓名、银数开列于后：

……□□郊陈文锦捐银伍拾大元……府郊金永顺捐银贰拾肆元……泉郊□□□□□公捐佰叁拾元……

道光贰拾柒年（1847）肆月吉旦。②

光绪初年，泉郊金泉顺、北郊金万利、福郊金福成也出现在厦门寺庙捐助活动中。

重修醉仙岩碑文

阅逢阉茂，荷花生日，偶偕朋侪，踏慢攀峰，驰心随喜，履级层欶，绕道仙刹，□观殿庑，丹艧零□，佛金剥蚀……芳即于本岁嘱陈君秋池在粤题捐，陈君世俊由台缘募，并得以仁上人飞锡垠方，外渡疏化……所有福缘芳氏俱勒于左。

谨将厦门募捐芳名勒石于左：许泗漳捐□佛六十大员；林省悟□佛五十大员；林一枝捐佛艮四十大员；泉郊金泉顺捐以佛艮四十大员；茶帮永和成捐佛二十八员；北郊金万利捐佛二十四员；福郊金福成捐佛二十四员……

光绪四年（1878）壮月毂旦③

郊行金永顺、金泉顺、金万利都是台湾著名的郊商组织，规模庞大，实力雄厚。此处当是他们在厦门开设的"联财对号"经营形式的商号，进行"对交"贸易。府郊金永顺、泉郊金泉顺、北郊金万利实力雄厚，他们通过参与厦门的地方社会文化事业，一方面能够起到促进厦门沿海社会团结、凝聚社

---

① 何丙仲编撰：《厦门碑志汇编》，第 236 页。
② 何丙仲编撰：《厦门碑志汇编》，第 255 页。
③ 何丙仲编撰：《厦门碑志汇编》，第 243 页。

会的作用,一方面因应闽台特殊的文化渊源,也能促进台湾沿海社会与原乡社会的感情维系。

此外,因应闽台两地的经济文化联系,两地郊行对历史悠久、地位尊崇的神灵也进行跨区域、跨海祭祀。如安平(今安海市)龙山寺系分香台湾龙山寺的祖庙,内有堪称一绝的明代木雕千手千眼观音立像,同治十二年(1872)至光绪五年(1879)大规模重修,后立"龙山寺重兴碑记",上面记载了参与重修龙山寺的众多闽台郊行。

> 龙山寺者,安平千手眼观音佛祖古刹也。佛之灵感异常,笔难尽述,而寺则东汉时高僧一粒沙所创建。隋皇泰间重兴,而后历代修葺不能尽记。……
>
> 光绪五年(1879)岁次己卯仲秋之月吉旦诸绅士勒石。百六十员,吕宋众信士捐银贰千七百员,檀越主颜君仕倡修捐银四百元,芙蓉乡杨合春号捐银三百员,东石乡蔡树滋捐银贰百员,福省南含馆公捐银贰百元,总董洪步阶捐银壹百员又青石门球壹对,沪江陈兴泰号捐银壹百五十员,安海许德兴捐银壹百壹十六元,营前洪合胜捐银壹百员,安海吴香兰捐银壹百大员,沪江詹孔怀捐银壹百员,东石蔡怀春号捐银壹百员,北轩僧了醒捐银壹百元,安平干果郊公捐银壹百元,温陵糖帮公捐银壹百元,安海台郊公捐银壹百元,沪江尤开淮捐银七十元,衙口施瑞成号捐银六十元,漳郡张如嵩捐银五十元,曾埭黄光籴捐银五十元,安海桂崇礼捐银五十元,东石蔡树基捐银五十大员,曾埭黄光造捐银五十大员,东石蔡协和号捐银五十大员,沪江吴协芳号捐银五十大员,东石杨和发号捐银五十大员,沪江陈宝合号捐银五十大员,泉郡接官亭捐银四十大员,沪江陈东昌号捐银四十员,厦门许泗漳捐银四十员,沪江陈嘉兴捐银四十员,温陵洋药帮公捐银四十员,台郡泉郊公捐银三十六员,沪江吴协庆号捐银三十五员,南邑蔡清良捐银三十五大员,台郡笨郊公捐银三十贰大员,沪江陈益源号捐银三十壹员,泉郡浮桥庵公捐银三十大员,沪江吴协昌号捐银三十大员,晋邑林协茂号捐银三十大员,沪江翁吉记号

捐银三十大员,梅岭张天台敬捐银三十大员,沪江同丰号敬捐银三十大员,沪江陈义胜号捐银三十大员,杉行安向荣公捐壹佰元,福建金永兴钱八十千,福省蔡顺发五十员,湖格乡吴菩良五十员,南邑溪东李太和捐青石山底,安海□顺令捐银三十大员,福省金和、连顺号合六十元,福建陈春源号四十元,黄恒丰号三十元,四方人等助小工者不计其数。①

从名单看,其中有安海台郊、安平干果郊、台郡泉郊、台郡笨郊等两岸 4 家郊行组织。这些郊行的举动对于台湾与原乡社会的精神凝聚、感情维系同样起到了促进与巩固的作用。

除参与地方社会各项事业建设外,郊行对地方经济事物的干预亦能起到维持地方社会秩序的稳定。如乙未割台后,鹿港泉厦郊在螺米市场供应不足的情况下,联合实行禁港,虽然禁港以经济动机为出发点,但也有助于预防本地粮食短缺。

〔印记:振成〕查前日接来台书两封,又七月廿九日接本建成船来尊信一缄,拠云诸事均皆领悉矣。至于所配诸舟之米,已知齐收兑楚。然云轻货乏处可谋,乃老台临地生疏,其理乃然。……刻下米价日升,时兑三·八五元,费在外。际冲澳船,计有六五帆。迩来米螺短出,全鹿每日计出只堪四四六石,而故价日唱。泉厦郊观此米局如此之变,致即传禁,不准往返。虽曰如斯,其米尚无分降,以观眼尚亦不敢开禁。致观诸船欲归棹,实甚难矣。以咱厝之米,谅亦决升之卜。轻货各色俱企,最唱者,莫如烟丝、只布,余者均有并升。实乃此去凉冬,北风盛行,船帮自然松往,致刘郊争趋,故价直腾。况货底甚空,虽欲均价向采,且无谋处矣。咱欲採办轻货配来,祈即酌裁办配可也。余难尽述,此奉

---

① 吴金鹏:《晋江清代蚶江鹿港对渡史迹调查》,《泉州文史研究》第二辑,第237—238页。

上　　　　　　　　　　　　　　　　仆金波

志湖老叔台鉴　　　　　　　　　丙申桂〔八月〕初四日泐

〔印记:振成兑货〕①

同样的举措也为竹堑郊行所采用。如光绪八年(1882),因有外澳船只私载米石外运,竹堑大甲街金万兴郊联合众铺户重申禁港约定。

具禁白。大甲街金万兴郊暨众铺户等,窃谓人生活命于天地之间,最所要者,惟以粮食是重,不可不为远虑。缘本属容岁两季光景,收成不嘉,益查各户谷底罄稀。推现年青黄交际日久,有待且乡里市廛人等,不觉功成应在何日,其夫丁数千,饷食亦系浩繁,皆由就地取采,务当慎防预备,毋使在陈之因于是。我郊自去秋停配米石生理,乃为地方患饥起见,不意迩来外澳船只进安私漏,米石装载别处,图利若不及早设法,第恐将来米石搬空,青黄不接,粮食有亏,地方受累匪轻,爰即邀众公议出白告禁。大安港内不许搬运米石出口,从兹于始愿诸同人各宜循约,没得仍萌故态。犹有乖戾紊约者,复敢邀引外澳船只进安私漏,米石装载出口别售,异日阖甲缺粮采食,定则公诛禀官究治,决不容宽,勿谓言之不蚤也。特此布

闻。

光绪捌年(1882)叁月　日具禁白(注一)

註一:公记九枚,文曰:「大安□金万□公记」、「泉成」、「万吉兑货」、「新隆源兑货」、「大甲春兑货」、「新义顺兑货」、「荣春兑货」、「新恒瑞兑货」、「□□」。②

三、郊行与官府

作为合法的海商,秩序井然的政治秩序是郊商进行海上经济活动的基

---

① 黄文炳:《龟湖铺锦中镇房黄氏族谱》,载陈支平主编:《台湾文献汇刊》第7辑第16册,第160页。

② 《淡新档案》第三册,12404,第378页。

础,因而与各级官府建立良好的合作关系,协助官府维持海上及地方的社会经济秩序,就成为郊行整合功能的主要方面。这在台南三郊的事务中有清楚的说明:"所掌事务不外事上接下之事。何谓事上? 如防海、平匪、派义民、助军需,以及地方官责承诸公事。"①闽台两地民乱发生时,郊行就通过上述活动,在恢复与维持地方政治秩序过程中发挥了重要作用。

台湾作为新开发地区,政权机构简单,对地方的控制力较弱,地方官府不得不借助财力雄厚、社会影响力大的郊行来维持统治。以台南郊商为例,在遭受蔡牵之乱时,台南三郊直接投入到御匪平乱的活动中,建城募勇,保护郊民,发挥了极为重要的领导作用。

初,爱新泰闻牵入鹿耳门,归保郡城,留马夔升守嘉义,而大小槟榔、盐水港、萧垅、北埔诸庄山贼俱起,南北路声息不通。台湾令薛志亮自海口步入武馆溪,开城谕众。岁贡生韩必昌、陈廷璧等首领义旗,募得义首二百五十人、义民逾万。庆保先遣岁贡生游化往东路和闽、粤庄,再于海口添建木城,起小西门、越大西门、迄小北门,计二千余丈,凡三日而成,从三郊总义首布政司经历衔陈启良之请也。牵踞舟中旬日,是月初五日始出攻安平。诘旦,遂攻郡城。而郡城内外布置周密,贼无所乘。是日贼退,附郭居民争挈家入城,哄声动地,一夜数传贼至。守西关木城把总陈鸿禧,镇稿房鸿猷之弟也。鸿猷有异志,欲召鸿禧以乱军心。鸿禧出不意,与众争越城门,军装尽失,而于所遗军装得通贼白旗,乃治鸿猷及鸿禧罪。因是内防益密。……时蔡牵虽保洲尾,而山贼攻城愈迫。贼初不敢迫城,后倚菻荼以避镪炮,遂薄城下。是月二日,巡道会伐菻荼,三郊义首领众继之,郊众请攻洲尾贼巢,未决,会总镇爱新泰至,遂会长庚水陆夹攻。郊众先行至凹仔社,有贼寮,焚之。洲尾贼家近寮者,多以是日归寿福德神,其远贼在寮复无设备。长庚遣副将王得禄率舟师遶出其后,烧毁贼船五十余艘。贼首陈番等望风逃命。翼日,爱新泰等进收桶盘栈,贼首陈棒不战而。蔡牵穷蹙谋窜。官军力

---

① 《台湾私法商事编》,《台湾文献丛刊》第九一种,第13页。

拒不得出。初六夜,牵密遣人驾杉板船探路。潜拔椗起航,天色微明,乘潮急遁。兵船起驾不及,发鎗炮轰击,黑焰遮天,贼船无墙障蔽,故得冲出,顺风而南。贼目陈棒、吴淮泗、许和尚、陈番等以次擒获,伏诛。①

至晚清时期,每当地方不靖时,台湾地方官员首先求助的对象仍是郊行。如当太平天国起义席卷东南中国时,台湾也受到影响,台府骚动,这时台湾道、府、宪等监察、行政、司法的最高官员都到郊行中要求郊商捐助军需。

> 癸年(1853),南京警闻,台府骚动,匪扰益急,城几危。道府宪诣行中谕。府君与石君倡劝郊中暂借军需。府君力劝郊友,又自己倡借军需三千员。郊人向义,贼势寝衰,台府安堵。②

又如同治初年,台湾戴春潮乱起,彰化县被攻占,鹿港泉厦郊与官府联合,发挥领导作用,不但资助邻近地区民众抗击乱民,而且集众练兵,布置守御,最终确保乱民不敢骤然犯城。

> 鹿港为中路之冲要,舟樯林立,以备海盗;舟中皆置斗。鹿总局长举人蔡德芳、贡生蔡廷元、富户陈庆昌及各郊商纠合施、黄、许三大姓之族长等,誓同报国,练兵守御。凡有义民庄众到鹿告急,皆得火药、饷项多少周济,将船中斗布置要害;故贼未敢轻犯。……彰城之失也,距鹿只二十里,然沿途联庄守望相助;故贼虽垂涎鹿港之富,无可逞也。惟同安寮与鹿毗连,只一水之隔;两岸皆立壁堡,断桥为守。黄丕建使黄清溪射箭书于鹿之黄姓,愿任保卫之责;且云"慕鹿诸彦之名,渴思会晤"云云。鹿绅得书,开市民大会。有黄小二、黄五味、许猫贺、许任等皆该姓之巨子,耸言当徇其请,否必不利;蔡德芳暨诸郊商阻之不住。

---

① 《福建通志台湾府》,《台湾文献丛刊》第八四种,第 1026—1027 页。
② 黄文炳:《龟湖铺锦中镇房黄氏族谱》,载陈支平主编:《台湾文献汇刊》第 7 辑第 16 册,第 516 页。

黄姓擅遣人导黄丕建入鹿至泉郊会馆,诸局绅、富商皆躲逃不与会面。方傍徨间,突闻黄丕建之随匪在米市街掠抢典铺;百姓大哗,争出杀贼。虽妇孺,莫不擦拳揎袖。壮者执戈前驱,弱者助运砖石,各处鸣锣聚众。冲西港在泊帆船百六十余艘,船伙千余人持戈从泉州街冲杀而来。蔡廷元率练勇四百人本屯龙山寺,亦出截杀;民兵齐出相助,各处隘门尽堵闭。黄五味知势不佳,急掖黄丕建从菜园之乞食寮口涉溪而逃;比甫过港,铳子随其后而至矣。丕建至同安寮,惊魂甫定,转大怒;恨徒入宝山,空手回也。遂传令,号召贼众攻鹿港。鹿绅商早为之备,令各角头大姓各率子弟兵防守,布置甚严,贼未敢骤犯,遂各相持未决。①

闽南郊行也有类似台湾郊行的政治捐助举动。如嘉庆初年,蔡牵崛起东南中国海域,严重破坏了闽台两地的政治秩序。牵,"泉之同安人,初佣工自食,继为寇,出没海上,遂成巨憨,为浙、粤、闽三省大患。其来台湾,入鹿耳门,始嘉庆五年(1800),越九年四月,又至。乘雨登岸,北汕炮不得发。戕游击武克勤,仍罄商船所有而去"。② 1802年,蔡牵率众袭击了厦门大小担岛上的炮台,杀伤甚众。事后,厦门地方官府在大小担岛上修建了山寨,并刻碑纪念。

厦门海口有大小担山二座,对峙海中,为全厦出入门户。向在两山腰建设炮台各一座,派拨弁兵防守。嘉庆壬戌(1802)夏,洋盗蔡牵驾船乘夜突至,数百人蜂拥上山,弁兵仓猝,致被戕伤,抢去炮位。查大小担二山四面环海,弁兵数十名,腹背无应,势难固守,必须建筑寨城二座,上设大炮,堆积滚木、垒石,以上临下,盗匪断不敢登岸,庶可以永资保障。当经奏明,饬委兴泉永道庆徕、厦防同知裘增寿察勘地势情形,公捐廉俸,鸠工购料,建筑寨城二座,周围三十三丈,连城垛高一丈四尺六寸。寨内各盖兵房九间,以资弁兵栖止;药库一间,以贮药铅,上盖望

---

① （清）蔡青筠:《戴案纪略》,《台湾文献丛刊》第二〇六种,第6,9页。
② 《台湾采访册》之《兵燹》,《台湾文献丛刊》第五五种,第46页。

楼一间,轮流瞭望。于是年九月二十八日落成。后之同事者保斯城寨,勿至倾坏,庶全厦万家商民永无盗寇之警矣。

嘉庆八年岁次癸亥(1803),总督闽浙使者、长白玉德记。

闽浙总督部堂玉捐廉三百两;福建巡抚部院李捐廉三百两;布政使司姜捐廉二百两;按察使司成捐廉一百两;糧储道赵捐廉一百两;盐法道陈捐廉二百两;兴泉永道庆捐廉四百两;厦防同知裘捐廉四百两;职员:吴自良捐番六百员;吴自强捐番六百员;洋行:合成捐番六百员;元德、和发共捐番六百员;商行:恒和、天德、庆兴、丰泰、景和、恒胜、源远、振隆、宁远、和顺、万隆、小行:同兴、承美、隆胜、益兴、万成、庆丰、联祥、源益、瑞安、坤元、振坤、振兴、鼎祥、聚兴、联成、丰美、万和、联德、捷兴;鹿郊、台郊、广郊,共捐番银四千八百三十员。①

从中可见,鹿郊、台郊、广郊参与了这次军事工程的捐助。这反映了郊行对维持厦门地方政治秩序的积极态度。

货币稳定是保持正常商业秩序的基础,直接关系到商人的商业利益,也与社会正常生活秩序休戚相关。在劣币泛滥、影响社会经济秩序时,郊行就联合官府禁止劣币,维持地方社会生产生活的稳定。如堑郊金长和曾两次发动集体上诉官府,抵制内地劣币的流通。

一三六〇一·案由.据本城郊铺金长和禀不法奸徒私往内地采买鉎钱来台发兑叩请示禁由

新竹县正堂刘□一件。据本城郊铺金长和禀,不法奸徒私往内地采买鉎钱来台发兑,叩请示禁由。

承吕祥

光绪伍年(1879)肆月　日户卷

一三六〇一·一　郊铺金长和为利弊攸关不平则鸣恳恩晓谕严禁以资地方事

---

① 何丙仲编撰:《厦门碑志汇编》,第115页。

具禀。本城郊铺金长和为利弊攸关，不平则鸣，恳恩晓谕严禁，以资地方事。切呆钱一款，例禁綦严，经蒙各宪叠行申禁，案在可核。兹查有不法奸徒，私往内地各处采买极细鱼眼鉎钱来台发兑，希图一本十利，不顾五谷货物，市价因此高贵，贻害贫民。且街衢买卖亦因此争较，启衅生端，实为地方之害。和等忝属郊铺良民，不忍坐视其害，爰乃邀仝在街绅商铺户，从中酌议，务要通用清钱，使市价不二，民无口角之忧，物无高昂之价，原为因公起见，但未经禀蒙示禁，不敢擅夺，合亟沥情禀请，伏乞大老爷爱民民爱，恩准出示晓谕严禁，地方咸赖，阖属均沾。切叩。

光绪伍年（1879）肆月十一日具禀抱禀何胜（注一）

【批】准出示严禁。一面查拿奸贩惩办。

注一：公记一枚，文曰："长和公记"。

附注：私记三枚。①

堑郊金长和禀请官府严禁采买内地私钱来台发兑，"使市价不二，民无口角之忧，物无高昂之价"，维护了正常的商业经营秩序和社会生活秩序。十二年后，堑郊再次要求官府严禁呆钱流通。时在光绪十七年（1891），因"日久弊生，呆钱□□流来，以致街衢买卖藉□滋端"，堑郊金长和请求"俯念商旅维艰，传谕新鉎等呆钱，不准交易，请用佛仔银通行……但是地方辽阔，用钱不少，若专用制钱，诚恐市面不敷周转，即移发小洋钱到竹交易通行，一面出示严禁新鉎水铅钱，以垂久远。"这得到新竹县官府大力支持，认为"实与地方大有裨益，亟应准如所请，分别办理。除禀批示外，合行出示严禁"。②

---

① 《淡新档案》第六册，13601，第 194 页。
② 《淡新档案》第六册，13604，第 203 页。

第五章　郊商与沿海地方社会

清代郊商的经营形态主要为坐贾批发商,但海洋贸易的流动性赋予其一定的海洋活动性。郊商与沿海地方社会的互动和它的海洋活动性即有相辅相成,也有颉颃冲突。郊商在沿海地方社会各领域影响力的增强,一方面能够增强沿海地方社会经济的海洋性特征,加重海洋社会经济在社会经济结构中的比重;一方面也可能造成传统社会经济的反作用,导致郊商的贸易发展受到抑制,海洋经济比重下降。

第一节　海陆经济

清代郊商的经济活动以海洋贸易为主,但在海贸资本累积到一定程度后,郊商通常会投资其他经济领域,如农业、典当业、商业等。这样,既可以有效利用盈余资金进行增值,也可以分散投资风险。郊商进行多元投资的做法在传统中国商人中间是一种普遍现象,但对郊商而言,他的海洋活动性与其他经济活动存在着一定的有机联系,这是郊商经济活动的一个主要特征。这在台湾商品性农业发达的经济结构下体现得比较明显。台湾郊商投资农业、插手生产领域,不仅可以分散投资风险,更可以控制货源,甚至根据市场情况调节生产,形成以海洋贸易为主、陆海互动的经济发展模式。

一、郊商的多元投资

清代郊商进行多元投资在闽台两地都是普遍现象。如乾隆中叶,泉州郊商黄时芳在积累一定资金后投资房产，购买菜园、竹园和田面权，还曾介入典当业。

  自己份内取起八十员，买牛墟埔菜园并竹园一所。①

  乾隆四十一年丙申四月廿七日与后安吴樿官买本洋田园四石一斗五升，就契面银五百作八折。五月初一过银明白，六月初一日收租粟。②

  周榜官典当停止，将各衣服胎货搬来，寄在丰源本店，有千余金，与承受坐账，利息甚多。③

  辛未年廿六岁，买后埔头厝地三块，自己分西边一块。乙亥年三十岁，买鹿港大街顶店一座，银一百一十两。④

  又如经营宁波郊的泉州黄宗汉家族，从康熙时期迁入泉州城内后即开始投资土地、商业，获利后，从土地到泉郡房店产、高利贷的典当业以及其他种类的工商业活动，都有涉足。鸦片战争后，黄宗汉成为清朝的封疆大吏，其兄黄宗澄父子投资在泉州城内元妙观口一带，"建了十多座三间张四落有护龙的大厦，以及书斋别墅——六渊海、梅右山房、静妙轩等。由观口、后巷扩展到敷仁巷、镇抚巷，连在一起，显示着世家大族的派头。但这些是作为住宅用的，还不是经济收入来源，来源之一是'广置店屋出租'。据称，当时泉州闹市的店屋，'观口黄'（即元妙观口黄宗汉家族的简称）与'万厝埕王'（大典当商）两家占近半数"⑤。此外，林英乔也认为"斯时（鸦片战争后）郡城泉州，远至惠北当铺无处不有，蚶江亦然，并出现了'内典外商'的郊行"⑥，不

---

① 黄文炳：《龟湖铺锦中镇房黄氏族谱》，载陈支平主编：《台湾文献汇刊》第 7 辑第 16 册，第 422 页。

② 黄文炳：《龟湖铺锦中镇房黄氏族谱》，第 446 页。

③ 黄文炳：《龟湖铺锦中镇房黄氏族谱》，第 429 页。

④ 黄文炳：《龟湖铺锦中镇房黄氏族谱》，第 422 页。

⑤ 陈盛明：《晚清泉州一个典型的世家——黄宗汉家族试探》，《泉州文史》第 8 期，第 34 页。

⑥ 林英乔：《清代蚶江港的兴衰》，《石狮文史资料》第一辑，第 74 页。

过他认为鸦片战争后才有郊商投资典当业、房产的说法似有不当,从郊商黄时芳的经营事迹看,部分泉州郊商进行多元投资的活动由来已久。

早期台湾郊商多"携本而来,寄利而往"。随着赴台人数的增多和郊行生意规模的扩大,郊商在台进行购置房产、投资其他产业等经济活动逐渐增加。前引泉州郊商黄时芳便在台湾购置有土地、房产。目前所知,鹿港著名郊铺"林日茂"在道光三年(1823)曾向彰化吴姓业户购买大片田产。① 又如光绪时,鹿港郊商许志湖除经营海洋贸易外,还置有不少店面和大小租田园,土地范围除鹿港店屋外,大概分布在今彰化县鹿港镇、福兴乡以及秀水乡内;许家所收租谷,除卖与采米客外,还"耆米"运输。这样,许家就拥有地主、米割店主、土礱间主等经济身份。此外,许家还将现金借贷于商号和他人,又具有债主的身份。② 再如台北竹堑地区郊商。林玉茹通过对投资汉垦区、保留区以及隘垦区三个不同拓垦区的竹堑郊商进行统计后认为,这些郊商"拥有最大范围与最多的土地,也扮演诸如大租户、小租户以及水租户等多重角色,充分展现上层商人土地投资与多角经营的特色"③。此外,竹堑地区郊商也经营放贷业,"放贷范围最大,与其经济活动范围相同,常跨越竹堑地区性市场圈"。④

二、以海为主,海陆互动——清代台湾郊商经济发展模式的一种趋势

清代台湾进入移民社会后,逐渐形成商品性农业发达的经济结构。在这样的社会经济条件下,随着郊商在台湾投资活动的增多,生产与运销在郊商身上出现既抱合又分离的现象,由此在部分台湾郊商中间呈现以海洋贸易为主、陆海互动的经济发展趋势。如前引鹿港郊商许志湖便雇船配运自己的租谷。

---

① 杨彦杰:《林日茂家族及其文化》,《台湾研究集刊》200 年第 4 期,第 27 页。
② 林玉茹、刘序枫编:《鹿港郊商许志湖家与大陆的贸易文书》,第 53 页。
③ 林玉茹:《清代竹堑地区的在地商人及其活动网络》,第 231—261 页。
④ 林玉茹:《清代竹堑地区的在地商人及其活动网络》,第 270 页。

〔印记:?〕谊及姻娅,繁文弗叙。启者:此前五月卅日□义益顺船在冲启扬,至六月三日到蚶,六月四日登岸,合家清安。如信之日乎(可)与顶犁阿姑云明,乌视老卖?□咱之事,自然听伊主裁为要务。如咱现冬之际,就将谦和租谷及数条收挨米石,一尽付固锦义配(仃去,若有讨〔印记:谦和〕艮项,缴交存在锦义行内,本敝对塘〔唐〕地支理收用,千乜,毋悮。〔印记:谦和〕此达

上

春盛号　照

钳记　　　　　　　　　　　　　　　　丙申六月五日灯下冲

　　　　　　　　　　　　　　　　　　　〔印记:谦和〕①

从中可知,许志湖指示伙计杨钳将谦和商号名下的米谷交锦义行配载去。又如

给伙计书信(杨钳)

〔印记:春盛〕亲谊之情,套语勿叙。启者:兹五月二十八日登船,至六月四日午上陆,水路各均安。而店中诸事,代为料理。今现冬之时,以各庄数项及租谷并利谷,切为留心,鼎力向讨为要。而欠用人等,可咐德隆内溪兄,再欠用者,可咐菜园尾旧全他料理。乃此冬所收之项,可以付锦义内厚泽舍多少,须当回锦义艮单,由唐支取。如有项要回之时,当即登明面会,当即刻赐息来知。现今之刻,不比前之时,如此冬之谷,在庄有客要采者,亦可兑之。不然,收入者可一尽挨米,亦配亦兑,可以挂裁。刻下永宁街新花螺米并袋四·四二元,市屯〔沌〕。余情后申,特此,并请近安不一

上

志湖书

钳记大人尊安　　　　　　　　　　　　丙申陆月拾陆日外高具

　　　　　　　　　　　　　　　　　　　〔印记:谦和〕②

---

① 林玉茹、刘序枫编:《鹿港郊商许志湖家与大陆的贸易文书》,第122页。
② 林玉茹、刘序枫编:《鹿港郊商许志湖家与大陆的贸易文书》,第126页。

上文显示,因时局不稳,许志湖要杨钳将租谷先就地发卖,如果还有剩余,碾米后,或配运或发兑,则可根据市场情况自己拿主意。再如

〔印记:春盛〕顺由振成号代配金协顺船出海

林印大榜官运进

盖振成印一五二天螺米五拾八石并袋费〔印记:春盛〕

又均去福食米贰石,另有写交字样。

〔印记:春盛〕至日祈如额点收誌部,更(便)中转示千。该所配之米,乃是咱自己租谷,作挨配进。以现年所收之谷,俱有被少,且又因菜圃黄盖老所对交咱打之利息谷,与咱? 尚还未楚。咱经有全乌示(视)老相商,决差向佃人计较,现有三十五石未还,待后如何,另息启陈。与他之谷,经有陆续收来,俟总收楚,应计若干,别息启知。挶(据)振成号来云,伊行中尚有建益、再成二船,欲往深沪、梅林澳,欲再代咱配进米,应俟后便查明,陆续付配可也。其行李现寄在振成内,挶乌视老云,固建益船方即妥当。该舟按月尾决进洋,谅彼决为咱周旋往返,勿介。至于厝内之什物家器,尚都无碍。因振成本欲为咱移徙,观后大局无妨,故即住耳。其乌皮本欲发兑,询及乌示(视),挶他言,大势安匕,欲俟七月设法是也。刻现时台地,虽列□□□□□景然,传言不定,谅亦无安稳之所。老台然既平安回梓,实乃大幸。切差暂安家梓,俟来年大势,方可渡鹿,余诸事仆等当尽力效劳,决不辜负大德也。特此……

丙申六月二十日泐

〔印记:春盛兑货支取不凭〕①

这封信显示了鹿港春盛号伙计杨钳向泉州谦和号许志湖所作的详细报告,其中称已雇金协顺船配运去春盛名下的租谷。从上面三封许志湖与杨钳往来的书信中,我们了解到许志湖家所收租谷多数是先碾米,再配运泉州发卖,即"作挨配进"。由谷至米必须经过砻米的加工程序,这显示许志湖

① 林玉茹、刘序枫编:《鹿港郊商许志湖家与大陆的贸易文书》,第128页。

· 187 ·

家不但通过投资将农业，也将手工业纳入与海洋贸易联动的经济体系。这样，农业、手工业加工、海贸就在许志湖家的贸易运营中形成一条完整的产供销链条。在实际的运作中，三者并不总是结合在一起。许志湖家会因应经济形势的变化，选择是通过市场来组织生产还是自己组织成产；而在生产环节中，因加工会增加人工成本，许志湖家又会面临是否进行加工的选择。三者以海洋贸易为中心，产生时断时续、层层剥离的现象。因此，是就地销售米谷还是"挨米"配进，许志湖需要根据两岸市场行情随时作出判断，如乙未割台后，两地时局动荡，市场行情起伏不定，许志湖就吩咐在鹿港的伙计"现今之刻，不比前之时，如此冬之谷，在庄有客要采者，亦可兑之"；如果不能尽快发兑，就将租谷全部碾成米，伙计可以根据具体情况，或配运，或就地发卖，总之，最主要的是将所收租谷尽快脱手。由此我们可推论，和平时期许志湖家所收租谷应大都"挨米"配往泉州发卖。

鹿港郊商许志湖家生产与海洋贸易结合的经济发展模式并不是个别现象，我们从竹堑地区郊商多元投资的相互联系中，同样可以看到部分生产与海洋贸易的抱合现象。竹堑郊商将生产与运销结合的方式有三种。最直接的结合为拥有土地所有权，这样，他们不但可将收获的实物地租主要用作出口商品，而且能够根据市场的需求选择种植的农产品，调节出口产品的生产，如清末樟脑在国际市场畅销时，竹堑郊商就不惜巨资拓垦边区，种植樟脑。郊商获取出口产品的另一种方式为"对佃取租"，即债务人用土地大租权或小租权作抵押向郊商借款，郊商借此就以"虚租"的形式取得了可用于出口的农产品；如果债务人到期无力偿还借款时，郊商就能够买断土地所有权，直接控制农产品的生产，这样郊商结合生产与运销的方式就转化为第一种。第三种方式为"买青"，即郊商通过预付给农民商品价格，提前包买下农产品，类似于西欧的"包买商"。① 对竹堑郊商而言，这三种方式对生产的控制程度有所不同，大致从第一种至第三种呈递减状态。

有关大陆郊商与生产的关系，地方历史文献中记载较少。从泉州老工商业者及乡农的部分口述回忆中，我们能略知一些这方面的情况。以经营

---

① 林玉茹：《清代竹堑地区的在地商人及其活动网络》，第 262—278 页。

桂圆的泉州郊商为例。晚清至民国时期,泉州桂圆的南北批发贸易十分兴盛。经营桂圆的郊商,有的兼营焙户,有的则以"瞨龙眼"的方式预购。后者根据瞨买时间不同,又有两种形式:一为"瞨花",一为"瞨青"。

"瞨花"是在花期预购。预购人根据气候、产量(大生年、小生年)的预测,龙眼成熟时每担市价的估计,同果树主人洽谈预购价格(多少株一起计算),谈妥了要付给大笔定金,龙眼成熟时就全归预购人采摘,全部价款在采摘中付清。果实临近成熟,预购人须雇当地有势力者看管,以防偷采。这种预买,买主是要冒风险的,碰到灾情,有可能血本全亏;如风调雨顺,也无虫灾人祸,能获厚利——预购者总要产量估得低,将来鲜果的市价也估得低。预卖,卖主也可能收益大为减少,但总保证有一定收入,而且前期得到一笔款项应用,对急需现金者尤为适合,因此"瞨花"者很多。"瞨青"指在结果而未成熟时进行买卖。可以像"瞨花"那样,谈妥价款,先付一大笔订金,以后盈亏全由买主负责。这样,买卖双方必定一益一损,甚而一方大损,一方大益,犹如'瞨花'。另一个办法是预购者先付一大笔定金,买了采摘权,采摘时双方当面过秤,按实际产量,按时价打一些折扣对预购的优待计款,买卖双方损益较平稳。果树主人大都喜欢前两种办法,省得管树、官秤等麻烦,也免担忧灾害。[①]

上面叙述主要反映了清末民国时期泉州郊商涉足生产的状况。从中我们不难看出,泉州郊商插手生产的手段主要为"预付包买制",类似于台湾郊商"买青",这种方式对生产的控制较弱。当然,这远不能代表清代泉州郊商涉足生产领域的状况,更遑论大陆郊商整体——这只能留待今后相关史料的发现后,再作进一步探讨。

从清代闽台郊商的海陆经济互动来看,郊商运销与生产主要决定于两岸市场行情。其间根据市场行情的起伏,运销与生产可能出现或抱合,或分离,或即抱合又分离,即运销与农业结合而与加工分离,或只与加工结合而与农产品分离等种种情形。在行情看涨时,租谷、砻米、配运、销售结成从生

① 　陈盈源、郭恕育、杨来仪、陈香、吴雨水、吴松仁、叶青等提供资料和口述,陈苏整理:《"糖去棉花返"——解放前泉州桂圆、糖经营简况》,《泉州工商史料》第四辑,第161—162页。

产到销售的完整的商品流通渠道,运销各环节与生产各环节抱合紧密;市场行情低落时,生产诸环节可产生与配运层层分离的不同组合,如租谷就地销售,租谷挨米后就地销售,租谷挨米后就地销售,租谷挨米后配进等。因此,郊商海陆经济结构及其演变放只有在更广阔的社会经济环境中才能获得更好的理解。

第二节 社会融合

清代郊商多为来台发展的漳泉人,他们在原乡或台地参与沿海社会各项事业的程度不一。一般而言,清代郊商主要参与当地社会公益事业,部分实力雄厚的郊商或郊行还能进行跨区域,甚至跨海的社会公益事业捐助活动。这往往是与郊商海洋活动性相一致的。

海岸带陆域是陆海交汇的地区,与陆海不同的自然生态环境结合的经济生活方式决定了沿海社会结构的陆海特性:这里既是农业社会发展的边缘,也是海洋社会发展的基础,不同社会结构之间不断进行着方式多样的交流。对于从事海洋贸易活动的郊商而言,海商始终是他在沿海社会主要的社会身份。在与地方社会其他结构不断地交流互动中,为了融入社会,通过多元投资获得其他社会身份是一种途径;而通过捐助的形式参与到社会各项事业中的行为,也是一种重要的途径,因为它"在经济学上没有重要意义,但对'社会结构的整合'却有极为重要的作用"①。下面通过闽台几个地方郊商这方面的活动来说明。

一、台南郊商

清代闽台郊商参与沿海社会公益事业的程度不一。一般而言,在郊行社会活动比较频繁的地方,如台南、鹿港、台北等地,郊行发展较早,也较为完备,组织化水平比较高,这使郊商参与社会活动多以组织形式为主,这从

---

① ［美］尼尔·斯梅尔瑟:《经济社会学》,第138页。

表4-1"台南三郊参与的各项社会事业"中可见。而随着郊行实力的减弱，社会影响力的下降，行中有实力的商人开始以个人名义投身社会事业。从事海上贸易的郊商，他们参与的沿海社会事业以当地为主，因其海洋活动性较强，有时也进行跨区域、跨海捐助。

道光时期，台南郊行衰落后，台南三郊郊商就多以商号个人名义进行捐助。如：

[道光二十五年(1845)]捐建台郡城银同祖庙衔名、数目及费用条款，开列于后：

署台镇右协副总府李印思升捐银五十大员。署台城守右军中军府陈印金声捐银四十二大员。台镇中营守府刘印飞龙捐银一十大员。台镇左营司厅陈印宝山捐银一十大员。台镇左营司厅刘印廷标捐银二大员。

轮山保生帝君炉下捐银四十二大员。

银同六品衔即用县主簿李印澄清捐银十六大员。

台郡城职员陈邦英捐银五十大员。汉隆号捐银六十大员。许协成捐银四十大元。新金同晋捐银二十四大员。合春号捐银二十大员。金长春捐银二十大员。郑尚观捐银二十大员。谢立本捐银十六大员。金泉兴捐银一十大员。泰隆号捐银一十大员。吕武昌捐银六大员。

台郡郊石鼎美捐银五十大员。陈正义捐银四十大员。蔡长胜捐银二十大员。东源号捐银二十大员。张长丰捐银二十大员。源成号捐银二十大员。黄锦安捐银十六大员。……①

银同，即清代泉州同安之别称。石鼎美祖籍同安，故为银同祖庙的建设进行捐助。值得注意的是，位列三郊的石鼎美以台郡郊石鼎美的名义进行了捐助，而陈正义、蔡长胜、东源号、张长丰、源成号、黄锦安等三郊商号也都

---

① 《台湾南部碑文集成》，《台湾文献丛刊》第二一八种，第644—646页。

以个体名义出现在捐助名单中。在咸丰四年（1854）的一次捐助中，石鼎美甚至没有用三郊名号。

> ……贡生洪谦裕捐银二百大元。吴敏记捐店一进契银二百元。石鼎美捐纹银饼四十大元。黄福辰捐银三是大元。篾街黄谦记捐银二十四元。吴通吉捐纹银饼二十四元。职员林占梅捐洋银二十元。职员卢崇玉捐银二十大元。福顺号捐纹银一十六大元。吴德昌捐纹银一十六大元。绸缎郊金义成捐银十六元。职员许世泽、魏珍山号、职贡张启贤、生员蔡钟奇、欧阳正顺号、职员詹廷桂、叶合成号、郑德坤、吴振宏号、职员黄荣华、敢郊金义利，以上各捐银十二元。……①

时隔一年后，在"普济殿"的捐修中，三郊众多郊商再以个体名义出现在捐助名单中。

> ［咸丰五年（1855）］……三郊石鼎美捐银二十大元。林晋康捐银二十大元。陈正义捐银二十大元。黄谦记捐银二十大元。蔡长胜捐银二十大元。吴兴裕捐银二十大元。蔡振益捐银二十大元。蔡益升捐银二十大元。东源号捐银二十大元。杉郊许协记捐银二十大元。蔡长兴捐银二十大元。陈合成捐银二十大元。油车苏怡盛捐银二十大元。郭有福捐银二十大元。台郡典铺捐银十六元。三郊陈兴泰捐银十二大元。益瑞号捐银十二大元。新丰泰捐银十二大元。通顺号捐银十二大元。杜万德十二大元。洪鼎发捐银十二大元。施宝诚捐银十二大元。蔡益茂捐银十二大元。四美号捐银十二大元。庄裕安捐银十二大元。邱双记捐银十二大元。苏东发捐银十二大元。义顺号捐银十二大元。童菜卿捐银十二大元。陈送来捐银十二大元。

---

① 《台湾南部碑文集成》,《台湾文献丛刊》第二一八种,第665页。

三郊林新亿兴捐银十大元。……①

　　其中，除石鼎美、陈兴泰、林新亿等以"三郊+郊商行号"的形式出现外，其他三郊商号黄陈正义、黄谦记、蔡长胜、吴兴裕、蔡振益、益瑞号等也都是三郊商号。这也反映了三郊影响力下降，行内大商遂不再借助郊行名义，自行捐助扩大社会影响的心态。

　　除在地方社会进行捐助外，台南郊商还进行跨海捐助，参与沿海其他地方社会事业建设中。如台南众商就曾在泉州进行捐助。

　　……钱江施孔彰捐银壹佰圆，深沪陈兴恭、龙江许时镖各捐银四拾圆，台笨□郊余正顺、深沪陈义美、龙江许际山、际火、时玩各捐银三拾元，□□□时柳、时悦、际凝、时远，际油，台郡尤宗德、吴协茂、陈源益各捐银贰拾元，杭柄乡洪协元、鳌泉号、台郡邱益谦、鳌泉号、黄谦记、吴泉胜、石厦施乳世、砧世、素世、台笨许鼎兴，许云陆、□□□□□□三，富复兴、吴亦若、沪东昌衙、甜世各捐银壹拾元，石鼎美、长胜、协进、泉益、新春、云若、复盛、协升、时顺各捐银陆元，高合兴、许德金、云乡、时铁、时乐、时以、际殴各捐银五元；何清源、□□□、施□□、丰口号、□瑞号、陈顺安、蔡怀芳、许松□、陈□源、许进兴、时懦、际是、时晟，海子陈义盛、陈益源、长丰号、金和顺、许行美、许万泰各捐银四元，□江□□□银四元，瑞安林所观银□□，施振万、隆益号、谦利、长顺、吴提观、云坑会陈锦祥、大顺吴儒兴、陈顺利、施原候……

同治元年（1862）岁次壬戌五月日

董事许云屋立②

　　由于商号名称众多，此处未一一罗列。仅从上文所见，就有石鼎美、黄

---

①　《台湾南部碑文集成》，《台湾文献丛刊》第二一八种，第667—670页。
②　吴金鹏：《晋江清代蚶江鹿港对渡史迹调查》，《泉州文史研究》第二辑，第232—235页。

谦记、蔡长胜等三郊商号。泉州是台湾各地郊商重要的贸易区域。对泉州社会事业的捐助，有助于社会融合，减少贸易进行的社会阻力。

二、鹿港郊商

鹿港郊商存在与台南相似的情况。但其中一个较为特殊的郊商是鹿港著名郊商"林日茂"。据杨彦杰教授的研究，"日茂行"的创始人为林振嵩。林振嵩以贩盐发家，大概于乾隆中期开设"日茂行"，后"日茂行"在其子林文浚手中蓬勃发展，嘉庆时期达于鼎盛，道光时随着林文浚的逝世而逐渐走向衰落①。

林振嵩家族经营的"日茂行"从始至终都或以个人②，或以商号进行社会事业的捐助，从未以郊行组织的形式进行社会活动。这一方面是因为林振嵩取得功名较早，在政治身份上高于郊商，另一方面也因为其极为雄厚的实力，这从乾隆五十三年（1788），鹿港修建圣母宫时，林振嵩一人贡献了近三分之一的建筑资金中可见一斑。"日茂行"在林振嵩之子林文浚手中最为昌盛，其凭借雄厚的财力，几乎捐助了彰化县所有重大的社会事业，《彰化县志》这样记述其义行："在彰尤多建立倡造。县城改建，文昌阁重新，白沙书院学署新建，鹿港文开书院、天后宫、龙山寺及咸水港、真武庙各处津梁道路，或独建、或倡捐，皆不吝多赀以成事。而功德最大者，莫如赈饥一役：嘉庆丙子春夏之交，谷价骤昂，饥民夺食，文浚领率郊商殷户，请于官，立市平粜，设厂施粥，沿海居民，全活者以万计。观察糜公奖以额，曰：'绩佐抚绥'，非虚誉也。"③这是作为郊商的林文浚家确立与维持其在地方社会的地位与影响力的重要表现，也发挥了融合社会、整合社会的重要社会功能。

"林日茂"家族除在彰化本地进行各种社会捐助活动外，还在台南进行捐助。如：

---

① 杨彦杰：《林日茂家族及其文化》，《台湾研究集刊》200 年第 4 期，第 24—29 页。
② 详见第三节，"政商博弈"。
③ （清）周玺编：《彰化县志》卷八《人物志》，《台湾文献丛刊》第一五六种，第247 页。

[嘉庆十年(1805)]台城隐处瀛洲,四面环海,奇花瑞草,八节长春,殆仙佛之隩宅也。郡东古寺,谚曰"弥陀",由来旧矣。考昔檀越洪公,布施捐造;历今百有余年……黄拔萃、黄葵共捐银一千大元。林中鹤捐银五百余大元。林道生捐银五百大元。三郊苏万利、金永顺、李胜兴共捐银三百大元。……职员陈启良、吴元光、吴元和、陈逊辉、张连榜、林日茂,各捐银四十大元①。

[道光十五年(1835)]台澎挂印总镇府张捐银五十元。即选知府长汀县学训导黄本渊、海澄县儒学黄化鲤,捐银五十元。……林日茂行号、生员龚维璋、龚顺记宝号、吴大有宝号、泉兴行宝号、监生黄源钟、茂盛王时向、道爷班路张金记,以上各捐银十四大元。②

[道光二十六年(1846)]盖自天地储精,钟神灵于湄岛;间阎托庇,咸食德于海隅。于是立庙祈报,各处皆然。我茅港尾保开基以来,建祠奉祀,为阖保禳灾植福;驯致民康物阜,盖已久矣。……谨将喜捐姓名铭左,以为后之好义者劝焉。许荣隆捐佛二百元。林成美捐佛百四元。林合春捐佛百二十元。施光兴捐佛百二十元……林日茂捐银四十元③。

[道光二十六年(1846)]窃广慈院自康熙三十一年(1692),时有诸罗县张讳玾建盖,筹充嘉邑犁头标大道公营田,年征香租粟六十五石。节次捐坏,修葺有人;阅今又数十年矣,益见栋宇倾颓,神像损湿。每欲倡捐兴修,而虑其不继。兹幸绅商士庶同心乐助,圮者修而缺者补,气象焕然一新。合就题捐芳名勒石于左:

台湾府正堂同捐银三十元。铺民叶合成捐银二百五十元。职员张启贤捐银一百二十元。嘉邑生员林清源捐银一百二十元。职员吕武昌捐银一百元。……贡生吴尚光、职员周通、职员商滋成、职员颜庆福、詹景华、彰邑贩户林日茂、张立兴号、黄有涯、监生王国樑、彭邦年,以上十

---

① 《台湾南部碑文集成》,《台湾文献丛刊》第二一八种,第182页。
② 《台湾南部碑文集成》,第604页。
③ 《台湾南部碑文集成》,第278—279页。

名各捐银十元①。

　　[咸丰五年(1855)]钦加五品衔台湾府经厅即补县正堂张捐银三十元。钦加升衔署台湾县正堂姚、台协右营都阃府叶晞旸捐银二十四元。……董事吕武昌，总理郭廷亮、林日茂、拔贡周维新、生员汪咸、生员石琨、守府金泰、梁学泽、职员施国贤、黄永赐、职员王守才、许赐实、首事陈光时、职员蔡春荣、傅神扶、张天顺，首事翁光寿、监生陈宗承、姚复发、义发号、钟克武、卢清港、谢兆玉。②

　　上述"林日茂"捐助的内容涉及台南的弥陀寺、温陵祖庙、妈祖宫、广慈院、普济殿等社会公益、慈善、文化事业。杨彦杰认为，这表明林氏原来就与台南有贸易关系，后来随着家族成员的分散经营，许多人正离开彰化县向南部发展，并且有人窜用家族名号③。笔者以为，"林日茂"在彰化本地捐助时的称号很少显示其商人身份，而在台南则被称为"贩户"、"行号"，正反映了"林日茂"家族在台南地方社会被认同的是商人身份，这的确来自其与台南的贸易往来。至于"林日茂"总理台南普济殿一事，笔者以为，这显示了"林日茂"在当地较高的社会地位和影响力，而这又是通过持续不断的社会经济活动，从而与台南地方社会融合较好，认同较高得来的。

三、闽南郊商

　　闽南郊商多是当地富户，故其对地方社会公益事业捐助贡献很大。在航运贸易发达的泉州东石港，众多郊商行号都积极参与到当地社会文化事业的建设。如嘉庆二十四年(1819)，修东石天后宫时，共费银 1758 元，而当时东石著名的郊商行号"周益兴"捐 740 元，商船再捐 30 元；道光十年(1830)，东石修保生大帝庙时，共费银 1163 元，周家捐 935 元。④ 再如光绪

---

① 《台湾南部碑文集成》，《台湾文献丛刊》第二一八种，第281—282页。
② 《台湾南部碑文集成》，第667—670页。
③ 杨彦杰：《林日茂家族及其文化》，《台湾研究集刊》200 年第 4 期，第29—30页。
④ 粘良图：《清代泉州东石港航运业考析——以族谱资料为中心》，《海交史研究》2005 年第 2 期，第87—88页。

二年(1876),东石天后庙重修时,众多郊商行户都进行了捐助。

　　道光丙戌年(1826),里人同①益兴倡众增新,教谕黄君宗澄为之序,复勒石以志赀费。……爰将诸行户捐题芳名勒之于石以志不朽云尔:

　　蔡玉珍、义春、玉胜号捐银伍拾元,杨和发号捐银贰拾元,和顺号捐银拾肆元,杨和盛号捐银壹拾元,兴记号捐银八大员,又拜亭通梁一对,安平海关捐银壹拾两,蔡德泰号捐银壹拾元,蔡源成号捐银壹拾元,蔡永成号捐银八大员,蔡瑞春号捐银六大员,蔡永源号捐银四大员,浮美场高敬捐银贰两,叶户总共捐银贰百壹拾四大员,埔户总共捐银壹百陆拾大员,宅户总共捐银八拾壹大员,炉户总共捐银五拾七大员,黄户总共捐银五拾四大员,铺户五元五角,曾户贰大员,蔡长春号捐银贰拾大员。

　　　　　　　　　　光绪贰年岁次丙子桐月吉旦
　　　　　　　　　　西尾境董事公立。②

　　在厦门,郊商也对地方社会文化事业积极捐助。如厦门普光寺的碑记中,出现了众多郊商名号。

普光寺碑记

　　台郊陈恒益、□□杨郁观各二十五元;台郊陈鳌霞、鹿郊陈鹤吉、金怡昌、金恒合……各捐艮十二元;麻郊石顺记、林荣发、广郊叶咸芳、金益成、苏胜春、曹德芳、金通利、……杉郊梁舟记、梁金盛、金叶茂……各捐艮十元……杉郊郑长泰、李开泰、李开盛、李开荣、金大振、……各捐艮六元;广郊金德□……

---

① 笔者疑为"周益兴"中"周"之讹。
② 吴金鹏:《晋江清代蚶江鹿港对渡史迹调查》,《泉州文史研究》第二辑,第235—236页。

大清嘉庆二十四年（1819）岁次已卯年梅月。①

还有一些经营多角贸易的郊商参与到两岸贸易地区的社会捐助中。如在鹿港、台南、泉郡都开设郊铺的黄时芳家族，乾隆中叶曾捐修泉州晋江莲埭七星桥。

又戊寅年（1758）五月，与楼哥买石板二溪，俄修莲埭七星桥，用过钱八千余文。②

而在前文则有其捐助鹿港龙山寺的自述。在光绪年间，蚶江"重修莲埭七星桥碑记"的记载中，我们再次看到了来自马巷、鹿港等地郊商的跨区域、跨海域捐助：

锦铺监生黄景辰捐银陆拾大员

鹿港林慎泰　莲埭林谋泰　各捐银二十大员

蚶鹿林协兴　捐银壹拾伍大员

蚶鹿王顺安　捐银柒大员

石壁林德泰　捐银陆大员

洪尾蔡通观　捐灰贰拾担

蚶江林恭记　捐银壹拾伍大员

浙绍吴葆坤　林合益　各捐银陆大员

马巷诸布郊　安海崇盛　芙蓉守善堂　各捐银壹拾大员

鹿港林振发　前吴治篇　蚶江林泉记　各捐银伍大员

林迪源　捐银陆大员

安海林衔远　蚶江林士淮　莲埭林束昌　各捐银肆大员

---

① 吴金鹏：《晋江清代蚶江鹿港对渡史迹调查》，第236页。

② 黄文炳：《龟湖铺锦中镇房黄氏族谱》，载陈支平主编：《台湾文献汇刊》第7辑第16册，第425页。

鹿港施进益　梁新荣　欧成泰　亭下王捷益　青阳李进利

山仔　吴锦兴　蚶江王妈阵　林裕益　纪义记　各捐银三大员

鹿港黄锦源　谦益号　锦美号　复盛号　利源号　顺利号

洪瑞虔　协春号　王万成

水头王则保　王则钟　王则振　王则明　王玉佩　王道万

洪进源　洪复兴　洪源昌

蚶江林协源　林福源　林顺发　林锦珍　林义泰　王金锭

欧协益　纪经铨　存德党　珍裕号　黄长百　蔡源顺　蔡崇兴

纪义合　各捐银贰大员

裕春号　昆和号　隆瑞号　丰源号　振源号　协美号　盈隆号

合利号□成号　源吉号　兴顺号　振裕号　泉胜号　湖泰号

泉美号　锦益号　三益号　苏福泉　卢合源　李胜源　庄德兴

庄和发　郑晋顺　黄存恒　纪万利　纪玉坤　林协源　林益裕

林长泉　林锦瑞　林茂顺　洪得成　洪协兴　纪候树　纪瑞泰

蔡碧观　吴顺发　吴武轩　吴景发　姚守诚　王钱观　王胜泉

王爱监　王道审　王则枚　王子赞　庄和裕　林妈桥　王涌利

蔡晋发　蔡广元　曾长兴　黄洽顺　陈庆安　王合春　洪合源

蔡协美　各捐银壹大员

谢振吉　赏观　合捐壹大员

共捐佛银　三百九十六大员四一

共享佛银　三百九十六大员四一

蚶江林泉瑞　喜捐银壹拾捌大员九一

光绪辛巳七年(1881)冬月

蚶江董事生员　林延员　林佩兰

莲埭　林宽巽

蚶江监生　林延默　总董　林士瑞日给①

---

①　吴金鹏:《晋江清代蚶江鹿港对渡史迹调查》,《泉州文史研究》第二辑,第230—232页。

　　黄景辰即为泉州郊商黄时芳的后代，其在地方社会活动中仍有较大影响力，发挥较大作用。此外，我们还发现，除九十九家蚶江郊商行号外，还有来自鹿港的十六家商号，碑中虽未言明是郊商行号，但从蚶鹿贸易的关系看，其中当有郊商。此外，来自马巷的布郊、来自安海的商号也进行了捐助。

　　厦门著名的"十途行郊"也对社会文化事业大力捐助。如光绪十四年（1888），十途行郊。

重修南普陀碑记

　　今将重修南普陀所有官绅商富捐款芳名及用数开列于左。

　　计开：

　　一、闽浙督部堂杨捐银四百两；陆路提督孙、水师提督彭、兴泉永道奎，各捐银二百两；漳州镇吴捐银一百两；北洋水师各铁甲兵船公捐银三百元；太常寺少卿林捐银四百元……厦十途行郊共捐银一千元。……

　　光绪十四年（1888）正月□□泐石①

　　清代郊商对沿海地方各项社会事业捐助的一个特点是跨区域、跨海域。这个特点的形成，有基于两岸郊商地缘关系的缘故，如黄时芳；有的则是因为贸易关系的原因，如鹿港著名郊商"林日茂"。然而，不论郊商参与不同地方社会事业的原因为何，这种行动有助于他们得到沿海地方社会的认可，提升他们的社会地位和影响力。

第三节　政商博弈

　　在经营海洋贸易的过程中，郊商与从中央至地方的各级官府存在着程度不一的互动关系。从台运官谷到地方保结，随着越来越多的郊商融入台

---

① 　何丙仲编撰：《厦门碑志汇编》，第221页。

湾地方社会,他们在更多的领域与官府产生联系,进行互动。一般而言,郊商都拥有相当雄厚的财力,这是地方官府倚重郊商的主要原因;正常的政治社会秩序是郊商经营海洋贸易仰赖的基础,因此郊商也愿意与官府保持良性的互动关系。在现实中,政商关系主要体现为一种基于社会政治秩序前提下的博弈。

一、郊商与台运(专运)

郊商从事的海上贸易以台海为主。台运正是借助郊商船户实现了台谷内运,它涉及的不是一时一地的郊商群体,清领台湾时期几乎所有经营台海贸易的郊商都要考虑配运官谷的影响。从中我们能看到郊商作为一个整体与清朝省级官府之间的博弈。

清代台运始于乾隆十一年(1746)。它的目的,主要是利用台湾开发后"收获丰稔"[1]的优势,解决海峡对岸福州、福宁、泉州、漳州四府兵多米少的困境,即所谓"以台地之有余,补内地之不足"[2];台运实施的具体方法,是"商船赴台贸易者,照梁头分船之大小,配运内地各厅县兵谷、兵米"。[3] 台运之初,商船"贩运一次,获利数千金。配百余石之官谷,又加以运脚银两",因此"小民急公奉上,安之若素"。此后,官谷易坏、胥吏挟制等造成船户赔累。嘉庆十四年(1809),清廷应台湾府徐汝澜之请,实行按梁头配谷的措施。因应配运规则的改变,船户也采取了遂取巧规避,捏报梁头,以大报小。政商较量的结果,台运积压更加严重。针对这种情形,清廷自嘉庆十六年(1811)再次改变台运形式,开始实施专运(大运),即"官雇商船委员专运之举"。专运实施之后,不但船户所得运脚银不敷雇水手、修理船只等费用,行商也因为"兵役供应犒赏"而赔累甚多,更有两岸商人囤积居奇导致"民食堪虞"的情况出现。专运弊端已不仅仅使得"官商交病",亦出现了危及社会稳定的迹象。彰化县知县杨树森为此提出台运改征折色的提议,遭否决后,又有卢允霞代鹿港郊商船户叩阍请求停止商运。

---

① 《厦门志》卷六《台运略》,第 150 页。
② 《厦门志》卷六《台运略》,第 150 页。
③ 《厦门志》卷六《台运略》,第 146 页。

卢允霞在台湾官员眼中是一个不安分的"奸民"，台湾府方传禭对其评价颇具代表性：

> 卢允霞，一无赖讼棍耳，昔尝以唆讼拟遣，逢恩赦归，又盘踞鹿港，倡为邪说，煽惑商民，假控革陋规之名，设立公馆，每船抽费银数十，是以奸民横征暴敛也。各商船户，惟泉郊数人稍稍附之，余皆已悟其奸，有赴厅控其假公敛费者。此前岁邓丞所以往毁其馆也。彼挟此恨，又为众船户所归尤，故冒死叩阍，以塞众人之责。始因敛费而控陋规，继则因陋规而条陈改制，是一奸民而敢恣横议，变乱祖宗成法矣。虽停罢商运之议，启自杨桂森，然桂森之议，昔已不行，今则因卢允霞之控而行之，是奸民舞智反优于邑令之建言也！此风一开，异时必有纷纷效尤，竞议国政者。语云，天下有道则政不在大夫，乃反在奸民，可乎？①

从上可看出，方传禭言辞之中颇多鄙夷，其所述卢允霞代商申诉的情节也不尽不实。如泉郊为鹿港第一大郊行，所谓"泉郊数人"的"数人"恐怕人数不会很少，否则又哪用得着鹿港同知邓传安亲自率人捣毁他的公馆。方传禭贬斥卢允霞的动机中，有对罢商运台谷建议的坚决反对，也有对卢允霞"以民犯官"的恼怒，"天下有道则政不在大夫，乃反在奸民，可乎？"体现了这点。卢允霞代商请愿，直至最后孤注一掷，冒死叩阍，虽然代表了郊商船户的利益，但实际上成了官商较量的牺牲品：官斥其"煽惑商民"；商控其"假公敛费"，最终郊商船户以卢允霞为代价与官府达成了新的协议：半征半折。

> 迨至道光七年（1827），仍复旧章，不许梁头。又以眷谷折色，每年减运二万余石。商力稍纾。②

① （清）姚莹：《东槎纪略》卷一，《台湾文献丛刊》第七种，第28—29页。
② 《厦门志》卷六《台运略》，第151页。

然而,随着五口对渡格局的形成,商船走私现象更加严重,"且台湾开辟已久,地力渐薄,粤省之偷贩尤多;故谷价亦贵,商船获利日减,甚至折本;加以遭风失水,不能重整,大船渐造渐小,停驾者多,行商日就凋危"①。这导致台运积压问题一直延续至日据台湾前夕。

从根本上讲,台运积压问题是清朝财政体制所决定的②,不是通过或征米,或征折,或半征半折之类形式上的变动所能解决的。本文在此关注的是台运过程中显现的清廷与郊商关系。清官府首先要确保通过制定、更改台运制度来确保财政任务的完成,但同时也要考虑到郊商船户的利益,否则郊商船户消极抵制或破产,台运也将大受影响。闽台两地郊商船户接受台运是为了台海贸易的高额利润,如果台运导致贸易利润降低,他们就会利用制度空隙,或改商为渔,或改小梁头,或走私,以此来规避官谷,迫不得已时也会采取叩阍请愿的方式。从实际情况看,台海贸易前期高涨时两者关系相谐,但很快郊商船户就因台运制度的僵化而衰落甚至破产,这种两者颉颃的局面时急时缓,导致的后果就是双方都长期受到大量经济损失。纵使如此,清廷与郊商的政商关系很少危及政治社会秩序。这从台湾郊商多次集体助官府平乱可知。

二、郊商与沿海地方政府的关系

作为地方社会重要的社会力量,郊商与沿海地方官府的关系无疑更为密切。郊商凭借财力为官府治理地方提供服务,官府则在维持社会经济秩序方面积极支持郊商。但在经济形势变化时,两者也会产生冲突。

1. 合作互利

早期郊商多为内陆人,后定居及其后代定居台湾的郊商日益众多。在这过程中,郊商参与地方政治捐助的形式也日渐增多。如乾隆三十七年(1772),台南北郊苏万利、南郊金永顺参与修建台湾县捕厅衙署;③乾隆四十五年(1780),重修台湾府学明伦堂,北郊苏万利捐银二百元、南郊金永顺

---

① 《厦门志》卷六《台运略》,第 151 页。
② 参见黄仁宇:《16 世纪明朝财政制度与赋税》,三联书店 2001 年版。
③ 《台湾南部碑文集成》,《台湾文献丛刊》第二一八种,第 90—91 页。

捐银二百元、糖郊李胜兴捐银二百元。① 又如嘉庆二十一年（1816），"彰化县城碑记"记载了鹿港著名泉郊商林文濬主持东门修建。

> ［嘉庆二十一年（1816）］彰化之为县也，始于雍正元年。负山面海，环竹为城；篠荡虽敷，萑苻屡警。嘉庆十四年，有酿金兴筑之谋，民所欲也。前制府方公因巡海据情而请，帝曰："俞哉！"于是县令杨桂森分俸倡之，士民林文濬、王松等出资助之②。

再如道光三十年（1850），鹿港重修城隍庙，众多郊商船户进行了捐资。③

此外，从《淡新档案》中，我们看到，随着郊商在台湾逐渐定居繁衍、投资置产，地方行政事务也成了政商互动的一条途径。如到官二十三年（1843），堑郊金长和保结北门经理。

> 郊铺户金长和等向淡水厅，金举郭尚茂顶充已故北门总理郑用锺之缺
> 具金禀本城郊铺户金长和等，为金举顶充事。缘本城北门总理郑用锺因病身故，现在无人承顶，未便久延。和等爰就各郊铺，公同选举，兹查有铺民郭尚茂，为人诚实，
> 道光二十三年五月十一日具金禀郊铺户公记竹堑金长和④

而在闽南，也有郊商参与地方政治军事捐助。如在厦门大小担岛上增盖军寨时，鹿郊、台郊、广郊进行了捐助。⑤

---

① 《台湾南部碑文集成》，《台湾文献丛刊》第二一八种，第 123—124 页。
② 《台湾南部碑文集成》，《台湾文献丛刊》第二一八种，第 24 页。
③ 《台湾南部碑文集成》，《台湾文献丛刊》第二一八种，第 144—148 页。
④ 《淡新档案选录行政编初集》，"郊铺户金长和等向淡水厅，金举郭尚茂顶充已故北门总理郑"，《台湾文献丛刊》第二九五种，第 418 页。
⑤ 何丙仲编撰：《厦门碑志汇编》，"建盖大小担山寨城记略"，第 115 页。

参与地方行政活动、捐助地方政治军事工程,郊商力图通过这些政治捐助活动与官府建立良好的政商关系,为经营海洋贸易创造一个较好的政治环境。然而,这些活动往往需要耗费大量的资金,郊商承担的份额往往较大,这在经济形势变化导致郊商衰落时,往往成为郊商的沉重负担。于是这时,郊商往往拒绝合作。

2. 规避推诿

多数情况下,郊商对于官府的各项要求都采取配合协作的态度。但随着社会经济环境的变化,特别在郊商实力下降的情况下,官府的要求也会遭到郊商的推诿、规避,甚至抗拒。如鸦片战争期间,面对台湾府雇船防堵英舰的要求时,郊商就采取了推诿的不合作态度。

> 一切军火器具及帮贴口粮不敷,未便责令各属常年捐备;而府库筹拨水师口粮不敷,未便责令各属。虽有应征息款,既存者历任挪垫公用,尚待清厘;现征者领户半皆凋残,莫能足额。至于商郊更多疲敝,雇其船只协同防堵,多方推诿,更非呫嗫所能猝办。近闻水师提督出缺,实任未知何人?①

又如台湾府召集郊商商议建造太平船运送骸骨及马匹一事。起初,太平船由郊商举充。"窃照台地向有太平船二只,专为运送兵丁骸骨,并附搭客柩而设。历系招募郊商举充,来去自由,并非官为经理,是以随设随废,及时另举承充"。后因船户视为畏途,地方官府又无暇管理,导致太平船废弃"将十载",这导致台地积尸体过多,不但失"'掩骼埋胔'之意;且不免疫疠熏蒸,实与居民不便"。运送马匹最初也是交由商船配运,后因商况愈下及商人规避,导致马匹积累甚多。

> 向系到厦后匀交商船,每船配马二匹。从前商郊富庶,帆樯云集,

---

① (清)丁曰健:《治台必告录》卷四《斯未信斋存稿》,"会镇请筹款防洋议",《台湾文献丛刊》第一七种,第308页。

自春及秋，即可配竣。迨后船只稀少，甲年之马，有积至乙年未配者。加以各商避差取巧，多改商为渔，配渡更少；以三年之船，尚不敷配一年之马。①

面对这种情况，台湾官府也曾尝试"自行雇船运台"，结果"赔垫更巨"，最终得出的结论还是"官事仍须借资商力"。

> 当经饬据台协吴护副将等覆称：传集郊行详商妥议，佥以此事总须新造一船，载骸而去、运马而归，方能兼营并顾；尚须酌带货物，津贴舵水工伙并随时修葺之需，仍请免配官谷、军料、人犯差事暨台、厦各口挂验规费。其造船之价，需番银四千元；有船户祝荣归愿认其半。如能官捐足数，方可承充。该护副将等以雇船既非久长之计，造船又恐照料维艰，似此官捐半价，商为驾驶，年以三四渡计算往来，一举两便，均免久延，事属可行。②

从上可知，官商协商后确定的运送方案是：造一艘新船，载尸骨回内陆，运马匹来台湾。

官府除了用各种项目的摊派而影响郊商正常的生产活动，有时甚至能导致郊商的破产，如泉州东石港周氏家族虽为"官商"，最终还是因官府摊派过重而倒闭③。

总体来看，清代郊商与官府的关系基本是以合作为主。这一方面因为郊商的财力多数比较雄厚，能够应付各级官府的要求；另一方面郊商也需要官府对海上安全和地方社会秩序的维持。

---

① （清）丁曰健：《治台必告录》卷四《斯未信斋存稿》，"会镇请筹款防洋议"，《台湾文献丛刊》第一七种，"会镇请设太平船装载兵骸并运送马匹议"，第 327 页。
② （清）丁曰健：《治台必告录》卷四《斯未信斋存稿》，"会镇请筹款防洋议"，《台湾文献丛刊》第一七种，"会镇请设太平船装载兵骸并运送马匹议"，第 328 页。
③ 粘良图：《清代泉州东石港航运业考析——以族谱资料为中心》，《海交史研究》2005 年第 2 期，第 88 页。

3. 功名与捐纳

在传统中国士农工商的基本社会结构中,功名不但具有政治价值,它更是一个人取得社会认可、提升社会地位的重要标志。这样,以财富维持与官府的关系外,郊商还迫切要求功名,获得政治身份,从而达到向社会结构的上层流动的目的。我们以鹿港著名郊商"林日茂"为例。

[乾隆四十二年(1777)]敬义园者,鸣欲了素愿而首事建之者也。……爰商诸东家王君坦、绅士林君振嵩及泉厦郊户,咸乐捐助汇集①。

[乾隆五十三年(1788)]其一切工程,皆与文武各官及绅耆、董事人等同襄厥事。……费金一万五千八百圆;蒙赐帑金一万一千圆余,未敷之数四千八百圆,悉归总董事林振嵩输诚勉力,自行经理②。

[嘉庆二十一年(1816)]维时掌鸠材督工之事者,职员林文濬、太学生施士简;而收银理账,则泉郊金长顺、厦郊金振顺;值年炉主,万合号内纪梦梅、海盛号内甘武略。……对除开费外,尚存番银八十员,交泉、厦郊值年炉主轮流生息,公议移用。……总理职员林文濬、太学生施士简、泉郊金长顺、厦郊金振顺、炉主万合号纪梦梅、炉主海盛号甘武略、董事□郊□□□施炳光、油郊金□□施光昭、糖郊金□□、布郊金振万、□郊金合顺黄光甫、南郊金振益施恒文同立③。

[嘉庆二十三年(1818)]泉郊金长顺捐银一千二百员。厦郊金振顺捐银四百员。钦加军功四品职衔林文濬捐银二百二十员④。

[道光十一年(1831)]己丑(1829)冬,孝廉林君廷璋暨八郊率众修鹿港之龙山寺……乾隆丙午(1786)……林君祖振嵩、许君乐三实经营

---

① 《台湾中部碑文集成》,"敬义园碑记",《台湾文献丛刊》第一五一种,第7页。
② 《台湾中部碑文集成》,"敕建天后宫碑记",《台湾文献丛刊》第一五一种,第9页。
③ 《台湾中部碑文集成》,"重修鹿溪圣母宫碑记",《台湾文献丛刊》第一五一种,第22—23页。
④ 《台湾中部碑文集成》,"重兴敬义园捐题碑",《台湾文献丛刊》第一五一种,第131页。

之。厥后林君封翁文濬，鸠庀缮完，遇警中止。今踵而修之……重修经理举人林廷璋、泉郊金长顺、厦郊金振顺①。

从上文可见，当乾隆四十二年（1777）时，林振嵩已经用"绅士"来作为自己在彰化地方社会活动中的称呼。此后，"林日茂"的家人从未在彰化用商人名号参与社会活动。前引捐修"彰化县城碑记"中，林文瑞或称"士民"、或称"东门则军功四品职衔林文濬"，这里则有"钦加军功四品职衔林文濬"、"孝廉林廷璋"。这与"林日茂"在台南商人身份形成对比，也说明郊商功名主要是作为地方社会阶层中向上流动的阶梯，同时也是赢得主流价值观的认可，产生更大社会影响力的必备条件。

郊商求取功名在闽南同样存在。以泉州郊商黄时芳家族为例，在其族谱墓志、行状的标题中，大部分都是有功名的。

皇清待　赠乡饮大宾先严八十二翁醇斋黄府君墓志

皇清待赠　显祖妣八十有二龄庄惠柯孺人暨冢男郡庠生七十翁翼亭黄公冢妇八十一龄默闰郭孺人合葬志铭

皇清待　赠先妣七十二龄宽爱林孺人暨冢男国学生馥村黄府君付葬圹志

皇清待　赠国学生显考五十有九翁约亭黄公暨妣七十有七龄孝勤尤孺人合葬圹志

皇清待　赠显考正中黄府君暨继妣待　旌清勤包孺人合葬墓志铭

皇清岁进士例授修职佐郎显考六十翁藉轩府君行略皇清貤赠恭人八十有七龄显祖妣懿俭吴恭人志铭

皇清貤赠承德郎　晋封奉政大夫显考衷恪公黄暨　貤封安人　晋封宜人显妣勤慈蔡太宜人合葬志

皇清貤封安人　晋封宜人八十有三龄黄母勤慈蔡太宜人墓志铭

---

① 《台湾中部碑文集成》，"重修龙山寺碑记"，《台湾文献丛刊》第一五一种，第37—38页。

皇清待　赠显妣六十有九龄顺静黄母陈太君泪冢男雍进士宽厚黄
先生祔葬墓志铭

皇清　故考四十有二翁宽慎黄府君墓志铭

皇清　例授修职郎议叙按察使司知事五十二翁诒恭黄公墓志铭

皇清雍进士　例授承德郎候选通判五十二翁慎枢黄公墓志铭

皇清　例赠孺人四十有七龄先室端顺郭孺人墓志铭

皇清雍进士军功五品衔　诰授奉政大夫候选同知加一级宏度黄府
君行述①

这些功名多为捐纳而来,还有些为取得功名后的郊商"例赠、貤赠"给
父母的。从郊商黄时芳家族中如此多的功名,可以看出郊商功名意识是相
当浓厚的。功名是传统中国农业社会意识形态的身份体现。赢得功名后,
在地方社会活动时,郊商就得以将海商身份置于政治身份之下,赢得地方社
会的更大尊重与认可。当然,政治功名不一定能确保郊商的经济安全。泉
州东石港"周益兴"号,智记柱周维翰(1800—1866)曾获谕赐"钦加六品衔
军功、候送分府,以训导尽先补用",但最后亦在福建督抚、道台的摊派下
衰落②。

①　黄文炳:《龟湖铺锦中镇房黄氏族谱》,载陈支平主编:《台湾文献汇刊》第 7 辑
第 16 册,第 383—522 页。

②　《清代泉州东石港航运业考析——以族谱资料为中心》,《海交史研究》2005 年
第 2 期,第 87—88 页。

第六章　郊商与海洋文化

　　闽台郊商是以直接或间接的形式参与海上贸易的海商群体。他们在进行海洋贸易的过程中,也形成了具有自身特色的海商文化形态。郊商创造的海商文化本质上属于海洋文化。他们在"以海为生"的生产生活的实践中既吸收继承了传统海洋文化因素,又发展创新出新的海洋文化形式,其本身即体现了海洋文化的承载者与创新者的双重属性。

第一节　郊商活动的空间

　　因应海洋贸易的需求,清代郊商一般都聚集在闽台沿海靠近港口的地方,开行设栈,形成具有一定空间特征的海商聚落。

　　台湾郊商聚落多以临海或临河街衢为主要的空间形式。如鹿港镇的鹿港大街,至迟乾隆中期就已著名,泉州郊商黄时芳在自述中曾记述曰:"(乾隆)乙亥年(1755)三十岁,买鹿港大街顶店一座,银一百一十两。"①道光时《彰化县志》中记载得更详细:

　　　　鹿港大街:街衢纵横皆有,大街长三里许,泉、厦郊商居多,舟车辐辏,百货充盈,台自郡城而外,各处货市,当以鹿港为最。港中街名甚

---

① 黄文炳:《龟湖铺锦中镇房黄氏族谱》,载陈支平主编:《台湾文献汇刊》第7辑第16册,第422页。

多,总以鹿港街概之,距邑治二十里。①

　　鹿港大街的空间组成、长度、规模、郊商聚集状况、区位等在上文中都有涉及。从清末鹿港古街道图②中,我们则可以形象地看到鹿港大街包括的众多街衢,其中的一些街名就反映了街衢郊商的行业,如杉行街、竹篾街、米市街等,泉州街应为泉郊聚集的主要地区,黄时芳在鹿港大街的郊铺就在泉州街。③ 图中还显示出鹿港街上的郊铺距离港口平均距离约在 100 米至300 米之间,这显然有利于货物装卸。

　　再如澎湖郊商云集的妈宫街,"包括仓前街(今改为善后街)、左营街、大井头街、右营直街、右营横街、太平街(在祈福巷口)、东门街、小南门街、渡头街(又名水仙宫街)、海边街(当铺一家,近已歇业)、鱼市(在妈祖宫前,俗称街仔口)、菜市(在妈祖庙前,系逐日赶趁,无常住铺店)"④,澎湖居民的衣食器用都要到这里购买,而妈宫街的货物"又皆藉台、厦商船、南澳船源源接济,以足于用"⑤。

　　又如台北大稻埕厦郊金同顺则在近于河海交汇处的地方聚集成街。"前出首创始大稻埕者,系林右藻也。但大稻埕原是旱园圹地之区,迩时,右藻观其地势,附近淡水河能得通达各埠,可以设立商会,贸易必然繁兴。遂于清历咸丰三年(1853)二月间,右藻出首招同各户,先行创造大街店屋,始建市镇,百计邀集各商结合在此营业,或贩什货,或开商行,生理日兴,万商云集,成大稻埕之胜境,实出林右藻一人之心力也。嗣各大商议设一社,为之厦郊,名金同顺。"⑥台南三郊众商主要聚集在府城大西门外,此外,竹

　　① (清)周玺编:《彰化县志》卷二《规制志》,"街市",《台湾文献丛刊》第一五六种,第 40 页。

　　② 林玉茹、刘序枫编:《鹿港郊商许志湖家与大陆的贸易文书》图 14,"清末鹿港的古街道图",第 15 页。

　　③ 黄文炳:《龟湖铺锦中镇房黄氏族谱》,载陈支平主编:《台湾文献汇刊》第 7 辑第 16 册,第 430 页。

　　④ (清)林豪编:《澎湖厅志》卷二《规制志》,《台湾文献丛刊》第一六四种,第 82 页。

　　⑤ (清)林豪编:《澎湖厅志》卷二《规制志》,《台湾文献丛刊》第一六四种,第 82 页。

　　⑥ 《台湾私法商事编》,《台湾文献丛刊》第九一种,第 28 页。

堑地区的竹南三保吞霄街郊商成立有金和安郊①,竹南四保大安街郊商成立有金万和郊②等。

　　泉州府城郊商主要聚集在南门外。如前所述,泉州南门临近晋江,南门外自古就是海商云集的所在,清代泉州郊商亦不例外,如前引泉州宁福郊（宁波郊）、鹿港郊等都是在南门外。下表统计了清末宁波郊、厦门郊等众郊商的基本情况,从中也可看到泉州郊商主要聚集在南关外。

宁波郊:

店　　号	所在地	资　　本
荣　隆	南门外	四万元
裕　益	南门外	五万元
顺　泉	南门外	四万元
珍　利	南门外	三万元
长　合	南　街	八万元
元　成	南　街	六万元

厦门郊:

店　　号	所在地	资　　本
永　记	新桥头	五千元
泉　记	新桥头	一万元
瑞　裕	新桥头	六千元
德　发	新桥头	五千元
建　昌	新桥头	三千元

资料来源:《1908年泉州社会调查资料辑录》,《泉州文史资料》第十五辑,第175页。

　　泉州南门外郊商聚集的空间形式主要也是街衢,我们通过两份清代郊商租房契约对此可有一大致了解。首先是郊商杜宗成与黄宗汉家族定立的租房契约。

---

①　《淡新档案》第十册,15211。
②　《淡新档案》第一册,11106。

立认租批字人南关外新桥头裕昌木行杜宗成观,凭中认租黄衙上行屋一座,坐在南关外雨津铺水仙宫桥下左畔第三间,坐东向西。第一进一店面、一授棚、二天井,周围走马楼,一楼梯,窗坊门扇俱全。第二进一火库,一大楼,并楼房楼口周围栏杆及竹窗,楼下一扁梯、一进屏,后一船亭一灶下一门位,右畔一旷地通河沟公用。前至街,后至宅行,左至宅店,右至宅店,四至明白,上及厝盖,下及地基,门窗户扇瓦木砖石等项俱全。今宗成观招伙整建宁郊生理,认来开张□□号,全年载租龙银七十二元,计库平五十二两五钱六分正,分作十二个月,逐月交纳清龙银六员,每员七钱三分正,不折不扣,亦不敢挨延短欠,以及私卸他人等情,如有此情,听衙上召起别租,不得异言。此系空手承交,并无店底佃根等礼。倘日后若要别图生理,立即将行搬空送交衙上管掌,不得迟缓习难。其行屋如有上漏下湿,自应报衙上召匠修理,不得擅自修理,借口扣租。恐口无凭,立认租批字一纸为照。

光绪二十九年(1903)癸卯四月日　立认租批人　杜宗成观

中人　蔡婆官

郑子航①

契约显示郊商杜宗成在南关外新桥头从事木材生意,所租店屋在南关外雨津铺水仙宫桥下,共两进,第二进中的船亭及通河沟的旷地或与木材运输有关。值得注意的是,店屋四至中,除"前至街"外,其余三处或行或店,均为商户的建筑。这在郑寅官与黄宗汉家族签订的租房契约中也有反映。

立认批字人永春州郑寅官,今认得登贤铺黄衙上行屋一座三落,坐西向东,在南关外土地后浯渡铺第一间,内第一进一行面,左右阁仔一库闸,并走马楼一座。第二进一土库内楼一座,并楼房楼下一账房仔、

① 陈支平:《从契约文书看清代泉州黄宗汉家族的工商业兴衰》,《中国经济史研究》2001年第3期,第82—83页。

一船亭、一灶下、一水井，并付罩。第三进一火库、一天井、一厕池。前至街，后至黄衙店，左至谢宅店，右至土地宫后墙，四至明白。上及店盖，下及地基、门阁楼窗户扇瓦木砖石等项俱全。今认来开张源泰号纸行生理。全年载租银九十六员，分作十二月交纳，逐月交银八员，库平七钱，不敢挨延短欠、亦不敢折扣银重，并不敢借称招伙私卸他人，如有，先约限二个月，听衙上召起别租，不敢弃言。此系空手承交，并无店底佃根批匙等礼，倘日后若要更换字号，亦应报衙上主裁；别图生理，立即将店送交衙上管掌，不得迟缓其行。屋如有上漏下湿，自应报衙上召匠修理，不得擅自修理，借口扣租。今欲有凭，立认批字为据。

> 同治九年（1869）九月　　日　　　立认批人　郑寅官
> 　　　　　　　　　　　　　　　　　　中人　张明灯①

永春州郑寅官开张"张源泰"号纸行生理，他所租店屋为南关外土地后浯渡铺第一间，共三进，其中第二进也有船亭。店屋四至中，前临街，右接土地宫后墙，后为黄宗汉家族开设的店屋，左则紧挨谢家宅店。从两张契约中可推知，郊商在南关外聚集的空间形式应当也是街衢，街中行店绵延相连，背背相连，形成郊行店铺鳞次栉比、居于两街之中的空间聚集形态。

泉州东石港郊商行号则以航道为中心形成聚落。雍正时，东石村蔡氏家族以银炉户蔡达光为首，联合其他各姓，疏浚一条长 2 公里，阔 60 公尺的海港，使航道从村前经过，此后，这条航道两边逐渐聚集了东石各姓、各房份开设的郊商行号。②

以批发为主的郊商大都开设有行栈，它们构成了郊商聚落的基本空间单位。如鹿港杉行街至今还保存有过去的木结构老店屋③，从中我们可以

---

① 陈支平《从契约文书看清代泉州黄宗汉家族的工商业兴衰》，《中国经济史研究》2001 年第 3 期，第 82 页。

② 粘良图：《清代泉州东石港航运业考析——以族谱资料为中心》，《海交史研究》2005 年第 2 期，第 83 页。

③ 林玉茹、刘序枫编：《鹿港郊商许志湖家与大陆的贸易文书》图 25，"今日的蚶江老街"，第 24 页。

看到临街的店面门槛低矮,没有窗户,店墙均以长短不一的竹片或竖或横地粘接而成,整个风格极为质朴。① 泉州东石港各姓、各房份则因地制宜,将栈房和航道边的船坞结合在一起,形成一道独特的航贸景观。他们各自开一个长二十余丈,宽 10 余丈的深池使连通海港,池两边堆土,有路通岸边栈房,船驶入其中,两旁搭上木板就可便利地卸装货物。据老一辈人记忆,沿新港自东至西有檗谷桥坞(陈氏)、盐仓桥坞(周氏)、源利坞(后转售源茂)、玉记坞(蔡氏二房)、中心港(蔡氏)、盛记坞(蔡氏珠泽房)、德泰坞(蔡氏西霞房)、源远坞(蔡氏)、双金坞(蔡氏)、周益兴坞(吴氏、周氏)、泰兴坞(黄氏含记转售玉记,又转售周氏)、鸡母石坞(杨氏)、合宝坞(黄氏)、石墓口(黄氏)、路仔头港(叶氏、黄氏、蔡氏),石蛇尾码头(地近大港,为公共使用的天然码头)。迄今,玉记坞的旧址及船坞两旁的栈房还在原处伫立。②

泉郊为鹿港第一大郊行,在鹿港大街(今鹿港中山路上)建有泉郊会馆,这在闽台郊行中是不多见的。《台湾私法》中这样描述清末的泉郊会馆:"比较宏壮的事务所。"③从鹿港中山路泉郊会馆的一张照片上,我们看到会馆建筑中间镌刻的"泉郊会馆"四个字仍清晰可见,但周边墙壁则已略显斑驳。泉郊会馆内还保留有两幅巨大匾额:一为"泉郊会馆",一为"滨海领袖"。匾额上的楷体大字浑厚有力,似在诉说着昔日鹿港泉郊的鼎盛辉煌。此外,台湾台南三郊、澎湖台厦郊、台北大稻埕厦郊金同顺,泉州府宁波郊、鹿港郊,厦门十途行郊等都有聚集地,囿于史料,我们对其建筑形态与风格不得而知。

郊商聚落的空间形态除在地理上标识出自身的独特性外,也塑造了郊商自觉的社会空间意识。如鹿港郊商许志湖在给胞弟许志坤的信中

① 笔者曾于 2007 年参观了福州上航路。上航路是保存至今的老商街,街中行栈鳞次栉比,有的店面上面还留有行号,建筑材料基本以木、竹为主,店面风格也是门户低矮,无窗,与鹿港杉行街的木结构老店屋十分相似。

② 粘良图:《清代泉州东石港航运业考析——以族谱资料为中心》,《海交史研究》2005 年第 2 期,第 83—84 页。

③ 《台湾私法》第三卷(上),第 165 页。

说道：

> 惟愚兄思此年内贼四处强劫，乃咱居于街外，可看他如何。若是，
> 且移入街内锦义栈间，须即观局主裁，如是不免更妙矣。①

郊商在空间上的聚集还意味着海商社会力量的集中。这种垄断优势产生的经济优越感有时在他们思想意识中也以空间分隔的形式展现出来。如澎湖台厦郊就以"街内"、"街外"区分郊行成员与其他商铺。

> 街中商贾，整船贩运者，谓之台厦郊……然郊商仍开铺面，所卖货物，自五谷、布帛以至油酒、香烛、干果、纸笔之类及家常应用器，无物不有，称为街内。其它鱼肉、生菜以及熟药、糕饼，虽有店面，统谓之街外；以其不在台厦郊之数也。②

从上文中可看出台厦郊经营批发兼零售业务，而其他零售商即使在街上开设店面，只要不是台厦郊成员，也会被称为"街外"。这显示澎湖台厦郊商的地域观念已成为行业垄断意识的一种空间表现形式。

对于地方社会而言，郊商聚集的地方往往也成为社会财富与地位的象征。如泉州南门外，"泉州府城濒临笋江，清源山蜿蜒于北面，紫帽山耸峙与西南，东南丘陵逶迤，东面是泉州湾。……有七个城门，东、西、南、北四门及新门、水门、涂门。城内最繁华的街市是南街的泮宫口一直到出南门的新桥头，大商巨贾大多集中于此。其次是府口街。城外最殷富的是南门外，东门外及新门外次之，西门外人家不过数十户，北门外则最为寂寥，只有数户人家"。③

---

① 林玉茹、刘序枫编：《鹿港郊商许志湖家与大陆的贸易文书》，第194页。
② （清）林豪编：《澎湖厅志》卷九《风俗》，《台湾文献丛刊》第一六四种，第306页。
③ 《1908年泉州社会调查资料辑录》，《泉州文史资料》第十五辑，第170页。

第二节　海舶、小船与竹筏

郊商的海上贸易需要不同种类的船只才能完成运输。能够往来海峡两岸的海船是基本的航运工具。此外,小船、竹筏等近海运输船只也是不可或缺的,它们形状各异,在将海舶客货运送上岸的过程中起着重要作用。

一、海舶

厦门横洋船当是最早运送郊货的海舶,其中由台湾直通天津的横洋船又称"糖船",体积犹大。康熙四十二年(1703)曾有"其梁头不得过一丈八尺"的规定,但道光时修成的《厦门志》中记载的横洋船已超过此规定:

> 横洋船者,由厦门对渡台湾鹿耳门,涉黑水洋。黑水南北流甚险,船则东西横渡,故谓之"横洋";船身梁头二丈以上。①

厦门贩艚船原为行驶国内沿海航线的商船,后因嘉庆初期,往来台厦的横洋船日渐稀少而获准前往台湾贸易②。贩艚船的体积略小于横洋船,《厦门志》记载云:

> 贩艚船,又分南艚、北艚:南艚者,贩货至漳州、南澳、广东各处贸易之船;北艚者,至温州、宁波、上海、天津、登莱、锦州贸易之船。船身略小,梁头一丈八、九尺至二丈余不等;不配台谷,统谓之贩艚船。③

与厦门横洋船、贩艚船相比,漳泉其他地区的台海贸易商船一般都比较

---

① 《厦门志》卷五《船政略》,第129页。
② 《福建沿海航务档案(嘉庆朝)》,载陈支平主编:《台湾文献汇刊》第5辑10册,第175页。
③ 《厦门志》卷五《船政略》,第129—130页。

小，这在海船配运官谷的定额中有所反映。

四十九年，开鹿仔港口；五十三年，开八里坌口。复经改议：鹿耳门糖船配谷三百六十石、横洋船配谷一百八十石，鹿仔港之厦门船配谷一百八十石、蚶江船配谷一百四十石。因蚶船小于厦船，略示区别。①

前往台北地区贸易的闽南船户多为泉州籍，他们的船只也较厦门船只为小。从《淡新档案》中记载的漳、泉籍海船配谷数量中，大致可体现出这个特点。

八里坌口

今开：

一、晋江县渔船户蔡合裕，牌给本县泰字五十一号，于上年十二月二十八日进口，本年正月二十日领配彰邑应运罗源县仓，道光十九年（1839）分罗源营兵慅（四）十二石，于正月二十八日挂验出口，（候风）回蚶。

一、晋江县渔船户蔡洽隆，牌给本县泰字一百一十六号，于上年十二月二十八日进口，本年正月二十日领配彰邑应运福安县仓，道光十九年（1839）分福宁右营兵谷五十石，于正月二十八日挂验出口，候风回蚶。

一、晋江县渔（船）户金益裕，牌给本（县）泰字九十一号，于本（年）正月十□日进口，二十日领配彰（邑）应运福安县仓，道光十九年（1839）分福宁右营兵慅四十二石，于正月二十八日挂验出口，候风回蚶。

一、晋江县小商船户周益有，牌给本县益字一千一百五十九号，于上年十二月二十八日进口，本年正月二十日领配彰邑应运福安县仓，道光十九年（1839）分福宁右营兵慅四十二石，于正月二十九日挂验出

---

① 《厦门志》卷六《台运略》，第148—149页。

口，候风回蚶。

一、晋江县小商船户周益咸，牌给本县益字一千零六十六号，于本年正月十三日进口，二十日领配彰邑应运罗源县仓，道光十九年（1839）分罗源营兵谷四十二石，于正月二十九日挂验出口，候风回蚶。

一、晋江县商船户蔡洽源，牌给本县益字一千零七十四号，于本年正月十三日进口，二十日领配彰邑应运福安县仓，道光十九年（1839）分福宁右营兵谷一百八十石，于（正）月三十日挂验出（口，候）风回蚶。

一、晋江县商船户蔡洽成，牌给本县益字九百二十七号，于上年十二月二十八日进口，本年正月二十日领配彰邑应运罗源县仓，道光十九年（1839）分罗源营兵穀一百八十石，于正月三十日挂验出口，候风回蚶。

一、晋江县渔船户金长成，牌给本县泰字第五号，于上年十二月二十八日进口，本年正月二十日领配彰邑应运罗源县仓，道光十九年（1839）分罗源营兵谷四十二石，于正月三十日挂验出口，候风回蚶。

一、晋江县渔船户周合春，牌给本县泰字二百二十三号，于本年正月十三日进口，二十日领配彰邑应运福安县仓，道光十九年（1839）分福宁右营兵谷五十石，于正月三十日挂验出口，候风回蚶。

一、海澄县商船户吴兴盛，牌给本县静字一百一十五号，于上年十二月二十八日进口，本年正月二十日领配彰邑应运侯官（县仓），道光十九年（1839）分闽安、烽火等营兵谷一百五十石，于正月三十日挂验出口，候风回蚶。

以上八里坌口正月分商、渔船出口共一十号。计配过兵慅八百二十石，理合登明。

道光贰（拾）年（1840）月　日报。①

————————

① 《淡新档案》第十册，15202，第182—183页。

表中有三艘商船配谷过百，体积约与厦门普通横洋船相当，其余均为配谷四五十石的小商船。

除上述专门从事海上贸易的商船外，还有渔船参与台海贸易。台海贸易之初，除厦门白底艍船外，其他渔船是不允许进行横洋贸易的。随着台海贸易的发展和对渡港口的增加，兼营商渔或走私形式前往台湾贸易的渔船越来越多，渔船也越造越大。

> 道光十二年（1832），捕绝之。晋、惠、澄、诏各渔船捏报梁头四、五尺，其大至与商船贩艍等；偷渡台湾贸易，捏报遭风，避配官谷载货。由台南北贸易往来便捷，夺商船之利，致商船尽改为渔，亦船政之大弊也。①

闽南渔船贸易台湾的情况在台湾地方文献中也留有记载。据林玉茹的研究，乾隆末年至嘉庆年间泉州地区的渔船，俗称翻身船，已常于春夏非渔季之际，来到台湾中北部通商贸易。这些渔船大者载重千石以上，中者四五百石，小者二百余石，形状与载重虽与商船略同，但是兼营渔业和商业。他们通常于每年冬季九月至翌年三月渔期之时，从事捕鱼；四至八月西南风顺之际，或是空船，或是运载盐、鱼脯等物来台湾中北部沿岸航行，装载杂货回到内地。②

台湾所属商船多为坡边船。坡边船载重较小，一般在二百五十石至七百石之间，主要在台湾沿岸航行，运输货物等。③

关于海船的外观、结构及人员职司，早在康熙六十一年（1722），黄叔璥就已作出较详细的记述。

> 每船载杉板船一只，以便登岸。出入悉于舟侧，名水仙门。碇凡三：正碇、副碇、三碇（正碇一名将军碇，不轻下），入水数十丈。

---

① 《厦门志》卷五《船政略》，第136页。
② 林玉茹：《清代竹堑地区的在地商人及其活动网络》，第121页。
③ 《台湾私法》第三卷（下），第380页。

藤草三绋,约值五十金。寄碇先用铅锤试水深浅;绳六、七十丈,绳尽犹不止底,则不敢寄。铅锤之末,涂以牛油;沾起沙泥,舵师辄能辨至某处。有占风望向者,缘篷桅绳而上,登眺盘旋,了无怖畏;名曰亚班。

南北通商,每船出海一名(即船主)、舵工一名、亚班一名、大缭一名、头碇一名、司杉板船一名、总铺一名、水手二十余名或十余名。通贩外国,船主一名;财副一名,司货物钱财;总捍一名,分理事件;火长一正、一副,掌船中更漏及驶船针路;亚班、舵工各一正、一副;大缭、二缭各一,管船中缭索;一碇、二碇各一,司碇;一迁、二迁、三迁各一,司桅索;杉板船一正、一副,司杉板及头缭;押工一名,修理船中器物;择库一名,清理船舱;香公一名,朝夕焚香楮祀神;总铺一名,司火食;水手数十余名。

海船按十二支命名:船头边板曰鼠桥,后两边栏曰牛栏,舵绳曰虎尾,系碇绳木曰兔耳,船底大木曰龙骨,两边另钉湾杉木曰水蛇,篷系绳板曰马脸,船头横覆板插两角曰羊角,镶龙骨木曰猴檀,抱桅篷绳曰鸡冠,抱碇绳木曰狗牙,挂桅脚杉木段曰桅猪。①

从上可见,黄叔璥分别对国内及海外贸易商船进行了描述。乾隆三十七年(1772),朱景英在《海东札记》中对"横洋船"有更为详细的记述:

海舶长约十丈余,阔约二丈,深约二丈。舶首左右刻二大鱼眼,以像鱼形。舶腰立大桅高约十丈,围以丈计。购自外洋来者,曰"打马木",亦曰"番木"。又舶首立头桅,丈尺杀焉。帆,编竹为之,长约八丈,阔四五丈。尾柁长约二丈余,巨半之,以盐木制者为坚。柁前相距二丈余,设板屋,广约丈余,深如之,左右置四小龛为卧室,曰"麻离"。板屋后附小龛,高约三尺,横阔约五尺,置针盘其中,燃灯以烛。板屋前

①　(清)黄叔璥:《台海使槎录》卷一《赤崁笔谈》,《台湾文献丛刊》第四种,第17—18页。

左置水柜，深广约八尺，以贮淡水。又前则为庖室。碇以铁力木为之。头碇重七八百斤，以次递杀。巨舶四碇，次三，次二。铅筒以钝铅为之，形如秤锤，高约三四寸，底平，中剡孔宽约四分，深如之，系以棕绳，约长六七十丈。舟人用以试水，绳尽犹不至底，则不敢下碇。铅筒之末，涂以牛油，下绳沾起泥沙，辄能辨至某处。又载一杉板船，以便登岸。出入悉由舶侧，名水仙门。舶内出海一，即船主；柁工一；亚班一，用以缘桅攀帆，捷如猿猱，升顶无怖畏，足资占望经理者；大缭一；头碇一；司杉板船一；香公一，司祀神者；总铺一，司火食者；水手二十余人。凡海舶以十二辰命名：舶首边板曰"鼠桥"，后两旁栏曰"牛栏"，柁绳曰"虎尾"，系碇绳木曰"兔耳"，舶底大木曰"龙骨"，两旁另钉杉木曰"水蛇"，帆系绳板曰"马脸"，舶首横覆板插两角曰"鸡冠"，抱碇绳木曰"狗牙"，挂桅脚杉木桅曰"桅猪"。①

从朱景英的记述中可知，这艘横洋船相当大，"阔约两丈"，船上卧室、厨房、储藏室等一应俱全，还配有一艘方便登岸用的杉板船。此外，与黄叔璥的记述相对照，《海东札记》中关于"水仙门"及船上人员职司的记述部分与前者完全相同，这大概是朱景英传抄前者所致。同样的情况出现在道光十三年修成的《厦门志》卷五《船政略》中，撰者对厦门的"洋船"、"商船"的描述与一百多年前黄叔璥所写也完全相同。这不禁使笔者对《厦门志》中关于"海船"记述的真实性产生疑虑。朱景英还记述了海船舰首左右刻有"鱼眼"的图形，这在乙未割台后日人佐仓孙三对海船的描述中也有所体现。

台人所用船体，大者如我千石船，形似大鱼，轴为头、舻为尾，巨口大眼，其状甚奇。帆大抵用帘席，截风涛，往来沧溟，如走坦途。②

《厦门志》中也对海船的外观、结构、人员等有所记述，因传抄原因，此

① （清）朱景英撰：《海东札记》，《台湾文献丛刊》第一九种，第15—16页。
② （日）佐仓孙三：《台风杂记》，《台湾文献丛刊》第一〇七种，第25页。

处只引述闽船外观颜色的记载,其余不再全部引述。

> 雍正九年(1731),以出洋船只往往乘机劫夺,令福建出洋等船大桅上截、自船头至梁头用绿色油漆,易于认识。①

与商船相比,渔船样式较多,从《厦门志》的记载可略观其大端。

> 按《会典》:康熙初年定例,出洋海船无论商、渔,止许用单桅,梁头不得过一丈;水手不得过二十人;取鱼不得越本省境界。自后屡经奏改,渔船梁头限至一丈而止;由县给照,归关征税也。渔船向止大、小二种,后渐造为中号渔船,有曰艋艚、曰描、曰虎艚、曰十三股艚、曰汉洋钓。甚者曰草乌船,形如劈开鸭蛋式,多桨而能行,不畏风浪;潜赴粤省私载违禁鸦片土,在洋行劫。②

海舶的航行动力主要是风力。海船与海风的关系在郁永和的笔下表现得淋漓尽致。

> 顷之,有微风,复起椗行。比暮,视黄土坡犹未远,以风力弱不胜帆也。始悟海洋泛舟,固畏风,又甚畏无风。大海无橹摇棹拔埋,千里万里,只借一帆风耳。忆往岁榕城晤梁溪季君蓉洲,言自台令旋省,至大洋中,风绝十有七日,舟不移尺寸,水平如镜,视澈波底,有礁石可识;斯言诚然。既暮,就寝。初更风渐作,窅听舷间浪激声甚厉,而膛中董君呻吟声,若相和不辍。夜半,渡红水沟。③

从上"渔船"之引文可知,渔船也有凭桨借助人力航行的,这或是横洋渔船与商船的一个不同之处。

---

① 《厦门志》卷五《船政略》,第130—131页。
② 《厦门志》卷五《船政略》,第136页。
③ (清)郁永和:《裨海纪游》卷上,《台湾文献丛刊》第四四种,第5页。

二、小船与竹筏

海船所载客货要登陆或转售他地，需要借助小船或竹筏才能成行。如康熙三十五年(1696)，郁永和乘海舶抵达台湾时就记述道：

> 三板即脚船也。海舶大，不能近岸，凡欲往来，则乘三板；至欲开行，又拽上大船载之。①

咸丰九年(1859)，打狗港郊商船户所立《船户公约》还提到海舶以"三板"为向导。

> 倘□人不肯，我同人有先到港内者，务须驾驶三板向导……②

这里称"三板"为"脚船"，道光十三年(1833)编修的《厦门志》则认为三板即是小船：

> 民间小船，俗称三板。或揽载客货、或农家运载粪草，皆有底无盖、单桅双橹，亦有一人双手持双桨者。厦门有石艚、溪篷、估仔等船，其式不一。
>
> 乾隆五十年，沿海有底、无盖小船，凡有水港可以撑驾出海者，查明果系诚实良民，取具连环保结验烙、给照，方许采捕营生。③

从上可知，厦门小船还有"石艚"、"溪篷"、"估仔"等不同名称。台湾亦然。乾隆十年(1744)，范咸在《重修台湾府志》中就记录了几种小船的名称。

---

① （清）郁永和：《裨海纪游》卷上，《台湾文献丛刊》第四四种，第6页。
② 《台湾南部碑文集成》，《台湾文献丛刊》第二一八种，第676页。
③ 《厦门志》卷五《船政略》，第175—176页。

台属之澎仔、杉板头、一封书等小船,领给台、凤、诸三县船照,周年换照;三邑各设有船总管理。①

厦门小船的基本结构远较海舶简单:只有船底,没有甲板,并且是单桅。小船的前进动力除借助风力外,还依靠人力,即用桨橹划水前行。这与台湾小船也是一样的。如乙未割台后,日人佐仓孙三对台湾小船凭楫划水的速度印象深刻:

> 而其小者,如我渡舟,设楫于两侧,双手操之,宛然如推车轮状,而快驶不让我短舸。②

除小船外,竹筏也是郊商海舶所载客货上岸的运输工具。以目前史料所见,竹筏主要在台湾存在,台南尤盛。如《台湾私法商事编》中收录了日据初期台南三郊关于竹筏运资的决议书,兹引一例以见大端。

> 窃谓:贸易之道,利在权衡;创立章程,贵乎一律。我台南创设三郊,历今二百余年,郊中交接,均有公议条约,遵循定章办理。近因五谷物件腾贵,筏驳唱昂,以致生意日见支绌。现粮食降贱,工脚应当酌减,爰集同人共商妥议,再申规约。凡有由外埠运到货物,该筏驳工,应给工价列左,冀我郊户确遵定章,毋违斯约,是所厚望焉!
> 谨将新订各埠筏驳运赁,至郡每车工价缮录备览:
> 濑顶——加拔、山顶、内庄、新庄、后堀等社,每七件为一车,给工价六八银一。五〇元濑下——石仔濑、二坎仔、埤尾、厂尾等社,每七件为一车,给工价六八银一。四〇元渡仔头等社,每七件为一车,给工价六八银一。二〇元西庄——六分蓼、北仔店、五十崛、东势仔等社,每七件为一车,给工价六八银一。一〇元曾文溪:总爷庄、胡厝后、蓼仔廊、九

---

① （清）范咸修:《重修台湾府志》,《台湾文献丛刊》第一〇五种,第90页。
② （日）佐仓孙三:《台风杂记》,"竹筏",《台湾文献丛刊》第一〇七种,第25—26页。

间厝、小新营、等社，每七件为一车，给工价六八银一。○○元坎仔庄、东溪洲等社，每七件为一车，给工价六八银九。○角加弄头：苏厝、打铁店、楼仔林、东竹林、后营、下面厝、等社，每七件为一车，给工价六八银八。○元梢楠——七十二分、海尾、大竹林、刘厝等社，每七件为一车，给工价六八银八。二角海尾、承裕蒙等社，每七件为一车，给工价六八银五。六角芦竹沟、北美蒙等社，每七件为一车，给工价六八银一。二○元

光绪二十七年一月十四日

旧历庚十一月二十四日传单①

此外，竹筏运送商船客货上岸的记载散见于一些史料中，如

大雨两日，辛亥（十一日）雨止，海涌略平。闻"爹利士"船已回泊海口外，有乘竹筏出入者。②

而是时鹿港通海之水已浅可涉矣，海艟之来，止泊于冲西内津；之所谓"鹿港飞帆"者，已不概见矣。捆载之往来，皆以竹筏运赴大艑矣。然是时之竹筏，犹千百数也；衣食于其中者，尚数百家也。③

夷船驶至，即先行封港，不许小船、竹筏出口，以断接济水米、偷消鸦片之路。④

商船运货均有脚船，间亦有用驳船、竹筏者。竹筏亦有大者；沿海居民取大竹编扎成筏，用以载货出口，可至安平、鹿港等处。又有作小竹筏者，用以出海取鱼。近日洋商多雇竹筏，因此脑赴安平，转载轮船运赴香港销售。⑤

① 《台湾私法商事编》，《台湾文献丛刊》第九一种，第38页。
② （清）易顺鼎：《魂南记》，《台湾文献丛刊》第二一二种，第10页。
③ （清）洪弃生：《寄鹤斋选集》，《台湾文献丛刊》第三○四种，第85页。
④ （清）姚莹：《中复堂选集》之《东溟文后集》卷四，"台湾水师船"，《台湾文献丛刊》第八三种，第61页。
⑤ （清）倪赞元编：《云林县采访册》之《海丰堡》，"海防形胜"，《台湾文献丛刊》第三七种，第87—88页。

上引竹筏运送的客货并非都是郊商所有，但从中可见竹筏在近海运输中作用。第四则史料则显示出"脚船"（小船）或是台湾郊商海舶更常用的近海运输工具。此外，竹筏还可充当海舶向导，前引台南打狗港郊商海舶首选的向导就是竹筏。

> 兹我同人，船只来台，贸易必经打狗诸港，凡遇风帆不顺，出入必以竹筏导头。……一、凡我下郊诸船只到港，遇风帆不顺，尚在港外，旧例原系竹筏导头，……①

台南湾竹筏给初次见到它的中外人士留下了深刻印象。如乾隆二十八年（1763），朱仕玠是这样描述台湾竹筏的：

> 海边渔人，往海取鱼，则用渔舟；至沿海浅处，止凭竹筏。筏上安篷，驾风往来，狎视海涛，浑如潢池。其筏长约三四丈，阔约一丈。②

从上可知，竹筏为长方形，上有篷，以风为主要动力，行驶迅捷平稳。当时，朱仕玠渡台应是自鹿耳门入港，故其所见竹筏应为鹿耳门竹筏。与朱仕玠相比，法国人卡密尔·安伯都亚（Camille Imbault d'Huart）对竹筏极为好奇，他对竹筏的描述也详尽得多。

> 在打狗登陆，这事本身不已是非常有趣的吗？将您从中国大陆，从厦门或从福州载来的蒸汽船，在海港入口对面约一公里半的地方下锚，而您可窥见这海港的入口乃是开启在左边的猴山（按即打狗山）和 Saracen 山（译者按：即旗后山）之间。船舶一经停泊，立刻被一些叫做竹筏（Catamarans）的古怪的船舶所靠拢，而这种竹筏是值得一番短短描写的：这是一种长约十尺，宽约三~四公尺的排

---

① 《台湾南部碑文集成》，《台湾文献丛刊》第二一八种，第 676 页。
② （清）朱仕玠：《小琉球漫志》卷七《海东剩语》（中），《台湾文献丛刊》第三种，第 74 页。

（Radean），由十二或十四支最大的竹竿造成。这些竹竿都用火烤；烤到使那竹筏成弧线形，并用藤连成一块；或用木条横贯着，在一片固定在竹筏中央的厚木块上，树立着桅竿；而桅竿上挂着席子做的风帆。在这类奇特的船舶的构造上，不曾使用一枚铁钉，每个人都有一件席子做成的屏风似的东西，用来保护行李，抵抗风和海的打击。当人们不用它的时候，它便放在前面，并构成一种甲板，人们便将想要搁在干燥之处的东西放在这种甲板上。当人们用竹筏载运旅客时，便在筏的后端缚上一只木桶，而旅客即坐在桶中。如将竹筏用来钓鱼，木桶即由鱼篓所取代。驾驶竹筏的船夫通常是三人。划桨的时候，每个人面对着竹筏所取的方向，将两只大桨不向自己身边拉而向前面推；张着风帆的时候，仅仅一人借着竹筏后面穿在一个藤缆中的舵的助力，操纵着竹筏。不管海上的风浪如何险恶，竹筏颠覆的事却不多见；如果发生这样的事情，多半是在转回陆地的时候，并在横过港口沙带的时候。①

　　卡密尔·安伯都亚做出上述描述的时间约在光绪十一年（1885）。从他的描述中，我们可以知道这是台南打狗港区的竹筏，竹竿、藤、木条是建造竹筏的基本材料，并且没有用一根铁钉——这最令卡密尔·安伯都亚感到惊讶，风帆是用席子来充当的，保护行李、避免行李遭水的也是席子做成的类似屏风的东西。竹筏上的船夫有三人，竹筏的动力有风力也有人力，而在风帆张落的不同情况下，船夫驾驶竹筏的方式也是不同的。竹筏后端置有木桶或鱼篓，根据是载客还是打鱼而定。

　　卡密尔·安伯都亚之后，仍有抵台中外人士对台南诸港区所用竹筏进行了记述。从他们的笔下可知，台南其他港区的竹筏与打狗港区的略有不同。如光绪十七年到台后，唐赞衮曾作《咏鹿耳门竹筏》诗一首：

---

　　①　［法］卡密尔·安伯都亚（Camille Imbault d'Huart）著，黎列文译：《台湾岛之历史与地志》（Lite Formose Historire et Description），《台湾研究丛刊》第五十六种，1958年，第123—124页。

毛竹粗于臂,勾裁四、五竿;刮膜经漾水,编眼任翻澜。渡比深杯稳,天疑坐井看(人坐木桶,系于竹筏)。鸥鹭浮鹿耳,同此一篙安。①

从中可知,唐赞衮所见竹筏大概规模较小,是以毛竹做成。光绪二十一年(1895),易顺鼎这样描述鹿耳门竹筏:

竹筏之制,载客四五人。用巨竹十余,贯以巨钉、绲以巨绳;置以木桶,以贮行李。一人坐于桶上,余人则蹲伏桶旁。操筏者或五人、或六人,人持一巨桡,皆裸身出没浪中;俗呼为"水鬼",即古之"弄潮儿"也。②

与台南打狗港区竹筏相比,易顺鼎所见鹿耳门港区竹筏最大的不同在于"贯以铁钉"。其余如载客、操筏等只为人数不同而已。乙未割台后,日人佐仓孙三描述了在安平港见到的竹筏:

独安平港所用,全异其制:联结竹干大如柱者数竿以为筏,载之以大盘桶,使客乘之。舟夫在舻操之,其状甚异。盖台岛无良港湾,风浪如山,险不可名状,如安平港最甚;故非桴船,则不免覆没云。③

第三节　贸易制度与贸易习惯

郊商在进行海洋贸易的过程中,形成了一些贸易制度与贸易习惯。这些制度和习惯,如郊商与码头存货的行栈之间的码子单,郊商与出海之间的随船总单、随船货单,郊商贸易文书上写有"顺风得利"的印记等,都是海洋特色鲜明的郊商制度文化的重要内容。

---

① 《台湾关系文献集零》十六《台阳集》,《台湾文献丛刊》第三〇九种,第169页。
② (清)易顺鼎:《魂南记》,《台湾文献丛刊》第二一二种,第10页。
③ [日]佐仓孙三:《台风杂记》,《台湾文献丛刊》第一〇七种,第25—26页。

一、批皮

批皮即为通常所说的信封套。批皮的正反两面一般都写有内容。如文书编号十七，

〔批皮正面〕
〔印记：如意〕货函烦至鹿港横街仔米刘〔割〕交
内加封清总单三纸
春盛宝号台升
外配双桃二〇箱、源兴六箱、长福春六箱、品蘭四箱、玉蘭四箱、长房万利布一〇仝、锦成二八布一〇仝、套袋一〇尻〔印记：东益兑货支取不凭〕
〔批皮背面〕
〔印记：顺风得利〕付金丰顺宝舟□〔印记：顺风得利〕
海□□□□□□□□□
〔印记：顺风得利〕伏出海高印妈禁官驾〔印记：顺风得利〕①

从上可知，批皮正面写有货主（文字脱落，信件中写明）、收货人地址、货物种类、数量，背面则写有船只的船号，出海姓名，发信日期（文字脱落，有信件内容可知）等。从批皮正反两面的印记可知，这是永宁东益号委托金丰顺船带给鹿港春盛号的货函（包括货单和货批）。再如《台湾私法商事编》中收录货批的"封套式样"。

托金泉庆宝舟出海曾妈锥官至涂子葛窟
交
崇源宝号台启

---

① 林玉茹、刘序枫编：《鹿港许志湖家与大陆的贸易文书》，第106—108页。

外付去现封时龙银一百八十元①

除书写形式略有不同外,内容基本相同。

二、货单、货批

货主委托出海贩卖货物之文书,称为随船货批或随船货单(本单),前者具有往贩信函之形式,附有委托之文言内容、货物名称、数量、价格及运费和其他费用,托运船只之船号、出海姓名等;后者则省略文言。

货单及货批的封皮称为批皮,记载货主、收货人、船只的船号、出海姓名、货物内容、件数,此外,也有记载交货时间及地点者。如货批,文书编号五:

〔印记:如意〕顺列吉号代付金丰顺宝船

高印禁官出海

二六·七五元　源兴　赤烟上　四担　　六五八平　一四〇·八一二两
　　　　　　　品兰　　　　四担

二七·七五元　福粦赤烟上四担　　六五八平　七三·〇三八两

二〇·七五元　玉珍　乌厚烟　四担　　六六八平　一二六·四一九两
　　　　　　　福记　　　　五担

二三·〇元　长福春赤烟五担　　六五八平　七五·六七两

二七·二五元　仁信乌厚烟六担　　六六八平　一〇九·二一八两

二〇元　泉粦赤烟上八担　　六五八平　一〇五·二八两

加单礼、卜〔驳〕力平七·〇两

并艮平六三七·四三七两〔印记:如意〕

〔印记:如意〕至祈如额向驳检收注册,载资照还,鳞便复示为佩。

昨蒙贵东【家】湖兄外拨委敝代售金丰顺螺米五〇石,适市不善,姑为拾栈,以待转局而沽之耳。刻如栈鲜螺【米】四·三元,新万米四·一

---

① 《台湾私法商事编》,《台湾文献丛刊》第九一种,第300页。

〇元，北生油一〇·五元，托硼番火三·〇八元，汽油浮五·六〇元，泉足花金七·二角，福泉二五金二·四〇角，锦成布八四元，余诸后申。

此启

上

春盛宝号　照　　　　　　　　　　　乙未十一月十七日封

〔印记：东益兑货支取不凭〕①

一般货单及货批通常会记载下列事项：（一）商品种类及数量、费用；（二）委托人（大多于文末署名处盖店印）；（三）运送人（通常明记船号及出海名）；（四）贩卖价格。通常是全权委托合伙商号决定；（五）销售货款。通常托便船带回或委托购货时充为货款，但会先扣除运费及手续费，并制作贩卖清单寄给委托人。从上可见，上引是永宁东益号寄给鹿港春盛号的货批兼货单。东益号委托的是金丰顺船的出海高禁官（高妈禁），运去源兴、品兰、福粦、长福春、泉粦牌的赤烟，以及玉珍、福记、仁信牌的乌厚烟，并记明单价、数量、总价（换算成银两）及进出口的规费、搬运费等。除货单登明载货明细外，永宁东益号还在货批中提及了鲜螺米的代售情况，并通报了米、油、番火、布等的市场行情。

货单一般只列有货物内容。如

旋奉　　　　　　　货合一箱

五·一（角）　上上、清水加重、正天、二四纯纬、光市素面、头号贡缎十四枝，银二·八一八七七（百元）。

实三·九五（丈）、三·九五（丈）、三·九五（丈）、三·九六（丈）、三·九六（丈）、三·九六（丈）、三·九七（丈）、三·九七（丈）、三·九二（丈）、三·九二（丈）、三·九二（丈）、三·九八（丈）、三·九四（丈）、四·〇八（丈）：计算尺五·五二七（十丈）。

四·九（角）　上上、清水加重、品蓝、二九纯纬、光市素面、头号贡

---

① 林玉茹、刘序枫编：《鹿港许志湖家与大陆的贸易文书》，第81页。

缎六枝,银一·一五四九三(百元)。

实三·九一(丈)、三·九一(丈)、三·九一(丈)、三·九二(丈)、三·九三(丈)、三·九四(角)上上、清水加重、内白正元青、三二纯纬、穆天兴嘉泰贡缎五枝,银一·九七(百元)。

共计算英洋五百九十四元三角七占。

益章大宝号台照　　　　　　　　　　　丙午四月初一日单①

从上可见货单主要记载货物种类、单价、数量、总价等数据内容,它主要起到核对证明的作用。相对而言,货单兼货批则附有信函形式的内容,其中委托者与代理人互相通报交易情况和市场信息。

三、交船单

交船单是配货单的一种。货主在装货结束后,出海将运送货物之内容、数量及运费记载于运送的账簿(大公簿),并填写收条,及交船单交给委托的货主。如文书编号七:

春盛号现封银式〔贰〕捆〔金丰顺舱口〕一○○五元,至船收装。回音千匕。此交上

金丰顺本舟　收　　　　　　　　　　　乙腊月十五日单

〔印记:金丰顺公司图章〕②

从上可见,金丰顺号是委托人,将鹿港春盛号的货银共一○○五元,委托金丰顺船的出海交给对岸商号。印记"金丰顺公司图章"表明,金丰顺号是合股的船头行,当时称合股的船舶财产为"公司",出海也有可能是股东之一③。从本件交船单可知,金丰顺船的船主与出海是一种雇佣关系,这也证明本文前述的观点。

---

① 《台湾私法商事编》,《台湾文献丛刊》第九一种,第298页。
② 林玉茹、刘序枫编:《鹿港许志湖家与大陆的贸易文书》,第84页。
③ 《台湾私法》第三卷(下),第394页。

出海或仓口在收到交船单后，一般再开付收条，即收货单（收单），告知委托人。它的形式是这样的。

> 刻接升筏〔印记〕运来盖^本_印一四一斤乌尖米贰拾石，到船过量收
>
> 载，回息通知。此奉上
>
> 　德兴宝号升
>
> 　　　　　　　　　　丁未年菊月初十日单
>
> 　　　　　　　　　　〔印记：金合茂仓口〕①

这是金合茂船的仓口回复委托人德兴号的收条，其中载明收到了升筏运来的乌尖米一四一斤，并已称量收载。

交船单主要涉及货主与出海之间的委托关系，委托内容可是货物，也可是货币，不一而足。

四、货函

货函是委托贸易的商号之间互通交易内容和市场行情的信函，它是两岸郊商进行交易时主要的贸易文书。如文书编号第四十：

> 敬查前日付金叶顺及再成、兴成、建益等船之去米□□，其详谅必齐交可卜，祈即速示来知千七。前所请办之轻，希如款为谋。老台如有意加办亦可，不则即就振成之额办配可也。现鹿诸轻各色俱企，办□□□□，苟有泉船，祈从先配来，决取厚利矣。鹿谷米价日升，现弁〔办〕扳兑三·六七元，费在外。观米价日出日短，谅难分较。咱先船所配之米，如为兑出，祈即扳沽，不则可以起栈无妨。候缓七脱之，自决取利，如有再配，其价亦乃高昂，如入栈，决不致离径矣。时鹿市轻市最笑者，以源兴烟、水油、三七布及万有只（紫）布均有价市。但只有深沪

---

① 《台湾私法》第三卷（下），第417页。

问说兑一四·二元,祈即向办,多少亦可。现鹿堪兑一一元,谅决再唱
矣。至于再成船,祈即速备他渡鹿,幸勿使其拖延千匕。但欲配他之
税,不苟多少,均可矣。刻台地之事,现虽平定,世事亦乃分匕不定。叔
台祈留一步,再缓一二月如何,另再设法是也。余事容后伸详,此启。

　　眼下各色轻货俱有转市,咱派幸切办配千匕。

上　　　　　　　　　　　　　　　　　　　　　　　　　　仆金波

志湖老伯台升　　　　　　　　　　　　　　　丙瓜月十七日泐

　　　　　　　　　　　　　　　　　　　　〔印记:振成兑货〕①

　　从上可知,本件是鹿港振成号王金波向身处泉州永宁的许志湖报告交
易及市场情况的货函,其中涉及内容甚多。除询问配船运去的米谷是否达
到及请许志湖斟酌如何代买轻货外,还通报鹿港市场各类轻货价格及米价,
并提出了相应的贸易建议。

五、代配清单

　　代配清单是商号之间通知代为配送货物情况的贸易文件,内容包括收
货商号、运输船号、出海、货物种类及数量、价格等。如文书编号八:

　　　　〔印记:传音〕兹代配沪〔滬〕金宝顺船出海
　　　　陈永泡官运去,
　　　　北油拾笼并费〔印记:?〕本金九〇元,六二·一两〔印记:?〕。
　　　　上
春盛宝号台照　　　　　　　　　　　　　乙腊月〔十二月〕拾六日单
　　　　　　　　　　　　　　　　　　　　　　　〔印记:恒益〕②

　　恒益,即上海恒益商号,其受泉州丰盛号委托,代鹿港春盛号采买北油

①　林玉茹、刘序枫编:《鹿港许志湖家与大陆的贸易文书》,第154页。
②　林玉茹、刘序枫编:《鹿港许志湖家与大陆的贸易文书》,第86页。

十笼,并以金宝顺船(出海为陈永泡)配运至鹿港,费用共为九十元,以六九银计算,合银六二·一两。

六、代兑清单

《台湾私法》中认为,一般而言,郊商接受委托,采买货物,就称为代采、代理或代办;若受托售卖货物则称为代兑。① 代兑清单就是郊商代兑过程中出现的贸易文件。如文书编号十四:

〔印记:如意〕承乙未收配金丰顺船 十月 到
十八日

批 四·三八元 来螺米伍拾石 岁内兑三一石艮一三五·七八元
四·五二元 丙【申】兑一九石艮八五·八八元

共艮二二一·六六元,〔印记:?〕六九五平 一五四·〇五三两。

九八仲 艮平 三·〇八一两。

扣 三·五点 上栈工卜艮以一·七五元 六九平,一三·二八
三·五角 大俩□□一七·五元

二两。

〔印记:顺风得利〕除费外,兑实艮平壹佰叁〔印记:如数付讫〕拾柒两六饯九分。

上

春盛大宝号 升照 〔印记:丙申年〕丙申桐月〔三月〕初四日清单
〔印记:东益兑货支取不凭〕②

这是泉州永宁东益号受鹿港春盛号之托代兑螺米的代兑清单。从中可知,东益号受春盛号之托代兑金丰顺船配运来的螺米,公得银一五四·〇五三两,扣除东益号的中介费用三·〇八一两,运输等费用一三·〇二八二

① 《台湾私法》第三卷(下),第45—46页。
② 林玉茹、刘序枫编:《鹿港郊商许志湖家与大陆的贸易文书》,第98页。

两,实得银一三七·六九两。再如益章号代裕泰庄售卖青糖的代兑清单中,也有类似的内容,但多了扣除税四十元的项目。

代兑配金顺和船出海吴随船去

盖顺记印裕泰庄青糖一百篓,价七·〇(百元);

税拍　　四·〇(角)　　四·〇(十元);

扣代理 {载工 四·〇　　四·〇(十元)} 并 合九·九(十元);
　　　　{力水 五·〇　　五·〇(十元)}

九八仲　每元二·〇(角)　一·四(十元)。

除税费外,兑实价六百一十元正。

金顺和宝舟随身益章宝号升　　　　　　　丁未五月末日单①

七、总单

总单是郊商记载代采或代兑过程中,产生的所收货款、销售收入、支出及其他费用等收支项目,最后两相抵扣,得出的显示盈余负债的表单。如果郊商之间保持着固定的委托关系,总单一般在年底或年度中结算时才交寄;如委托关系经常变动,则总单在完成一次代采代兑的贸易循环后就需及时寄送②。如文书编号十八:

春盛宝号台升

(上段)

〔印记:如意〕乙拾月廿贰日来 原平七一六·五五,一〇〇〇元(现封),

实平七一〇·八三两。

葭月廿九日对 折(恒成) 错带(妈禁) 龙【银】三〇〇元(现封),平二一九两。

---

① 《台湾私法商事编》,《台湾文献丛刊》第九一种,第290页。
② 《台湾私法》第三卷(下),第58、463页。

又　对又折　来否艮二〇〇元,平一四三·八两。

承丙三月四日单,收兑　螺米五〇石单,实平一三七·六九两。

又又单收兑　万米五〇石单,实平一三八·二〇七两。

共来银平壹千叁百四拾玖两五钱式·七分。

（下段）

乙葭月初三日过　付　米俩五〇石,六九平,一二·〇七五两。

又对　付　米俩一七·〇石,六九平,四·一〇五两。

拾柒日一号付　去烟四〇担,并平六三七·四三七两。

腊月廿柒日　直　事去龙一·〇元平七·三钱。

丙贰月十五日付　去番纱二〇柜,并费平三七·〇四八两。

三月十乙日未付　去　并平四五四·八七九两。

共去银平壹仟壹佰四拾六两贰钱七·四分。

对除外,揭在银平式佰〇叁两贰钱五·三分。

上　　　　　丙申年三月十二日总单〔印记:东益兑货支取不凭〕①

这份总单是泉州永宁东益号寄给鹿港春盛号乙未年（1896）十月到丙申年（1897）三月的结算总单。上段是以现金或赊账买入的货品数量、价格

① 　林玉茹、刘序枫编:《鹿港郊商许志湖家与大陆的贸易文书》,第109—110页。

及销售的收入金额,单中以"来"表示。"收兑"则为收到委托贩卖的货品。本文第一行的"现封"是"密封现银"之意。五笔入账之总金额(包括东益号出海高妈禁错带往厦门的银两,厦门恒成号折抵货款,参看编号为六的书信)共银一三四九·五二七两。下段记载现金支出,或赊账卖出的货品名称、数量、价格及其他支出金额,单中以"去"表示。计付出丰顺船运米的载资、代配去鹿港的烟、番纱、布价及赔偿损失之金额等六笔,共银一一四六·二七四两。上下段收入(来)、支出(去)总额相抵扣,若"来"超过"去",其超收之额就是债务,单末以"对(或筹)除外,揭(结)在银○○○",当支付对方差额。相反的,就是债权,单末以"对除外,结去银○○○",对方当支付差额。本件"揭在银"二○三·二五三两,表示永宁东益号需付给鹿港春盛号银二○三·二五三两。

上引总单是在一个年度中结算,还有在完成一次代办、代兑贸易循环后即结算的总单类型。

　　一、代兑裕泰庄青糖一百篓,计价六·一○(百元)。

　　一、代办配金顺和号随船吉兴棉花三·四(十元),单价五·八八(百元)。五月吉日对出海吴士官栈号并二·二○(十元)。

　　　对抵两讫　　共价六·一(百元)

金顺和宝舟随身益章宝号升　　　　　　　　丁未五月吉日总单①

这是代益章号售卖和采买的收支清单,随配运商船金顺和号寄给益章号。

八、码子单

郊商的货物运至码头后要寄存栈房。码子单就是在行栈与郊铺之间存在的一种单据,它的内容通常包括货物名称、件数、重量,且用数字苏州码记载②。

---

① 《台湾私法商事编》,《台湾文献丛刊》第九一种,第291—292页。
② 《台湾私法》第三卷(上),第487—488页。

如文书编号三一：

　　　　五〇九五〇七五一〇五〇九五一〇五〇八五〇

　　　　　　　　　　　　　　　五〇六五〇五五〇七

　　　　五二〇五〇七五〇八五〇五五〇九五〇一五一二

　　　　　　　　　　　　　　　五〇七五〇四五〇七

　　码子〔印记：如意〕

　　　　　　四九七五〇一五二六五〇七五〇一五〇八五〇七

　　　　　　　　　　　　　五〇八五〇八五〇九

　　　　五〇六五〇六五〇八五〇八五〇　五一二五〇九

　　　　　　　　　　　　　五〇二五一七

　　共平六九·二八四两

　　上

　　谦和宝号　照　　　　　　丙申年荷月〔六月〕二十四日单

　　　　　　　　　　　　　　〔印记：顺发货印支取不凭〕①

　　这份是顺发商号开给谦和号的码子单。其中并未注明货物名称，所列数据应为货物重量，及货物总价值。

九、印记

　　一般台湾商业惯例，商人印章必须刻上店号及印章用途的文字才有效力。只刻有店号的印章称为戏印或单头印，单独盖此章，并无证明效力，须在同一文件上配合其他印章使用，才能生效，且印章上即使不刻东家或店主姓名，亦不影响其效力。

　　商人使用的印章种类颇多，主要有以下几种。

　　1. 信记印。为商人最重要的图章之一，又称为图章或图记。此印章刻有店号及"信记"或是"图章"之字，通常用于合伙字、退股字、金钱借贷文

---

① 林玉茹、刘序枫编：《鹿港郊商许志湖家与大陆的贸易文书》，第136页。

书、结算书(总单)等重要文件。

2.兑货印。此印章通常只用于商品交易,而不用于金钱借贷,仅刻店号与"兑货"二字。或加刻"认借不凭"、"支取不凭"文字,表示此印章不保证金钱收支,仅证明商品交易之缔结。

3.仅刻店号及"书柬"二字,用于商业往来书信。

4.单头印。又称戏印或闲印。通常只刻店号,并加刻草木纹样之花边,因为多是盖在清总单等"单"据的上方,故称单头印。此印并不具有店印的效力,严格来说,不能说是印章,仅为装饰用。①

从鹿港郊商许志湖家文书中,我们看到的印记多为第二种"兑货印"。如仅刻有店号的"兑货印","谦和"、"恒益"、"春盛"、"振成"、"义记";也有"东益兑货"、"丰盛兑货"、"振成兑货"、"春盛兑货"、"胜昔时兑货"、"新和益兑货"、"新连兴兑货"、"永宁东成兑货"等兑货印;另外还有"丰盛兑货支取不凭"、"东益兑货支取不凭"、"春盛兑货支取不凭"、"谦和兑货支取不凭"等加上"支取不凭"字样的兑货印。

第四节　海神信仰与航海习俗

因为"以海为田",海洋成为郊商经济生活的主要原则。海洋的浩渺无垠,激起航海人追求无限的勇气和胆魄;海洋的惊涛骇浪,培育航海人人生多艰、命运无常的悲情意识。郊商虽不一定与海发生直接的关系,但他们通过海上经济活动群体与海发生紧密的联系。海洋带给郊商获取丰厚利润的无限希望,也能在瞬间将郊商的梦想化为齑粉;海洋预示着高额的贸易利润,也带给郊商经济生活巨大的风险。海洋带来的这种不稳定性,渗透到郊商思想意识的深层,成为郊商在海神信仰中寻求心灵寄托的强大动力。

一、闽台郊商的海难事件

郊商从事的海洋贸易常因天灾人祸导致的海难事故而蒙受巨大的损

---

① 《台湾私法》第三卷(上),第248—251页。

失,甚至付出生命代价。闽台郊商所遇海难多因大风巨浪而起,这带给郊商的心理恐惧是非常强烈的。如泉州郊商黄时芳往广东潮州买货回来时就遭遇了飓风。

> 乾隆二十六年(1760)辛巳五月初一日,往潮州府恶溪买杉六傲。六月,同杉船回来,遇飓风将起,收入铜赊锣澳,弃椗,一夜惊惶。明早登岸,由铜山旱路归家。①

虽然幸运地躲过了"飓风",但"一夜惊魂"却道出了黄时芳当时内心的极度恐惧。六年后,黄时芳又因"风台"损失了一船蔴。

> 又三十一年(1766)丙戌……兹后七八九三个月,作三次风台,我只有破一次船,蔴四十石而已,余各船帮匕取兀银五十元,俱平安②

七·八·九三个月是台湾海峡台风爆发最频繁的时期。黄时芳的船货在此间爆发的三次"风台"中损失了一船四十石蔴,他对此已经感到很满意,认为是有神灵保佑才使损失如此小。从中推知,往常黄时芳的船货造风所受的损失应远大于此。

往来海峡两岸的船只运载郊货时,必须配载官谷。官方档案对民船失事导致官谷漂没的情况多有记载,从中可略窥闽台郊商因海难而遭受的损失情况。如:

> 户部议准、福建巡抚陈宏谋疏称、台湾兵米船户陈永盛等、外洋遭风漂没。人米无存。请照例豁免。从之。③

---

① 黄文炳:《龟湖铺锦中镇房黄氏族谱》,载陈支平主编:《台湾文献汇刊》第 7 辑第 16 册,第 426 页。
② 黄文炳:《龟湖铺锦中镇房黄氏族谱》,第 429 页。
③ 《清高宗实录》卷 461,乾隆十九年四月条。

福建台湾出洋遭风被漂督标兵米并谷一千十九石有奇。①

谿福建出洋遭风被漂兵米并谷一千四百七十石有奇。②

谿福建台湾外洋遭风漂没兵米一千一百六十石有奇。③

谿免福建出洋遭风漂没兵米二百七十石有奇。④

谿免福建台湾、凤山、诸罗等县、遭风漂没兵米一千二百四十七石有奇。⑤

谿免遭风漂没之福建海澄、龙溪二县船户林瑞等拨运兵米三百六十七石、谷一千一百六十六石有奇。⑥

谿免外洋遭风漂没之福建船户陈义兴等承载兵米兵谷、八百六十一石有奇。⑦

谿免福建诸罗、彰化、台湾、三县遭风漂没拨运仓谷一百六十石、兵米二百六十石有奇。⑧

谿免遭风漂没之台湾船户郑时春等拨运内地兵米三百六十石。⑨

谿免遭风漂没福建台湾拨运内地兵米四百八十石有奇。⑩

谿免福建彰化县船户郭有成遭风漂没运台兵米九十石。⑪

谿福建台湾府配载补运内地兵饷船户陈德泰等在洋遭风漂没米五百四十石有奇。⑫

谿福建台湾府乾隆五十年分运厦遭风漂没兵米一百二十石。⑬

---

① 《清高宗实录》卷 511,乾隆二十一年四月条。
② 《清高宗实录》卷五百 585,乾隆二十四年四月条。
③ 《清高宗实录》卷 860,乾隆三十三年三月条。
④ 《清高宗实录》卷 832,乾隆三十四年四月条。
⑤ 《清高宗实录》卷 930,乾隆三十八年三月条。
⑥ 《清高宗实录》卷 955,乾隆三十九年三月条。
⑦ 《清高宗实录》卷 980,乾隆四十年四月条。
⑧ 《清高宗实录》卷 1600,乾隆四十一年四月条。
⑨ 《清高宗实录》卷 1053,乾隆四十三年三月条。
⑩ 《清高宗实录》卷 1180,乾隆四十八年五月条。
⑪ 《清高宗实录》卷 1278,乾隆五十二年四月条。
⑫ 《清高宗实录》卷 1127,乾隆四十六年三月条。
⑬ 《清高宗实录》卷 1353,乾隆五十五年四月条。

　　谕免遭风漂没台湾运赴内地兵米七百二十石有奇。①

　　谕免福建台湾拨运内地遭风失水兵米兵谷四百八十石。②

　　谕福建船户金启瑞等、配载运仓在洋遭风漂没谷二百四十石有奇。③

　　除遭风失事外，海盗、战争等人为因素也是闽台郊商遭遇海难的重要原因。典型事例莫如嘉庆初期的海盗蔡牵。《台湾县采访册》记载云：

　　泉之同安人，初佣工自食，继为寇，出没海上，遂成巨憝，为浙、粤、闽三省大患。其来台湾，入鹿耳门，始嘉庆五年（1800），越九年四月，又至。乘雨登岸，北汕炮不得发。戕游击武克勤，仍罄商船所有而去。④

　　鹿耳门是台南门户，两岸郊商人员物资往来的重要港口。蔡牵突入鹿耳门，"罄商船所有而去"，台南郊商损失之大可想而知。在与鹿耳门对渡的厦门，一则"茗叶青"的逸闻流传至今，其中也显示出了彼时民间对蔡牵横行海上的畏惧情形。

　　郭青，厦门人，居仁安街。于茗叶青中获藏镪，因以起家。或云：青微时在洪本部设茗叶摊，兼售毡帽。一日，有客来购帽，论价既定，忽悟身未带项，颇怛怩。青为人夙慷慨，见客举止大方，举帽为赠，且留客饭。数月后，客再至，谈笑甚欢，濒行询青，何不承坐某号北郊，重树商帜。盖某号适倒闭，茗叶摊方设其门前也。青曰："素有此志，奈乏资本何？"客曰："是戋戋者，吾当为若筹备。"过数日，客以金至。时蔡牵起义海上，商船北上，多遭劫掠，冒险一行，安稳归来，可获巨万，然失踪

---

① 《清高宗实录》卷1427，乾隆五十八年四月条。
② 《清高宗实录》卷1451，乾隆五十九年四月条。
③ 《清高宗实录》卷1475，乾隆六十年三月条。
④ 《台湾采访册》，《台湾文献丛刊》第五五种，第46页。

者常踵相接,惟青货船,岁一再北上,独无恙,青已默喻海上呵护之人,必为假资之客矣。尝举以问客,客不答,青亦不敢穷诘。清时法网密,商人久为官绅鱼肉,怪异之事,固讳莫如深也。①

这则逸闻中有不符史实之处,如逸闻中的北郊在嘉庆年间既已成立,但据厦门郊行的历史文献记载,北郊直至光绪时才出现;也有部分细节反映了历史的实情,如厦门郊商行栈多设在洪本部(今厦门轮渡码头鹭江道一带),北郊为主要经营北上贸易的大郊行,因蔡牵横行海上导致厦门洋面商船敛迹等。这则逸闻情节应为杜撰,但其中反映了蔡牵之乱给海洋贸易群体造成的长久的集体记忆,这一事实当无可置疑。

晚清以降,台湾海峡成为中西海上军事对抗的主要海域,主要从事台海贸易的郊商船户也因之受到战争影响。如光绪中法战争爆发后,法国军舰曾炮击堑郊商船。

(光绪十一年)十一月十七日未刻,有法船一只游弋红毛港上之泉水空港。适遇竹堑郊行商船一号(船名"金妆成")由泉州运载面线、纸箔杂货;又有头北船一号:均被法人开炮,尾追莫及。又见随后有商船二号,已被法船赶上牵去。而法船又将龙皂渔船两只内有捕鱼者共十六人尽行掳去,而空船放还。②

综观清代闽台郊商所遇海难,台风大浪是其发生的最主要原因,对郊商的心理影响最大也最为持久。

二、海神崇祀

闽台不同地区郊商崇祀的海神有所不同。总体而言,主要有妈祖、水仙尊王、龙王、王爷等四种。它们受到郊商规模宏大的祭祀膜拜,也带给郊商

---

① 《厦门史料辑录》第二辑,"茗叶青",第59页。
② 《法军侵台档》,《台湾文献丛刊》第一九二种,第348页。

所需的心灵慰藉。

1. 妈祖

妈祖的称呼甚多①，其自宋代始为海神后，经历代王朝加封而逐渐成为福建地区最高一级的神灵。妈祖在福建地区是一个多功能的神灵，②但海上保护神一直是她最主要的功能。

妈祖无疑是清代郊商心目中最为尊崇的海神，她在闽台各地几乎都受到郊商隆重的崇祀。如鹿港著名的"鹿溪圣母宫"，位于鹿港大街北部，嘉庆二十一年（1815）重修时立有"重修鹿溪圣母宫碑记"，上面记载曰：

> 鹿溪，于东宁称巨镇焉。其街衢之北有宫，崇祀圣母；自乾隆丁未（1788）公中堂别建新宫，因群称为旧圣母宫焉。厥位面西，大海绕其前、青山环其后，胜概非常，赫濯聿昭。港集舳舻、市饶金壁，皆神明呵护力也。
>
> 顾自创建迄今，百有余年；榱题砖垩，不无剥落。于是泉、厦各郊相聚而咨，以为庙貌未肃，妥侑无方，非所以为崇奉也……落成之际，耳目一新。圣像翼翼，神光焕也；丹漆煌煌，楹桷灿也。其庭殖殖，眼概远也。③

上文显示旧圣母宫约在康熙末年即已兴建，西向而立，枕山面海，其中供奉的妈祖遥望西方，护佑着源源东渡，代表着财富与希望的千百航船。重修之后的旧圣母宫焕然一新，妈祖神采奕奕，庭院植物茂盛，更增了祈祷者的希望与慰藉。乾隆五十一年（1786），台湾林爽文事起，福康安率兵由鹿港平安登岸收复全台，后以"凡此亦皆仰赖天后昭明有赫、护国庇民之功"④，于乾隆五十三年（1788）奉天子命在鹿港大街北再建了一座天后宫。

---

① 卓克华：《清代台湾行郊研究》，第116页。
② 李伯重：《"乡土之神"、"公务之神"与"海商之神"：妈祖形象的演变》，《千里史学文存》，杭州出版社2004年版，第289页。
③ 《台湾中部碑文集成》，《台湾文献丛刊》第一五一种，第22页。
④ 《台湾中部碑文集成》，第9页。

这座官建天后宫维护似乎不是很得力,嘉庆十二年(1806)便因"规模虽存,而风雨剥蚀,若不亟为修葺,恐将倾圮"①而鸠资重修。无论如何,鹿港大街两座天后宫的存在昭示了妈祖在鹿港郊商文化生活中的重要地位。

在台北竹堑地区,许多地方都修建有天后宫,其中淡水厅治北门外的天后宫有郊商参与捐修,"天后宫,一在厅治西门内,乾隆十三年,同知陈玉友建。四十二年,同知王右弼修。五十七年,袁秉义捐修。据袁秉义碑记云:庙僧称为陈护协所建,王司马修之。创始何年弗可考。久集都人士,谋节俸倡修,凡费番镪三千有奇。襄厥成者,守戎卢植,二尹陈圣增。分司章汝奎,董事邵起彪。道光八年,李慎彝重修。同治九年,官绅复重修。一在北门外,乾隆七年,同知庄年,守备陈士挺建。嘉庆二十四年,郊户同修"。② 事实上,堑郊金长和兴修的长和宫也供奉妈祖。③ 而在香山港,郊商张自得甚至想独资兴建长佑宫来祭祀妈祖。

　　堑郊香山港长佑宫首事即总经理张自得为恳恩谕饬捐题银两以资
　告竣事(张自得具禀淡水厅同知张传敬恳恩示谕堑艋各郊商富业户按
　户鸠资修竣长佑宫以昭胜举)

　　具禀。堑郊香山港长佑宫首事,即总经理张自得,为恳恩谕饬捐题银两,以资告竣事。缘香山自开港以来,迄今多年,为船只来往,郊商、乡民云集买卖之所。得于咸丰六年(1856)六月间,自备工本,建造该处天后宫一座,号长佑宫,踏定地基两廊并前后殿,计共六间。得于是年,先行自备工本,建造后殿一间,尚有两廊前后殿,未经造完,难于告竣庆成。兹得老迈无力,查堑、艋郊商、业户,殷富者多,欲再建复是庙,非费千金,实难有济。德思维圣母神功深远,万民赖庇。兴建之事,众所乐需,非蒙示谕堑、艋各郊商富、业户,按户鸠资修竣,以昭胜举,而成神宇,则物阜民康,切赖宪德,功岂(盖?)后世。理合沥青,粘单禀乞大

---

①　《台湾中部碑文集成》,第15页。

②　(清)陈培桂编:《淡水厅志》卷六《志五·典礼志》,《台湾文献丛刊》第一七二种,第149—150页。

③　林玉茹:《清代竹堑地区的在地商人及其活动网络》,第212页。

老爷，诚心敬神，恩准示谕得等堑、艋郊富郊商、业户，按户鸠收，设簿登记，以成神宇，泽垂万世，沾恩，切叩。

计粘艋郊殷实头人名单一纸

【批】即谕饬该总理，自向郊铺、殷户捐题，择吉兴修。

咸丰十年（1860）四月初六日总理张自得具禀

〔名单〕（艋郊殷实头人名单）

泉郊金晋顺北郊金万利头人总理蔡鹏桂

南北郊炉主职员黄万钟、林正森、林国忠、吴光田、谢廷铨①

张自得最终是通过官府向堑、艋郊商求助，但如其所说："德思维圣母神功深远，万民赖庇。兴建之事，众所乐需"，堑、艋郊商应当还是愿意捐助的。

泉州沿海地区有着悠久的贸易传统，供奉妈祖的天后宫也兴建得更早，它们成为清代泉州郊商崇祀的主要对象。如前引泉州宁波郊曾重修南门天后宫，为此还专门邀请黄宗汉之兄黄宗澄主持以重其事；东石港于光绪二年（1876）重修天后宫时，众多郊商行号参与捐修。

吾乡庙祀天后由来久矣，庙边植古榕一株，轮□离奇，可蔽风雨。庭以外建石坊三座，上镌匾音以纪形胜，洵大观也。后屡著灵异，洪波巨浪中帆樯往来胥蒙神佑，以故信之者众，而奉之者尤虔。道光丙戌年（1826），里人同益兴倡众增新，教谕黄君宗澄为之序，复勒石以志赀费。自是外观有耀，一灯长明，神所凭依终在是矣。然而风销雨蚀，固难历久而常新，世远年湮，岂能阅时而不坏□坍塌既形，革故鼎新，礼亦宜之。幸而神牖其衷，乡善信黾勉从事，各捐涓滴，董其事者又复努力经营。与八月兴工，不数月而告竣。基址仍旧，弗敢变更，惟堂以下易以方柱、石堵，并署楹帖。非踵事而增华也，聊以为一成不易之谋耳！总计费佛银八百余元，惜版临不能备载，爰将诸行户捐题芳名勒之于石

---

① 《淡新档案》第一册，11101。

以志不朽云尔。

蔡玉珍、义春、玉胜号捐银伍拾元，杨和发号捐银贰拾元，和顺号捐银拾肆元，杨和盛号捐银壹拾元，兴记号捐银八大员，又拜亭通梁一对，安平海关捐银壹拾两，蔡德泰号捐银壹拾元，蔡源成号捐银壹拾元，蔡永成号捐银八大员，蔡瑞春号捐银六大员，蔡永源号捐银四大员，浔美场高敬捐银贰两，叶户总共捐银贰百壹拾四大员，埔户总共捐银壹百陆拾大员，宅户总共捐银八拾壹大员，炉户总共捐银五拾七大员，黄户总共捐银五拾四大员，铺户五元五角，曾户贰大员，蔡长春号捐银贰拾大员。

光绪贰年岁次丙子桐月吉旦
西尾境董事公立。①

从中我们得知，教谕黄宗澄在道光丙戌年（1826）东石天后宫重修时为之作序，而所谓"里人同益兴"，应是当时著名商号"周益兴"之误。东石港"周益兴"曾于嘉庆二十四年（1819）捐巨款重修东石天后宫②，仅隔七年就再次捐修，不知是否记述有误。然而无论怎样，"洪波巨浪中帆樯往来胥蒙神佑"，天后宫因之屡受东石郊商行号的捐修。此外，蚶江也兴建有妈祖宫，如纪厝妈祖宫，是蚶江港出入船只的船主、船员、海商都要到此膜拜乞求，在蚶鹿对渡时期，纪厝妈祖宫还作为商人行会议事和调解纠纷的场所。

明末清初，厦门海上贸易大兴，供奉海上保护神妈祖的宫庙也随之兴建，目前所知最早的为和凤宫。据嘉庆时的"重建和凤宫行商汇馆祠业碑记"记载："和凤宫建自前朝，年月莫考。国朝康熙、乾隆年间里人洋商、行铺先后兴修，奉祀天上圣母、三宝尊佛、保生大帝"③，而郁永河抵达厦门

---

①　吴金鹏：《晋江清代蚶江鹿港对渡史迹调查》，《泉州文史研究》第二辑，第235—236页。

②　粘良图：《清代泉州东石港航运业考析——以族谱资料为中心》，《海交史研究》2005年第2期，第88页。

③　何丙仲编撰：《厦门碑志汇编》，第355页。

时,也记述道:"旅舍隘甚,无容足地,姑就和凤宫神庙,坐以待晓",时在康熙三十五年(1696),距台湾归附仅十二年,由此可知,和凤宫确在明朝时即已兴建。上述碑文还记述了厦门洋商、行商在康熙、乾隆时曾兴修过和凤宫,和凤宫在嘉庆时除供奉"天上圣母"妈祖外,还有三宝尊佛、保生大帝。

兴建捐修供奉妈祖的宫庙外,祭祀妈祖也是郊商群体最为重要的文化活动。祭祀妈祖的仪式非常隆重,"陈牺牲、演杂剧"①、开宴席等,活动常常持续很长时间。如每年农历三月廿三日神诞时,泉州宁波郊都要在天妃宫演戏开宴,热闹连续十多天。② 前引清同治及日据初期的鹿港泉郊规约中,我们也能看到关于祭祀妈祖时的节目(如演戏、宴席等)、时间等的要求,而且还要求郊商必须参加,对于其他神灵节日则没有强制参加的要求。鹿港厦郊、澎湖台厦郊的规约中也有这样的要求。从中我们能推想郊商群体集体祭拜妈祖时的盛况。

2. 水仙尊王

水仙尊王的由来不得而知,如清乾隆三十五年(1765)蒋允焄就认为:

> 水仙之祀,不知所昉,祠官阙焉;独滨海间渔庄蟹舍、番航贾舶崇奉之。然其说杳幻,假借附会,殆如所称"东君"、"河伯"、"湘夫人"留亚欤?③

从台湾水仙王庙祭祀的神祇来看,有的单祀一尊,即禹王,如淡水厅治的水仙宫。

> 水仙宫,一在艋舺街,乾隆初郊商公建,祀夏王。道光二十年,张正

---

① 《新竹县志初稿》卷一《风俗》,《台湾文献丛刊》第六一种,第179页。
② 泉州市工商联工商史整理组:《近代泉州南北土产批发商史略》,《泉州文史资料》第十四辑,第27页。
③ 《台湾南部碑文集成》,《台湾文献丛刊》第二一八种,第68页。

瑞倡捐重修,未葳工。一在厅治北门外。①

有的并祀五尊,如台南三郊崇祀的水仙宫就供奉有五尊神灵。

　　窃维水仙尊王乃四渎之神,非特奠安海国,而且造福官民。昔中街贸易,建有庙殿,崇奉尊王;年湮倾颓,不堪观瞻。我等同人,叨荷默佑,捐金填地,搆店粒积。忆思兴建庙宇,无地不然,莫□之前,殿□而□□倾□□□后,虽美而弗彰。于是我同人重兴大殿、拜亭、头门,坐镇海口,以壮络绎奇观。继而建造后殿,□□高□□延僧□□□□□,敬祀五王圣像……
　　乾隆六年(1741)菊月(缺□)立碑②。

这五尊神祇到底为何,说法不一,多数认为是禹王、伍员、屈原、王勃、李白③。

水仙王之祀在台南郊商中比较兴盛。上文所引乾隆六年(1741)"三益堂碑记"中言及"昔中街贸易,建有庙殿,崇奉尊王;年湮倾颓,不堪观瞻",则水仙王之祀当在康雍时期既已存在。方豪认为,"三益堂碑记"中虽然没有明确记载有郊商捐修,但从"中街贸易,建有庙殿"来看,郊商必与三益堂兴修有莫大关系④。前引北郊苏万利首次出现的碑文是"水仙宫清界碑记",这也显示台南郊商最早崇祀的海神应当就是水仙尊王,而郊商黄时芳的自述中也言及台湾府城水仙宫:"戊辰(1748)廿三岁,八月,南路阿猪籴米粟,到府骤然起价,发出一半,算长利息有三百馀金。十月与漳人水仙宫后赎行细共银四百员,自己一半,出银二百员。"⑤与台南贸易关系密切的厦门,也曾建有崇祀水仙王的水仙宫。

① 　(清)陈培桂编:《淡水厅志》卷六,《台湾文献丛刊》第一七二种,第153页。
② 　《台湾南部碑文集成》,《台湾文献丛刊》第二一八种,第29页。
③ 　刘枝万:《清代台湾之寺庙》,《台北文献》1963年第5期,第45页。
④ 　方豪:《方豪六十至六十四自选待定稿》,第275—276页。
⑤ 　黄文炳:《龟湖铺锦中镇房黄氏族谱》,第420—421页。

初二日,行四十里,至刘五店,即五通渡也。……抵厦门地,顾视日影,已堕崦嵫;复行三十里,抵水仙宫,漏下已二十刻。①

这是康熙中叶郁永河在厦门的游记中遇到的,他同时见到的还有厦门的和凤宫。厦门水仙宫此后很少在历史文献中出现,和凤宫则如上述,分别在康熙、乾隆、嘉庆时由"我洋商、大小行商出赀起盖"②,据此或可推论,在代洋商、行商而起的厦门郊商中间,妈祖祭祀较水仙王为重。

闽台两地郊商对水仙王的祭祀情况不甚清楚。片段记载如光绪辛丑年(1901),澎湖台厦郊所定规约中就有"定以五月水仙王祝寿,逢便设筵同会"③,而具体的祭祀活动就不得而知了。

3. 其他具有海上保护功能的神灵

除妈祖、水仙尊王等传统海神外,还有一些由内陆保护神转化而来的具有海上护佑功能的神灵。如"王爷"就是由内陆保护神"五王爷"转变为两岸郊商供奉的海神。

"王爷"被奉为海上保护神的现象主要形成于蚶江、祥芝、永宁等泉州沿海地区。今石狮市蚶江镇后坂的"五王府",奉祀"答王爷"等五位王爷神,庙内还供奉一艘"金再兴"号王爷船。清代蚶鹿对渡促使蚶江后坂一带造船业及维修业得到发展,从事制造船锚等铁器的惠安铁匠将家乡的保护神"五王爷"带来奉祀。道光十八年(1838),蚶江林姓四房倡议,修建"五王爷"庙。从此,海商、船民每次出海前都来庙中祈求平安,返航时即来答谢酬神。"五王爷"也从惠安铁匠家族的保护神逐渐演变成蚶江后坂码头的航海保护神。蚶鹿对渡后,"五王爷"随着蚶鹿对渡的兴盛,又传播到鹿港,成为蚶鹿两地海商的护佑神灵④。

除"五王爷"外,还有"三王爷"信仰,它是祥芝斗美宫供奉的祥芝海

① (清)郁永和:《裨海纪游》,《台湾文献丛刊》第四四种,第 3 页。
② 何丙仲编撰:《厦门碑志汇编》,第 355 页。
③ 《台湾私法商事编》,《台湾文献丛刊》第九一种,第 35 页。
④ 当地还流传一则"蚶江答王爷驾驶'金再兴'宝船搭救鹿港海商"的民间故事。参见吴金鹏:《晋江清代蚶江鹿港对渡史迹调查》,《泉州文史研究》第二辑,第 240 页。

商的保护神；"伍显大帝庙"奉祀"伍显大帝"，是永宁船商的航海保护神①。

第五节　郊商的海洋意识

清初复界开海后，闽南沿海地区的造船航运传统迅速恢复，这为海洋贸易的恢复与发展提供了前提。郊商从事的海洋贸易是商业与海上运输的结合。无论是早期接受内陆资本来台经营郊铺的郊商，还是后来白手起家、积累一定资金后投身闽台贸易的郊商，闽南海上交通（造船与航运）的发达都为郊商向海洋发展提供了前提。郊商的海洋意识就奠基在闽南沿海地区海上交通的基础上。

开设货栈，从事海峡两岸货物批发需要相当的资金，这决定了郊商从事的闽台贸易是寻求更大的发展空间而不是维持生计。前面②论及郊商启动资金来源的多元化，其中有从泉州东石蔡家经营台湾鱼塭后开办郊铺的，有林振嵩那样先贩盐后经营两岸贸易的，有泉州林慎亭那样以从事典当业的积蓄来开设郊铺的，更多的则是从地方中小商人积累一定资金后从事郊铺生理的，这些反映出来自闽台沿海社会各阶层大都将海洋贸易作为推动事业获取更大发展的重要途径。上述郊商大部分都是从地方社会中各行业转向从事闽台贸易的，而还有一种比较特殊的郊商，他们是从经营国外或国内沿海贸易的海商转向闽台贸易的。他们在传统社会的发展空间不能维持生计时，转向海洋。如乾隆时的泉州郊商黄汝涛、黄时芳叔侄，他们因传统的"耕读传家"不得奉养家庭时，转而"辍儒业习计然术"，在积累一定的资本后，再投身闽台贸易。

　　醇斋黄府君……生而倜傥，天性孝友，仁爱及物。年十六（父亲）

---

① 吴金鹏：《晋江清代蚶江鹿港对渡史迹调查》，《泉州文史研究》第二辑，第241页。
② 参见第三章第二节。

精敏公见背，即能执丧而以送往事居自任，尤念慈母在堂，弟妹未克成立，于是辍儒业习计然术。自弱冠至壮强，二十年间上姑苏、游燕蓟，再鬻吕宋，重贾东宁，然后废著新桥①。

雍正十年（1732）壬子，余方七岁，父笃斋公营活生计，致劳而血症，凡是不能如意，每多怒气。母亲朝夕奉侍，未尝懈色。又值叔父泮公愚顽，幸伯父潮伯公友爱，有过犯者，皆不与较。家中窘迫，生育又繁，诸事务必亲自操持。尝见日营之不足，继之以夜，无论寒暑皆然。余略晓人事，每见之辄不安。九岁读书，至十岁时方起下书房，日为木师煮饭，只读半年，上下孟为未曾及。十一岁，在街口金楮店（420）中擦金，或往田内耘草。少颇有力，知母亲受苦，家内无钱可用，于是十三岁上海山店中，与家坤叔买猪寄船，来屠发卖。每年冬下皆上去。至十七岁胞长兄捷哥回家完婚，余方在店。是年生理比往年加长利息钱拾余千。乾隆十一年丙寅十月时，余廿一岁，自海山回家完婚。越丁卯廿二岁正月尾，即同吴望表下厦门往台湾，治代捷哥回家②。

与黄氏叔侄经历相似的郊商，如咸同时期的泉州布郊商吴鸿藻，也因贫困不能养家而辍儒业，习计然，在前往南洋积累一定资本后，再在泉州开办布郊。

父讳鸿藻，号敏斋，授同知职衔，先世魁崇公由龟湖分居溜江，即我始祖也。……父颖慧嗜学，因贫辍业，治生年十三，从王父服贾，日则会计簿书，夜则兼习文事。至十八为人记室，尝以笔墨见称阛阓间。嗣是之厦及台暨浙宁、垅川、安南等处，奔波几数万里，经营近五十年，艰苦备尝，不敢稍懈③。

---

① 黄文炳：《龟湖铺锦中镇房黄氏族谱》，载陈支平主编：《台湾文献汇刊》第 7 辑第 16 册，第 383—384 页。

② 黄文炳：《龟湖铺锦中镇房黄氏族谱》，载陈支平主编：《台湾文献汇刊》第 7 辑第 16 册，第 420—421 页。

③ 《晋江溜江吴氏家谱》，载陈支平主编：《闽台族谱汇刊》第 7 册，第 96 页。

　　这样的海商从国外或国内沿海转向闽台,只是海洋贸易的海域发生变动,实际上他们与海洋的关系更为密切,更加具备海洋发展的强烈意识。

　　嘉庆二十一年(1816),鹿港著名郊商林文濬因赈济灾民而受到官府表彰,而其第五子林廷璋、长孙林世贤也同年中举,他重修的林宅也在这年落成。喜上加喜,林文濬遂将亲笔所题"日茂行"、"鳌波东注"等字镌刻在门额上。鳌西是林文濬的祖居地,而林氏自大陆东渡台湾,落户鹿港,由盐商而海商,渐成一方巨贾,其间东渡起家,再由海洋贸易而获得更大的发展空间。林家两次发展机遇都与海洋有着密切关系,这也为林文濬所题"鳌波东注"做了最好的注脚。

　　大海浩渺无垠,充满无法预测的风险,充满想象不到的挑战,但同时,大海也意味着更多的财富,更广阔的发展空间。对清代闽南沿海地区民众来说,脱颖而出,需要向海洋发展,闽台贸易就提供了这样的机遇。乾隆年间,前往淡水开设郊铺的郊商林慎亭的一段自述很好地体现了这点:

　　　　壬午(1762),泉兴典铺分算明白,托我再办其事。当时祖厝被乾叔典人过半,居处混杂,心如针刺。余思祖宗创业维艰,今日若此,愤与愧俱立,念与赎,兹在壮年,必当外出经营,异望如愿;若区区办典铺之事,唯是度口而已,何时得以如人?①

　　大体而言,清代郊商的海洋意识源于海洋贸易实践,是郊商在海洋贸易实践中形成的价值观念,产生的精神特质。这样的海洋发展意识,不同于以海洋捕捞、海产养殖为主要生计模式的海洋群体,是以海洋贸易、海洋运输为主要生计模式的海洋群体才能出现的海洋意识,更具开放性、流动性、进取性。当海洋经济的主要内容从前者发展至后者时,后者的海洋意识即成为"以海为生"的海洋群体的主流意识。然而,值得注意的是,上述事例依然显示出,根基于闽台贸易的清代郊商的海洋意识仍附于地方农业社会的主流意识形态,这凸显了其保守、封闭的一面。

――――――――――

　　①　庄为玑、王连茂编:《闽台关系族谱资料选编》,第442页。

第七章　结　　语

　　闽南沿海地方社会"以海为生",海洋发展历史悠久,15 世纪以降,在西方海上力量东渐与明代东南中国商品经济发展的内外因素共同作用下,又成为中国海洋社会经济最早的起源地之一。明末清初,明郑海洋性地方政权在台湾崛起,与满清大陆性政权进行了三十多年的陆海对峙。这一方面显示出闽南海洋社会经济力量巨大,已发展到新的高度;一方面也招致满清政权祭出更为严厉的打击手段,即清初"迁界"政策的实施,这对闽南海洋社会经济的打击甚为惨重。康熙二十二年(1683),清廷收复台湾后,废除"迁界"令,有条件地解除海禁,其制定的海洋政策依然保持对海外移民、海外贸易等海洋经济活动的严格管理。而满清王朝政权对海洋活动、海洋发展的防范甚至压制的意识,也因清初的陆海对峙而贯穿始终。这在频现"慎重海疆"、"以靖海疆事"、"绥靖海疆"、"肃靖海疆"、"海疆自增宁谧"等词语的官员奏疏及批文中有充分体现。这种"寓禁于通"的海洋政策和海洋意识增加了海洋活动的成本与风险,影响了闽南海洋经济,特别是海洋贸易的恢复和发展。但随着台湾开发日渐深入,开发中的台湾却为闽南海洋经济力量寻找新的发展空间提供了难得的契机。彼时,闽台之间的海上贸易和海上运输兴旺发达,在推动台湾深入开发的同时,也补强了闽省大陆成熟农业区经济。而执闽台贸易之牛耳的经营者,主要即为从闽南沿海前往台湾从事贸易活动的郊商。

　　清代郊商的活动,在台湾一直持续到乙未割台,在大陆一直持续到清朝灭亡。清前中期,郊商因应闽台贸易的兴起而出现,而后在闽台两岸频繁往来,组织台湾本地农产品与大陆手工业产品的输出输入;更为重要的是,他们出于组织货源、销售产品等贸易目的,积极利用闽南传统国内沿海贸易航路,沟通大渤海湾、长江三角洲、珠江三角洲等国内沿海重要的海洋经济发展区域,以至北至辽东半岛的营口,南至广东汕头、香港,中国沿海到处都有郊商往来的身影。可以说,清代郊商对清代闽南海洋经济的恢复与发展,乃至清代中国海洋经济发展的恢复和发展,都起到了一定的作用。晚清开海后,闽台郊商进行贸易区域的基本格局未变,但在厦门一地出现了专营东南亚贸易的洋郊,这或因为厦门在有清一代一直保持南洋贸易传统的缘故。总体而言,郊商的贸易活动"通过厦门等港口中原有的福建海上商业网络来进行,是福建对国内外海上贸易的组成部分"①,闽南海洋社会经济发展的积淀则是其成立的前提。与海外贸易相比,进行闽台贸易因闽台的区位优势和台湾政教秩序的建立而具有风险较小、周期较短的优势,这应是清代郊商发展迅速的重要原因。此外,闽台之间易于进行走私贸易也是需要加以考虑的"优势"之一。从现有史料难以确知这部分贸易规模的大小,但从《厦门志》中所述漳泉走私船只对厦门洋船的巨大冲击来看,台海走私贸易或也是推动闽台郊商兴盛发展的因素。

在长时期的贸易经营活动中,清代郊商逐渐形成了这样一些贸易特征:从贸易区域上看,以闽台两地为主、国内沿海为辅,而在闽台两地的贸易地区中,又以泉州、厦门与台湾西部沿海的"一府二鹿三艋舺"为主,其他地区如大陆漳州、台湾竹堑等为辅;从经营性质上看,清代郊商多在位于两岸城郊的港口开行设栈,存储货物,总揽大宗贸易商品的进出口,再进而向城中的零售商供应货物,属于典型的批发商;从贸易商品上看,台湾得益于得天独厚的自然条件,农业发展迅速,大陆则为成熟农业区,人多地少,但手工业更为发达,郊商沟通闽台两地之有无,将台湾盈余的农产品输往大陆,将大陆手工业品输入台湾;从贸易资金上看,来自闽南沿海地方社会的海洋资本始终是郊商最为重要的资金来源。与其他海商相比,郊商最重要的特征,或许还在其对贸易的经营组织。如"下南洋"的闽南海商转向闽台贸易,成为郊商后,其对闽台贸易的经营,虽然与远洋经营有共同之处,但整体而言仍

① 杨国桢:《闽在海中》,第20页。

属另一种模式。两者共同之处在于："下南洋"的海商与"东渡台湾"的郊商，大都"携本而来，寄利而往"，利用闽南深厚的海洋经济社会资源经营海洋贸易，并将获取的高额利润带回大陆原乡。但两者的不同，或许更为突出。经营南洋贸易的海商深受季风影响。为此，他们对贸易活动的组织主要采取"压冬"的形式，即半年在家，半年在外；而为确保收益，他们每次都携带大量货物和客商前往，这样经营风险高，但所获利润也高。与之相比，郊商横渡台湾海峡虽然也有"黑水洋"等风险，但相对较小，并且每年可在闽台之间往返多次，几乎不受季节限制。适应闽台贸易的这种特点，郊商能在两岸之间以"对交"形式经营组织贸易活动，即郊商在两岸对渡港口，或自己开行设栈，或与可信赖的郊商建立稳定的合作关系，相互之间代为采购、销售，互通市场行情，甚至互相入股、参股，进行融资合作。这是进行海外贸易的海商难以做到的，甚至也是国内其他海域海商难以普遍做到的。

郊商海洋贸易活动的这些特征主要体现了闽台区位及闽南传统社会的影响。海峡两岸相隔甚近，较近处如蚶江至鹿港，乘船一夜可达，这为郊商利用血缘、地缘关系组织两岸贸易提供了便利。血缘、地缘的社会组织原则与利益最大化的经济组织原则相结合是郊商经营台海贸易的重要特征。通过从姻亲、同乡中选择贸易人员及合作伙伴，郊商在贸易过程中创建了行之有效的信任机制。但在降低贸易风险、确保贸易安全的同时，郊商的贸易信任机制也使郊商固守业已形成的贸易线路和区域，轻易不愿前往陌生的区域进行贸易。典型事例莫如道光五年（1825），鹿港泉、厦郊商只在清廷因天津岁歉下令运米赈济时才开始北上贩米，但不久后也告停止。血缘、地缘关系为主的组织特征还体现在郊商利用区位优势发展起来的贸易经营机制当中。这种贸易机制较为常见的表现形式为"出海"代理贸易制，"出海"的人员多为姻亲或同乡。此外，从清末鹿港郊商许志湖家与大陆的贸易文书中，我们还可看到郊商之间出现的上述"对交"形式的委托贸易经营制度，而进行"对交"贸易的郊商也大都是姻亲或同乡。

在漫长的二百多年时间里，清代郊商的经营状况伴随着闽台贸易的兴衰起伏，也出现了盈亏变化，但郊商群体始终是闽台两地沿海地方社会重要的社会阶层和经济发展力量。如道光时期，以台南、厦门为主要贸易地的郊商虽然经营状况日渐衰退,但仍在两地地方社会中有着重要影响,以致台湾道台姚莹曾言:"台厦两地民众,素怵于郊商之言。"大体而言,郊商主要通过两种形式对地方社会产生影响:一种是以个人商号名义参与地方社会建设,一种是通过"郊"这种组织形式对地方社会产生重要影响。前者较为少见,多为能进行跨海域贸易的大郊商所为,如台湾鹿港泉郊首富"林日茂",不但多次以个人名义捐建公益,而且曾以商号名义在台南进行捐建;后者则在闽台两地更为普遍,特别在台湾沿海各个地方社会,几乎都有"郊"参与捐建的记载。如早在康熙时期,"郊"就已由流寓台湾的郊商率先成立,而后随着台海贸易的兴盛而在台湾各港口大量出现。作为郊商组建的组织,台湾地区的郊对地方社会的影响,首先表现在郊商群体内部的秩序整合上,主要在规范郊商行为,增进郊商团结方面起到了一定的作用,进而才对地方社会建设有着一定程度的促进作用。一般而言,规模较大的郊行,台南三郊、鹿港泉厦郊、台北三郊等,实力雄厚,内部整合能力强,并能广泛参与地方社会各项事业,是郊商内部与地方社会进行整合的重要力量;规模较小的郊行,如堑郊金长和,参与地方社会事业的建设不多,发挥的社会功能有限。总体而言,不论何种形式,清代郊商凭借远高于地方社会其他阶层的财富和社会影响,能在经济、社会、文化,甚至政治、军事等方面给予地方社会较大资助。然而,清代郊商与地方社会的互动是否与其贸易经营存在有机联系呢?贸易经营必然在一定的社会关系中进行。郊商与地方社会相处融洽,在客观上必然有利于郊商的贸易运作,但这并不意味着郊商贸易的顺利运转与其与地方社会融合程度存在必然关系。事实证明,融合程度高的郊商也可能出现倒闭,贸易运营有方的郊商也可能较少参与地方社会活动。贸易运营顺畅与否还取决于其他一些重要的因素。然而从主观意愿上看,大部分郊商在参与地方社会各项活动时,是否有利于其贸易运营和事业发展,的确是影响其判断的一个很重要的因素。从这个角度讲,大部分郊商愿意积极地融入地方社会,的确是为了提高其在地方社会的影响力,进而为海洋贸易创造更为有利的经营环境。但另一方面看,郊商也可能因过多地被动地卷入地方社会事务,特别是官府的摊派而损害海洋贸易的经营。如前述晚清时期,台南郊商"水债不收公饷亟",盈利不多,官府摊派却不减少,导致不少郊商的贸易运营陷入困境。

清代郊商二百多年的发展历程，不仅是以贸易为主要内容的经济活动，以贸易为主要方式的财富创造过程，同时也是一种源自贸易实践的文化创造过程。郊商文化的出现与其海洋贸易实践紧密相连，郊商文化就是一种海洋文化。因此，可以说，海洋贸易是郊商财富的生产机制，也是郊商海洋文化的创造机制。从物质文化、制度文化、精神文化这三个层面，我们可约略了解郊商海洋文化的生产过程。如为了装卸的便利，郊商多聚集在临海或临河的港口码头，形成了区别其他社会群体聚居地的海商空间形态。针对海洋运输的复杂性，郊商配置了海船、竹筏或小船等不同功能的运输工具，形成了不同的运输制度。海洋贸易涉及郊商、出海、船户、货栈等不同的经营主体，为规范这些经营主体间经济关系的贸易制度和贸易习惯应运而生，成为保证海洋贸易顺利进行的制度基础。郊商的海洋贸易活动时常面临飓风、海盗等天灾人祸的威胁，妈祖、水仙王等海上保护神遂成为郊商祈祷平安、寻求慰藉的主要神灵信仰。海洋贸易的高额利润意味着经济上更大的成功，也意味着郊商能够借此晋身地方社会上层，这构成了多数郊商进行海洋贸易的思想意识。上述郊商因应海洋贸易而形成的行为方式、思维模式、价值观念和情感寄托是中国海洋文化的有机组成，是需要重视和值得挖掘的海洋文化遗产。

清代台湾沿海始终是郊商活动频繁的地区，郊商也是推动台湾经济转型的重要力量。但乙未割台中断了清代郊商在台湾两百多年的发展历程，也将以郊商为象征的台湾向海洋发展的萌芽和可能性一并扼杀。事实上，清代郊商从开始出现，便是一个与社会经济环境不断进行相互作用、相互影响的历史变迁过程，其影响和作用也只有在这些过程中才能得到充分体现。闽台贸易、台湾的社会转型，以及晚清台湾开海等重大历史事件和变迁，都深刻影响了郊商的发展，而郊商本身也推动和反映了这些变化。因此，回顾和总结清代郊商在二百多年发展历程中的一些变化和发展趋势，或更有助于厘清清代郊商在闽台海洋社会经济发展史乃至中国海洋社会经济发展史中所起的作用和所处的地位。

清代郊商至少在晚清之前，都是闽南海洋经济力量的体现。后随着台湾定居社会的逐渐形成,至乙未割台之前,清代郊商中开始出现为数众多的台湾出生的郊商。虽然他们购置或租赁的船只大都仍是在闽南制造,但这毕竟代表着台湾经济开始了从海岛经济到海洋经济的转变。如果没有清廷割让台湾予日本,闽台或将开启海洋经济携手发展的时代。历史不容假设。虽然我们没有看到闽台海洋经济携手发展的现实,但清代郊商在闽台两地的出现和发展,以及其对台湾从海岛经济向海洋经济转型的影响和推动,让我们可从一个侧面一窥中国海洋经济发展的历史过程及图景。

第一,闽台贸易与郊商的分化增殖。清前期闽台贸易的发展兴盛推动了郊商的迅速发展,其主要特征即为郊商的分化增殖。分化,指郊商种类增多;增殖,指郊商的数量增多。郊商的分化增殖主要体现在闽台两地,尤其是台湾沿海地区,郊行种类和数量的大量增加。当然,随着台海贸易的衰落,郊商的种类和数量也不断有消失、减少。值得注意的是,郊商分化而增加的新种类并未发生结构上的变化,从乾隆时期台南、鹿港新增的郊商种类,至晚清芙蓉郊等新出现的郊商种类,其在运输工具、经营组织等方面与原有郊商无本质差别。从发展的角度看,清代郊商的分化增殖可以说基本上是一种量上的增加而未有质上的改变。

第二,台湾的社会转型与台湾海洋经济的发展。台湾移民社会历经清前中期一百五十多年的长期发展后,社会政治各项制度及文教设施日渐完善,早期移民的后代也逐渐繁衍增多,逐渐成为台湾社会的主体,台湾定居社会随之形成,时间约与中国进入近代同时。台湾进入定居社会后,以继承、投资等不同方式成为郊商的居民日渐增多,台湾郊商逐渐不再是"携本而来,寄利而往"、"家在彼而店在此"的大陆籍贯的客商,而是在台湾出生成长的本地海商。这是晚清郊商随台湾社会转型而发展的一种自然趋势。但从鹿港郊商许志湖及其合作商号的贸易活动可知,闽南沿海的造船、运输业在闽台两地仍处主导地位,这反映出台湾正处于海岛经济向海洋经济转型期,与与闽南海洋经济发展水平相距甚远。而乙未割台则中断了台湾经济的转型,日据时期,台湾更沦为日本的原料供应地,失去了向海洋发展的契机。

第三,晚清开海与郊商海洋贸易的国际化。清前期郊商主要是以台海贸易为主,归属于从事国内海上贸易的海商。晚清开海后,闽台沿海相继卷入世界市场,特别是台湾在开港后取得了对外贸易的直接渠道,减少了对福建港口的依赖,促进了台湾从海岛经济向海洋经济的发展转型。在此变迁中,闽台郊商开始或直接或间接地与国际市场发生联系,如直接进行东南亚贸易的厦门洋郊,通过香港、澳门、厦门及其他开放港口间接与国际市场联系的闽台郊商。这使得郊商从事的海洋贸易逐渐从台海、国内沿海扩展至海外,呈现国际化发展趋势。

最后需要指出的是,与明末清初的"自由海商"相比,闽台郊商虽然也经营海洋贸易,但无疑要逊色许多,他们身上体现出更多陆海交织的属性,他们的海洋经济活动紧紧地与传统农业社会的组织、习俗、观念抱合在一起并深受其影响。如何更好地在不同层次上、从不同方面剖析郊商的这种属性,并阐释其影响,是笔者一直思考并希望在文中实现的。但迄今,笔者仍只能是"心向往之",因为自感还有不少问题没有澄清,还有许多工作要去一步步完成。基于上述的思考和体会,笔者希望自身今后能从下面两个方面进一步加强清代郊商的研究。

首先是继续加强相关史料的搜集,结合史料分析来加深理解中国海洋社会经济史的理论与方法。

其次是力争在实证研究方面有所加强。综合研究与实证研究相结合是笔者一直希望在研究中运用的方法。目前本文主要以综合研究为主,实证研究还有待更多史料的发现。可喜的是,笔者得知《淡新档案》①又有整理出版。《淡新档案》中记录了清代淡新地区郊商的大量活动,内容涉及政治、经济、社会、文化等各方面,是目前发现的记载地方郊商活动最为全面的

---

① 淡新档案为台湾清朝淡水厅、新竹县与台北府城三行政单位的行政与司法档案。所涵盖的时间起自 1776 年(乾隆四十一年)至 1895 年(光绪二十一年)。事实上,1776—1875 年,淡水厅统辖苗栗以北的北台湾,1875 年之后,清朝废淡水厅后,再由新竹县与台北府统辖北台湾。而淡新档案则是这期间的清朝县级行政纪录文献。汇整后,淡新档案涵盖了该时段台湾大甲溪以北的地方政府行政及司法档案。二战后,《淡新档案》由台湾大学法学院收藏,并由法律系戴炎辉教授命名及主持整理工作,将档案内之文件分为行政、民事及刑事三门,门下并分类、款、案、件全档共计 1163 案,19152 件。类别以行政编最多,年代以光绪年间最多。

史料,具有很高的史料价值。《淡新档案》卷帙浩繁,最初以《淡新档案选录行政编初集》收入《台湾文献丛刊》出版,后台湾大学于 1995 年出版了《淡新档案》第一编,共 12 册,2008 年又出版了第二编、第三编。待这些资料搜集整理后,笔者希望据此能够在郊商实证研究方面有所加强。

参考文献

一、著作

1. 杨国桢:《闽在海中》,江西高校出版社 1998 年版。

2. 泉州海关编:《泉州海关志》,厦门大学出版社 2005 年版。

3. [法]费尔南多·布罗代尔:《十五至十八世纪的物质文明、经济和资本主义》,第二卷,三联书店 2002 年版。

4. 连横:《台湾通史》年版。华东师范大学出版社 2006 年版。

5. [日]伊能嘉矩:《台湾文化志》台湾省文献委员会编译,台湾省文献委员会 1985—1991 年版,初版于 1944 年,后由台湾银行经济研究室收入,《台湾经济史二集》。

6. [日]东嘉生:《台湾经济史概说》,台湾银行经济研究室编印,《台湾经济史二集》,台湾研究丛刊第三二种,台湾银行 1955 年版。

7. 方豪:《方豪六十至六十四自选待定稿》,台湾学生书局 1974 年版。

8. 卓克华:《商战集团——清代台湾行郊之研究》,台原出版社 1990 年版。

9. 黄福才:《台湾商业史》,江西人民出版社 1989 年版。

10. 林玉茹:《清代台湾港口的空间结构》,知书房出版社 1996 年版。

11. 吕淑梅:《陆岛网络——台湾海港的兴起》,江西高校出版社 1999 年版。

12. 傅衣凌:《明清时期商人及商业资本》,人民出版社 1956 年版。

13. 林玉茹:《清代竹堑地区在地商人及其活动网络》,联经出版事业公司 2000 年版。

14. 刘正刚:《东渡西进——清代闽粤移民台湾与四川的比较》,江西高校出版社 2004 年版。

15. 陈支平:《民间文书与明清东南族商研究》,中华书局 2009 年版。

16. 杨国桢:《瀛海方程》,海洋出版社 2008 年版。

17. 杨国桢、郑甫弘、孙谦:《明清中国沿海社会与海外移民》,高等教育出版社 1997 年版。

18. 庄为玑、庄景辉、王连茂编:《泉州港史简编》,厦门大学历史系考古教研室。

19. 陈泗东:《幸园笔耕集(上)》,鹭江出版社2003年版。

20. 王日根:《明清会馆史》,天津人民出版社1996年版。

21. 陈孔立:《清代台湾移民社会研究》,厦门大学出版社1990年版。

22. 李伯重:《千里史学文存》,杭州出版社2004年版。

23. 〔美〕黄仁宇:《16世纪明朝财政制度与赋税》,三联书店2001年版。

24. 〔美〕尼尔·斯梅尔瑟:《经济社会学》,华夏出版社1989年版。

25. 何丙仲编纂:《厦门碑志汇编》,中国广播电视出版社2004年版。

26. 林玉茹、刘序枫编:《鹿港郊商许志湖家与大陆的贸易文书(一八九五——一八九七)》,"中央研究院"台湾史研究所,2006年版。

27. 吴剑雄主编:《中国海洋发展史论文集第四辑》,"中央研究院"中山人文社会科学研究所1991年版。

28. 许在全主编:《泉州文史研究第二集》,中国社会科学出版社2006年版。

29. 〔日〕滨下武志:《中国近代经济史研究》,江苏人民出版社2006年版。

30. 〔美〕菲利普·巴格比,夏克译:《文化:历史的投影》,上海人民出版社1987年版。

31. 杨国桢:《关于中国海洋社会经济史的思考》,《中国社会经济史》1996年第2期。

32. 颜兴:《台湾商业的由来与三郊》,《台南文化》1954年第3卷第4期。

33. 王一刚:《台北三郊与台湾的郊行》,《台北文物》1957年第6卷第1期。

34. 吴逸生:《艋舺古行号概述》,《台北文物》1960年第九卷一期。

35. 张炳楠:《鹿港开港史》,《台湾文献》1968年第十九卷第一期。

36. 陈梦痕:《台北三郊与大稻埕开创者林右藻》,《台北文献》1969年直字第九、十期合刊。

37. 石万寿:《台南府城的行郊特产点心》,《台湾文献》1980年第31卷第4期。

38. 卓克华:《行郊考》,《台北文献》1978年直字第四五、四六期合刊。

39. 卓克华:《艋舺行郊初探》,《台湾文献》1978年第二十九卷一期。

40. 卓克华:《新竹行郊初探》,《台北文献》1983年直字第63、64期合刊。

41. 卓克华:《新竹堑郊金长和劄记三则》,《台北文献》1985年直字74期。

42. 卓克华:《试释全台首次发现艋舺〈北郊新订抽分条约〉》,《台北文献》1985年直字第73期。

43. 卓克华:《清代澎湖台厦郊考》,《台湾文献》1986年第37卷第2期。

44. 杨彦杰:《"林日茂"家族及其文化》,《台湾研究集刊》2001年第4期。

45. 林玉茹:《商业网络与委托贸易制度的形成——十九世纪末鹿港泉郊商人与中国内地的帆船贸易》,《新史学》2007年第十八卷二期。

46. 粘良图:《清代泉州东石港航运业考析——以族谱资料为中心》,《海交史研究》2005年第2期。

47. 陈支平:《从〈约亭公自记谱〉看清代泉州郊商的文化意识》,"多元视野中的中国历史"国际会议未刊论文,北京,2004年。

48.陈支平：《清代泉州黄氏郊商与乡族特征》，《中国经济史研究》2004 年第 2 期。

49.陈支平：《清代泉州晋江沿海商人的乡族特征》，《清史研究》2008 年第 1 期。

50.杨国桢：《17 世纪海峡两岸贸易的大商人——商人 Hambuan 文书试探》，《中国史研究》2003 年第 2 期。

51.陈支平：《从契约文书看清代泉州黄宗汉家族的工商业兴衰》，《中国经济史研究》2001 年第 3 期。

52.刘枝万：《清代台湾之寺庙》，《台北文献》1963 年第 5 期。

53.中国人民政治协商会议福建省厦门市委员会文史资料研究委员会编：《厦门文史资料》第一辑，1963 年。

54.泉州市工商联工商史整理组：《近代泉州南北批发商史略》，《泉州文史资料》第十四辑，1983 年。

55.王连茂、庄景辉编译：《1908 泉州社会调查资料辑录》，《泉州文史资料》第十五辑，1983 年。

56.蔡光华：《蔡光华日记》，《泉州文史资料第十七辑》，1984 年。

57.黄杏川：《蚶江郊商之兴衰》，《石狮文史资料第一辑》，1992 年。

58.《福建莆田祥应庙碑记》，《文物参考资料》1959 第 9 期。

59.中国人民政治协商会议福建省泉州市委员会文史资料研究委员会编：《泉州文史资料第 15 辑》，1983 年。

60.［英］包罗：《厦门》《厦门文史资料》第二辑，1963 年。

61.厦门市档案馆编：《厦门商会档案史料选编》，鹭江出版社 1993 年版。

62.中国民主建国会泉州市委员会、泉州市工商业联合会、政协泉州市委员会文史资料研究委员会合编：《泉州工商史料》第四辑，1984 年。

63.黄杏川：《蚶江郊商之兴衰》，《石狮文史资料》第一辑，1992 年。

64.陈苏：《泉州"九八行"概述》，《泉州鲤城文史资料第三辑》1988 年。

65.厦门市政协文物委员会、厦门市博物馆筹备处合编：《厦门史料辑录》第二辑，1962 年。

66.《厦门大事记》，《厦门文史资料》第五辑 1983 年。

67.林英乔：《清代蚶江港的兴衰》，《石狮文史资料第一辑》，1992 年。

68.台湾省文献委员会主编：《台湾省通志稿》，捷幼出版社 1999 年版。

69.戴鞍钢、黄苇主编：《中国地方志经济资料汇编》，汉语大词典出版社 1999 年版。

70.庄为玑、王连茂编：《闽台关系族谱资料选编》，福建人民出版社 1984 年版。

71.临时台湾旧惯调查会：《临时台湾旧惯调查会第一部调查第三回报告书》，《台湾私法第三卷》，临时台湾旧惯调查会，日本明治四十二年（1909）至四十四年（1911）陆续发行。

72.《清实录·圣祖仁皇帝实录》，中华书局 1985 年版。

73.(宋)欧阳修、宋祁撰：《新唐书》，中华书局 1975 年版。

74.(宋)苏东坡：《苏东坡全集》，珠海出版社 1996 年版。

75.（宋）赵汝适著,杨博文校释:《诸蕃志校释》,中华书局 2000 年版。

76.（元）脱脱等:《宋史》,中华书局 1977 年版。

77.（宋）周密:《癸辛杂识续集》,（清）永瑢、纪昀等总纂:《文渊阁四库全书（影印本）第 1040 册》,台湾商务印书馆 1986 年版。

78.（清）怀荫布修,黄任等纂:《（乾隆）泉州府志》,清同治九章倬标刻本。

79.（元）陶宗仪:《南村辍耕录》,中华书局 1959 年版。

80.（宋）洪迈:《夷坚丁志》,中华书局 1981 年版。

81.（宋）秦观:《淮海集笺注》,上海古籍出版社 1994 年版。

82.（宋）洪迈:《夷坚三志》,中华书局 1981 年版。

83.（宋）祝穆撰,祝洙增订:《方舆胜览》,中华书局 2003 年版。

84.《燕支苏氏族谱》,陈支平主编:《闽台族谱汇刊》第 27 册,广西师范大学出版社 2009 年版。

85.（清）徐朝华:《尔雅今注》,南开大学出版社 1987 年版。

86.（清）唐赞衮:《台阳见闻录》,《台湾文献丛刊》第三〇种,大通书局 1987 年版。

87.（宋）朱熹:《四书章句集注》,中华书局 1983 年版。

88.（清）郑兼才:《六亭文选》,《台湾文献丛刊》第一四三种,大通书局 1987 年版。

89.（清）丁绍仪:《东瀛识略》,《台湾文献丛刊》第二种,大通书局 1987 年版。

90.（清）周玺编:《彰化县志》,台湾文献丛刊,第一五六种,大通书局 1987 年版。

91.（宋）张扩撰:《东窗集》,（清）永瑢、纪昀等总纂:《文渊阁四库全书》（影印本）,第 1129 册,台湾商务印书馆 1986 年版。

92.《台湾私法商事编》,《台湾文献丛刊》,第九一种,大通书局 1987 年版。

93.林玉茹、刘序枫编:《鹿港郊商许志湖家与大陆的贸易文书（一八九五——一八九七）》,"中央研究院"台湾史研究所 2006 年版。

94.（清）林豪编:《澎湖厅志》,《台湾文献丛刊》,第一六四种,大通书局 1987 年版。

95.《台湾私法债权编》,《台湾文献丛刊》第七九种,大通书局 1987 年版。

96.《龟湖铺锦中镇房黄氏族谱》,陈支平主编:《台湾文献汇刊》第 7 辑第 16 册,厦门大学出版社 2004 年版。

97.（清）黄叔璥:《台海使槎录》,《台湾文献丛刊》第四种,大通书局 1987 年版。

98.（清）周钟瑄:《诸罗县志》,《台湾文献丛刊》第一四一种,大通书局 1987 年版。

99.（清）范咸等撰:《重修台湾府志》,《台湾文献丛刊》第一〇五种,大通书局 1987 年版。

100.（清）王必昌撰:《重修台湾县志》,《台湾文献丛刊》第一一三种,大通书局 1987 年版。

101.（清）周玺编,厦门市地方志编纂委员会办公室整理:《厦门志》,鹭江出版社 1996 年版。

102.（清）林焜熿:《金门志》,《台湾文献丛刊》第八〇种,大通书局 1987 年版。

103.《福建沿海航务档案》（嘉庆朝）,陈支平主编:《台湾文献汇刊》第 5 辑 10 册,厦门大学出版社 2004 年版。

104. 中央研究院历史语言研究所编辑：《明清史料戊编》，中央研究院历史语言研究所 1994 年版 。

105.（清）丁绍仪：《东瀛识略》，《台湾文献丛刊》第二种，大通书局 1987 年版 。

106.《台湾南部碑文集成》，《台湾文献丛刊》第二一八种，大通书局 1987 年版。

107.（清）朱景英撰：《海东札记》，《台湾文献丛刊》第一九种，大通书局 1987 年版。

108.（清）余文仪修：《续修台湾府志》，《台湾文献丛刊》第一二一种，大通书局 1987 年版。

109.《福建省例》，《台湾文献丛刊》第一九九种，大通书局 1987 年版。

110.《台湾中部碑文集成》，《台湾文献丛刊》第一五一种，大通书局 1987 年版。

111.（清）陈培桂编：《淡水厅志》，《台湾文献丛刊》第一七二种，大通书局 1987 年版。

112.（清）姚莹：《中复堂选集》，《台湾文献丛刊》第八三种，大通书局 1987 年版。

113.《台湾杂咏合刻》，《台湾文献丛刊》第二八种，大通书局 1987 年版。

114.（清）吴德功：《戴施两案纪略》，《台湾文献丛刊》第四七种，大通书局 1987 年版。

115.《新竹县采访册》，《台湾文献丛刊》第一四五种，大通书局 1987 年版。

116. 淡新档案校注出版编辑委员会编：《淡新档案》，"国立"台湾大学 1995 年版。

117. 林为兴、林水强主编：《蚶江志略》，华星出版社 1993 年版。

118.（清）杨廷理：《东瀛纪事》，《台湾文献丛刊》第二一三种，《海滨大事记》，大通书局 1987 年版。

119.（清）黄宗汉撰，（清）黄贻楫辑，（清）黄贻杼校：《黄尚书全集》，清光绪间稿本。

120. 张伟仁主编：《明清档案》，"中央研究院"历史语言研究所 1987 年版。

121.（清）姚莹：《东槎纪略》，《台湾文献丛刊》第七种，大通书局 1987 年版。

122.［英］P.H.S.Montgomery：《1882—1891 台湾台南海关报告书》，台湾银行经济研究室编：《台湾银行季刊》第九卷第一期，台湾银行 1957 年版。

123.《彰化县舆图纂要》，《台湾文献丛刊》，第一八一种《台湾府舆图纂要》，大通书局 1987 年版。

124.（清）夏献纶：《台湾舆图》，《台湾文献丛刊》，第四五种，大通书局 1987 年版。

125.（清）蒋师辙：《台游日记》，《台湾文献丛刊》，第六种，大通书局 1987 年版。

126.（清）倪赞元编：《云林县采访册》，《台湾文献丛刊》，第三七种，大通书局 1987 年版。

127.《新竹县志初稿》，《台湾文献丛刊》第六一种，大通书局 1987 年版。

128. 林百川、林学源：《树杞林志》，《台湾文献丛刊》，第六三种，大通书局 1987 年版。

129.（清）陈淑均编撰：《噶玛兰厅志》，《台湾文献丛刊》，第一六〇种，大通书局 1987 年版。

130.（清）高拱干编：《台湾府志》，《台湾文献丛刊》，第六五种，大通书局1987年版。

131.（清）陈文达编：《台湾县志》，《台湾文献丛刊》，第一〇三种，大通书局1987年版。

132.（清）谢金銮编：《续修台湾县志》，《台湾文献丛刊》，第一四〇种，大通书局1987年版。

133.（光绪）《大清会典事例》，续修四库全书编纂委员会编：《续修四库全书》第802册，上海古籍出版社1995年版。

134.（清）丁曰健：《治台必告录》，《台湾文献丛刊》第一七种，大通书局1987年版。

135.《新竹县制度考》，《台湾文献丛刊》第一〇一种，大通书局1987年版。

136.卢尔德嘉编：《凤山县采访册》，《台湾文献丛刊》第七三种，大通书局1987年版。

137.《清经世文编选录》，《台湾文献丛刊》第二二九种，大通书局1987年版。

138.（日）临时台湾旧惯调查会编：《临时台湾旧惯调查会第一部调查第三回报告书》，台湾私法第三卷（上），1911年。

139.（清）陈盛韶：《问俗录》，台湾省文献委员会1997年版。

140.（清）柯培元：《噶玛兰志略》，《台湾文献史料丛刊》第2辑第27册，大通书局1984年版。

141.《台案汇录己集》，《台湾文献丛刊》第一九一种，大通书局1987年版。

142.（清）蔡青筠：《戴案纪略》，《台湾文献丛刊》第二〇六种，大通书局1987年版。

143.《台湾采访册》，《台湾文献丛刊》第五五种，大通书局1987年版。

144.《淡新档案选录行政编初集》，《台湾文献丛刊》第二九五种，大通书局1987年版。

145.［日］佐仓孙三：《台风杂记》，《台湾文献丛刊》第一〇七种，大通书局1987年版。

146.（清）郁永和：《裨海纪游》，《台湾文献丛刊》第四四种，大通书局1987年版。

147.（清）易顺鼎：《魂南记》，《台湾文献丛刊》第二一二种，大通书局1987年版。

148.（清）洪弃生：《寄鹤斋选集》，《台湾文献丛刊》第三〇四种，大通书局1987年版。

149.（清）朱仕玠：《小琉球漫志》，《台湾文献丛刊》第三种，大通书局1987年版。

150.《台湾关系文献集零》，《台湾文献丛刊》第三〇九种，大通书局1987年版。

151.《法军侵台档》，《台湾文献丛刊》第一九二种，大通书局1987年版。

152.［法］卡密尔·安伯都亚（Camille Imbault d'Huart）著，黎列文译：《台湾岛之历史与地志（Lite Formose Historire et Description）》，《台湾研究丛刊》第五十六种，台湾银行1958年版。

153.［英］郭士立：《中国沿海三次航行记》，福建人民出版社1982年版。

154.［荷兰］Marila：《台湾访问记》，台湾银行经济研究室编印：《台湾经济史五集》，1957年版。

附　　录

清代竹堑城郊商资料表

店号	原籍	店铺或居所	创始人	渡台、迁居或清末传嗣	出身	成立时间或文献始现年	行业
晋江	北门街	王礼让（英杰）		郊铺生理、监生	道光二十四年（1844）	郊商	
王和利	晋江	太爷街	王登云（王梯）（1821—1879）	道光十余年渡台	商人	咸丰元年成立	郊商：米、彩帛
王益三	同安	浦雅庄	王益三	嘉庆初年左右,传四世	地主业户,商人	嘉庆十一年以前,光绪初年没落	郊商
李陵茂	晋江	北门街两座	李锡金	嘉庆七年来台,传三世	在商家佣工	嘉庆十一年成立	郊商：米
何锦泉	惠安	南门街/巡司埔街/原在石坊街、后迁北鼓楼街（北门）	何克恭	乾隆五十四年,何光添与子克恭渡台中港,嘉庆七年迁后龙,嘉庆末道光初迁竹堑,清末传五世	商人,在后龙开张酒铺	嘉庆末年（道光五年）	郊商：米、樟、脑商、酒铺
杜銮振		米市街	清末管理人杜来源		乾隆四十二年		

店号	原籍	店铺或居所	创始人	渡台、迁居或清末传嗣	出身	成立时间或文献始现年	行业
杜瑞芳	同安	北门街	杜章玉	18岁只身渡台,传三世,清末管理人杜阔嘴	商人	道光五年,乾隆四十二年?	布郊染坊
同兴	同安	第一代店在楺榔庄,第二代迁苦苓脚	林高庇	乾隆年间林高庇来台,旧港船头庄	林高庇经售陶器为业,后在楺榔庄开大店	乾隆四十二年	郊商:榨油、木材、米仝
吴金兴#	安溪	水田庄	吴世美(?—1848)	雍正末年至乾隆初左右?父吴盛豸(1700—1776)为渡台祖	商人、地主	乾隆初年?(乾隆四十二年)	郊商
吴金吉#	安溪	水田庄	吴光锐(1787—?)	吴光锐(1787—?)吴金兴在台三世,光锐为世美六子	商人、地主	道光六年(嘉庆二十三年)	郊商
金和祥	安溪	水田庄	吴世美?	与吴金吉同支;清末管理人吴明池		嘉庆十六年	郊商
吴读记	安溪	水田	吴希文?	吴金吉之第三代	商人、地主	清末	郊商
吴金镒	安溪	嵓仔庄	吴世波(吴凌波)	与吴金兴在台第三世		嘉庆二十三年	郊商
吴銮胜	安溪	嵓仔庄	吴文求、文平?	吴金镒第二世		乾隆四十二年	郊商
吴振利	泉州同安人	北门大街	吴嗣振(朝珪)(?—1804)清末管理人吴雨岩	乾隆二十年以前与嗣拔、嗣焕五兄弟迁竹堑浦雅	商人、有五子一孙武进士、二姪孙武举人	乾隆二十年	郊商

续表

店号	原籍	店铺或居所	创始人	渡台、迁居或清末传嗣	出身	成立时间或文献始现年	行业
吴振镒	同安	北门大街	吴祯谈之父（国治）（1785—1839）	吴振利第二世，顶长房行二	商人、捐建城工	乾隆四十二年	郊商
吴顺记	泉州同安人	北门	吴祯蟾（国步）（1781—1827）	吴振利在台第三世，顶四房行二	子举人士敬	嘉庆七年	郊商
吴万裕	同安	北门街	吴祯麟，清末管理人为吴顺记长子士梅，士梅长子宽木	吴振利在台第三世，顶四房行四，万裕妻子在内地	商人	嘉庆二十三年	郊商
吴万德	同安		吴嗣焕（朝珪弟）	与吴朝珪兄弟三人渡台	商人？	乾隆十一年以前	郊商
金逢泰（金逢源）		北门大街、后车路街	许珠泗	在台传三世，清末管理人许肇福	商人	嘉庆十一年以前	郊商；陶瓷商
金德美	同安	北门大街二栋	张首芳（1775—1843）	张首芳道光初年至艋舺，后迁旧港。妻与二子初留内地。长定国道光十年渡台依父经商。次子安邦母死渡台依兄	张首芳读书，亦为厦门富商苏水之账房；首芳妻曾氏在台旌表孝妇；定国积产二万余元，营制粉业	道光中叶	郊商；面粉业；食品行，金德美亦经营德隆号药材行
金德隆	北门大街	同上，清末管理人卢超昇	与金德美同族			道光十六年（嘉庆二十三年？）	药材行？

店号	原籍	店铺或居所	创始人	渡台、迁居或清末传嗣	出身	成立时间或文献始现年	行业
周茶春	安溪	北门街	周烈才（周嘉旺?）	与周茶泰同族		道光九年（嘉庆二十三年?）	郊商
周茶泰?	安溪	北门街	周友谅	道光末年渡台,咸丰九年变卖大陆财,第二世定居台湾	大陆有产者,商人	道光十五年	郊商:干果铺生理
林泉兴	米市街	米市街	林圆:林妈谅之父	父林朴轩于乾隆末年来台,在台第二世	商人:林圆入彰化县学	乾隆十一年	郊商
林恒茂	同安	衙门口市	林绍贤	父勋文乾隆中叶由彰化迁居竹堑	经营盐馆;父勋文业农	嘉庆十年	盐、米、樟脑
林万兴	同安	北门街	林万兴（林狮祖父）	乾隆中叶渡台?传四世	商人?	乾隆四十二年	郊商
恒隆号	漳浦		林福祥或其父		林福祥为职员	道光末年	郊商:糖、药材
振荣号	同安	米市街	林文澜	传三世	商人	咸丰年间	郊商:布料杂货、米商兼制造花生油。船金顺安
翁贞记	晋江	水田街	翁敏	在台传四世	商人	道光八年（嘉庆年间）	子林英、林煌经营脑栈、盐业
高恒陞	安溪	南门鼓仓街	高指一（高叶），父高锺岗?	在台传三世	商人、官绅;子高福即职员高廷琛（瑛甫）	嘉庆末年（道光九年）	郊商
益和号		北门口街	黄巧?	清末传三世		道光九年	郊商:米
许扶生号	同安	水田街	许扶生	道光初年	商人?	道光末年?	郊商:米、木料、光绪年有茶园

店号	原籍	店铺或居所	创始人	渡台、迁居或清末传嗣	出身	成立时间或文献始现年	行业
范殖兴		米市街	范天贵？范克恭先人		商人	同治五年（嘉庆二十三年？）	郊商
黄珍香/黄利记	泉州晋江	由堑城北门移南门大街	黄朝品（1829—92）	父黄廷勋以武职守备渡台，长子朝元乾隆四十二年已来堑，三子朝品为台城守营把总	温陵望族，经商及开垦土地	黄利记嘉庆十一年已出现，为黄朝元所创；黄珍香大概咸丰年间为朝品所创	二世朝元经营惟惟脑行，组金惠成，三世鼎三开垦五指山；郊商：米、樟脑、鸦片
陈和姓（陈源泰）	泉州南安	北门街	陈长水（陈清淮）	传三世	商人	乾隆四十二年	郊商：布店、奢户米商
恒吉	泉州同安	北门大街	陈耀（陈清水？）长水之弟	道光年间？	染料业商人	道光九年	染铺郊商
怡顺号		米市街	陈讲理？	清末在台传三世以上		乾隆三十三年	郊商：彩帛行
陈泉源	晋江	太爷街/石坊脚？	陈世德	在台传四世以上		乾隆三十年	钱庄？
陈振合		米市街二间店屋	陈源应与陈骏龙合资	传三世	商人	嘉庆十年	郊商：米
陈恒裕（陈恒丰、陈和裕）		北门街	陈梯先人	嘉庆年间渡台，住中港街，清末迁北门街	商人	嘉庆年间	郊商：木料
陈振记/陈荣记	惠安	南门大街	陈大彬		商人	道光六年	郊商？
陈建兴		后布埔街二间店	陈鸢飞之先人		商人	嘉庆十一年	

店号	原籍	店铺或居所	创始人	渡台、迁居或清末传嗣	出身	成立时间或文献始现年	行业
陈协丰	同安	崙仔庄	陈廷桂（萍）（1794—1869），清末管理人陈霖池	嘉庆十八年陈廷桂来台；清末在台湾传三世	商人	嘉庆十八年？	郊商：自置船
金瑞吉	同安	后车路街	曾寄之父；清末管理人曾云兜	与曾崑和同支	商人、地主（曾崑和）	嘉庆十五年；曾益吉乾隆四十二年已出现	染布业；自置船只
德兴号		北门大街	曾德兴	曾崑和、曾国兴同族		同治三年	郊商：米
郭怡斋	南安	太爷街	郭恭亭	乾隆三十五年来台	小商人	乾隆三十五年	郊商
集源号		米市街	陈一新之先人；清末管理人曾呈谦		商人	嘉庆二十五年	郊商：米、染布业
集顺号		米市街	潘瑶三兄弟合股	在台传二世	商人？	道光九年	郊商
万成号		米市街	咸丰年间为曾兜		家资十余万	道光年间	染坊、木料
源发号			杨忠良？杨君璇先人		商人？	道光九年	郊商
叶源远	同安	北门口街（原在仑仔庄）	叶腆（其厚）（1799—1858）	渡台祖尚贤雍正年间来中港，道光初年孙叶腆迁居竹堑	祖父尚贤初在中港经营杂货业	道光初年	扬帆通贩于各海口，杂货商

续表

店号	原籍	店铺或居所	创始人	渡台、迁居或清末传嗣	出身	成立时间或文献始现年	行业
郑恒利	同安	水田街	郑国唐?（1706—85）	乾隆四十年来后龙，为渡台第一世第三房	商人	乾隆四十一年	郊商
郑永承	同安	水田街	郑崇和	乾隆四十年随父来台，渡台第二世三房	父国唐经商	嘉庆中叶?	郊商
郑恒升	同安	水田街	郑用鉴（1781—1857）	郑家第三世五房次支	父崇科在后龙开张恒和号	道光中叶?	郊商
郑吉利	同安	水田街	郑用钰（1794—1857）	郑家第三世三房长支		道光中叶?	郊商
郑利源	同安	水田街	郑用谟（1782—1854）例贡生	郑家第三世长房次支		道光中叶?	布商、苧商、樟脑商。置船。光绪十九年设脑栈
郑同利	同安	水田街	郑允生（1758—1824）	郑允生嘉庆年间渡台，分成四大房	商人？三世程材恩贡	道光十五年（嘉庆末年?）	郊商
郑合顺	同安	田寮庄、北门街	郑龙珠与郑龙瑞	传四世?		道光十六年	郊商:米、脑
郑卿记	南安	浦雅庄、米市街、东势庄	郑文尚（郑公侯）（1771—1823）	祖父廷余雍正年间来红毛港，乾隆初叔志德垦顶埔，擁厚赀，乾隆五十一年林乱积谷数百石，粜米致富。	祖父、父亲务农	嘉庆五年以前	文尚初以垦户经商致富，八年致金数千金；郑希康运脑内地、米商
郑荣锦	南安	北门大街	郑思椿	与郑卿记同族?	商人：维藩为举人	乾隆四十二年	郊商:陶瓷商杂货

店号	原籍	店铺或居所	创始人	渡台、迁居或清末传嗣	出身	成立时间或文献始现年	行业
魏泉安	安溪	后龙街、太爷街	魏绍兰、魏绍华	原住后龙街,绍华住堑城		道光十八年	米、纸、木料、放贷
罗德春		水田街	罗正春?			乾隆41年	
姜华舍	陆丰	堑城?北埔	姜荣华	始祖朝凤乾隆二年来台	始祖务农,二世姜秀銮道光六年耕商	同治七年	郊商:糖;金广运脑栈(光绪19年)
兴利蔡记		太爷街	蔡文夥	在台传三世	在新埔街也有店铺?	光绪十年	郊商
德和			林?	在台传三世			郊商
胜兴号	晋江	北门街	王亮	在台传三世		同治五年	郊商